国家精品课程教材（2010年度）
交通运输教学指导委员会精品课程教材（2009年度）

电气安装的规划与实施
Dianqi Anzhuang De Guihua Yu Shishi

陈湘令 主编　张朝霞 副主编　张 莹 主审

内 容 提 要

本书为国家精品课程教材、交通运输教学指导委员会精品课程教材、爱课程网国家精品资源共享课程教材。主要内容包括:安全用电认知,万用表的使用,电阻、电容和电感元件检测,万用表检修,白炽灯电路安装,日光灯电路安装,单相配电板安装,变压器绕组极性判别,三相交流电路测量,单管收音机组装,共10个学习单元。

本书按德国职业教育模式中的"情境教学六步法"编写,为使学生从传统的教学尽快适应到以工作过程为导向的教学,特选择日常最常见的、最基本的十个典型工作任务。通过这十个典型工作任务的学习与训练,使学生达到初、中级维修电工的水平。

本书为高职院校电工技术及电工技能训练基础教材,也适应于中等职业学校、各级技能培训学校、职工大学等。并可供有关电类从业人员,如电气安装人员、电器装配工、工厂维修电工等自学与参考。

使用说明:书中标注"＊"的内容为选修内容。

图书在版编目(CIP)数据

电气安装的规划与实施／陈湘令主编. — 北京：人民交通出版社,2011.9
ISBN 978 – 7 – 114 – 09304 – 3

Ⅰ. ①电… Ⅱ. ①陈… Ⅲ. ①电气设备 – 设备安装 – 高等职业教育 – 教材 Ⅳ. ①TM05

中国版本图书馆 CIP 数据核字(2011)第 150679 号

国家精品资源共享开放课程教材（2013 年度）
国家精品课程教材（2010 年度）
交通运输教学指导委员会精品课程教材（2009 年度）

书　　名：	电气安装的规划与实施
著 作 者：	陈湘令
责任编辑：	袁　方　王绍科
出版发行：	人民交通出版社股份有限公司
地　　址：	(100011) 北京市朝阳区安定门外外馆斜街 3 号
网　　址：	http://www.ccpress.com.cn
销售电话：	(010) 59757969,59757973
总 经 销：	人民交通出版社股份有限公司发行部
经　　销：	各地新华书店
印　　刷：	北京市密东印刷有限公司
开　　本：	787×1092　1/16
印　　张：	18.25
字　　数：	398 千
版　　次：	2011 年 9 月　第 1 版
印　　次：	2019 年 12 月　第 4 次印刷
书　　号：	ISBN 978-7-114- 09304-3
定　　价：	38.00 元

(有印刷、装订质量问题的图书由本社负责调换)

前　　言

　　《电气安装的规划与实施》是电机电器、自动化、电子信息等电类及非电类相关专业的基础课程，为2009年度交通运输教学指导委员会精品课程、2010年度国家级精品课程、2013年度国家精品资源库共享课程。本书以学生的就业为导向，以培养自主学习、自我管理、自我提高的中、高级技能型人才为目标，将职业岗位和岗位群所需的电工能力作为主线，按工作过程的不同将工作任务和工作环节进行能力分解，细化成若干能力点，由此将其转化为由电工基础知识和基本技能所构成的课程内容。

　　本教材内容的选择参照初、中级维修电工的职业资格标准，定位于培养具有电工基本知识和基本技能的机电类应用型人才。此课程开设在第一学年的第一学期，旨在初级阶段训练学生在理论学习、技能操作、职业素养方面的综合能力，为后续专业课程的学习及人才的培养做好铺垫。

　　按照本课程的培养目标，将直流电路、单相交流电路、三相交流电路、磁路等四个部分，分别通过安全用电认知、万用表的检修、单相配电板安装、三相电路的测量等十个学习单元构成课程内容。为使学生从传统的教学尽快适应到以工作过程为导向的教学，本教材学习情境的载体选择安排了日常最常见的、最基本的十个典型工作任务。通过这十个典型工作任务的理论学习与技能训练，使学生达到初、中级维修电工的水平。

　　本教材主要提供给学生一些上课环节的指导性学习资料，这些指导性学习资料通俗易懂，由浅入深，逐步引导学生进入相关的学习情境，自主完成与之关联的学习任务，特别适合于学生自主学习，配有大量的练习与习题。

　　本教材由湖南铁道职业技术学院陈湘令担任主编并编写第1、4、5、6、7、8、10学习单元，张朝霞编写第2、3、9学习单元。由湖南铁道职业技术学院张莹担任主审。

　　本教材的编写师从于德国职业教育模式中的"情境教学六步法"，在教学改革过程中还有待于逐步完善，错误之处，敬请指正。

　　本教材配套的课件可登录http://www.hnrpc.com/jpkc/网站。

　　本教材配套的全套课程学习资料可登http://www.icourses.cn/coursestatic/course3912.html网站注册学习。

编　者
2011年7月

目 录

学习单元 1　安全用电认知 ·· 1
 1.1　安全用电认知学习资料 ·· 2
  §1.1-1　触电的种类和方式 ·· 2
  §1.1-2　安全电压 ·· 5
  §1.1-3　触电原因及预防措施 ·· 5
  §1.1-4　触电急救 ·· 7
  §1.1-5　安全用电 ·· 10
 1.2　安全用电认知习题 ·· 12
 1.3　安全用电认知同步训练 ·· 14
 1.4　安全用电认知检查单 ·· 17
 1.5　安全用电认知评价表 ·· 18

学习单元 2　万用表的使用 ·· 19
 2.1　万用表的使用学习资料 ·· 20
  §2.1-1　电路和电路模型 ·· 20
  §2.1-2　电流 ·· 22
  §2.1-3　电压和电位 ·· 24
  §2.1-4　电阻 ·· 25
  §2.1-5　欧姆定律 ·· 26
  §2.1-6　电功率与电能 ·· 27
  §2.1-7　电压源与电流源 ·· 28
  §2.1-8　电源有载工作、开路与短路 ······································ 30
  §2.1-9　伏安法测电阻 ·· 32
  §2.1-10　指针式万用表的使用 ·· 33
  *§2.1-11　数字式万用表的使用 ·· 36
 2.2　万用表的使用习题 ·· 40
 2.3　万用表的使用同步训练 ·· 43
 2.4　万用表的使用检查单 ·· 47
 2.5　万用表的使用评价表 ·· 48

学习单元 3　电阻、电容和电感元件检测 ·· 49
 3.1　电阻、电容和电感元件检测学习资料 ···································· 50
  §3.1-1　电阻串联电路 ·· 50
  §3.1-2　电阻并联电路 ·· 52
  §3.1-3　电阻混联电路 ·· 54

§3.1-4　电阻元件的检测 ·· 56
§3.1-5　电容元件的检测 ·· 59
§3.1-6　电感元件的检测 ·· 63
*§3.1-7　二极管的检测 ·· 65
§3.1-8　指针式万用表基本原理 ································ 66
3.2　电阻、电容和电感元件检测习题 ································ 70
3.3　电阻、电容和电感元件检测同步训练 ···························· 74
3.4　电阻、电容和电感元件检测检查单 ······························ 79
3.5　电阻、电容和电感元件检测评价表 ······························ 80

学习单元 4　万用表检修 ·· 81
4.1　万用表检修学习资料 ·· 82
§4.1-1　电路中各点电位的计算 ································ 82
§4.1-2　电桥电路 ·· 84
§4.1-3　基尔霍夫定律 ·· 85
§4.1-4　支路电流法 ·· 88
*§4.1-5　叠加定理 ·· 89
*§4.1-6　戴维宁定理 ·· 90
§4.1-7　万用表检修 ·· 93
4.2　万用表检修习题 ·· 99
4.3　万用表检修同步训练 ··· 102
4.4　万用表检修检查单 ··· 106
4.5　万用表检修评价表 ··· 107

学习单元 5　白炽灯电路安装 ·· 108
5.1　白炽灯电路安装学习资料 ······································ 109
§5.1-1　380/220V 低压供电系统 ································ 109
§5.1-2　正弦交流电的基本概念 ·································· 112
§5.1-3　相量 ·· 116
§5.1-4　白炽灯电路分析 ·· 119
§5.1-5　白炽灯电路安装 ·· 121
5.2　白炽灯电路安装习题 ··· 126
5.3　白炽灯电路安装同步训练 ····································· 129
5.4　白炽灯电路安装检查单 ······································· 134
5.5　白炽灯电路安装评价表 ······································· 135

学习单元 6　日光灯电路安装 ·· 136
6.1　日光灯电路安装学习资料 ······································ 137
§6.1-1　交流电路中的电感线圈 ·································· 137
§6.1-2　交流电路中的电容器 ···································· 142
§6.1-3　日光灯电路（RL 串联电路）分析 ······················ 146
§6.1-4　日光灯电路实验 ·· 152
*§6.1-5　RC 串联电路 ·· 156

    6.2　日光灯电路安装习题 …………………………………………… 159

    6.3　日光灯电路安装同步训练 ……………………………………… 162

    6.4　日光灯电路安装检查单 ………………………………………… 168

    6.5　日光灯电路安装评价表 ………………………………………… 169

学习单元7　单相配电板安装 …………………………………………… 170

    7.1　单相配电板安装学习资料 ……………………………………… 171

        §7.1-1　感应式单相电度表 ……………………………………… 171

        §7.1-2　照明电路的保护 ………………………………………… 173

        §7.1-3　配电盘安装要求 ………………………………………… 179

    7.2　单相配电板安装习题 …………………………………………… 180

    7.3　单相配电板安装同步训练 ……………………………………… 183

    7.4　单相配电板安装检查单 ………………………………………… 188

    7.5　单相配电板安装评价表 ………………………………………… 189

学习单元8　变压器绕组极性判别 ……………………………………… 190

    8.1　变压器绕组极性判别学习资料 ………………………………… 191

        §8.1-1　磁场及其基本物理量 …………………………………… 191

        §8.1-2　电磁感应 ………………………………………………… 194

        §8.1-3　自感与互感 ……………………………………………… 196

        §8.1-4　磁路及磁路欧姆定律 …………………………………… 198

        §8.1-5　铁磁性物质的磁化 ……………………………………… 200

        §8.1-6　交流铁芯线圈 …………………………………………… 203

        §8.1-7　变压器 …………………………………………………… 205

        §8.1-8　单相变压器同名端判别 ………………………………… 211

    *§8.1-9　异步电动机 ……………………………………………… 213

    *§8.1-10　三相异步电动机首尾端判别 ………………………… 216

    8.2　变压器绕组极性判别习题 ……………………………………… 219

    8.3　变压器绕组极性判别同步训练 ………………………………… 223

    8.4　变压器绕组极性判别检查单 …………………………………… 226

    8.5　变压器绕组极性判别评价表 …………………………………… 227

学习单元9　三相交流电路测量 ………………………………………… 228

    9.1　三相交流电路测量学习资料 …………………………………… 229

        §9.1-1　三相交流电源 …………………………………………… 229

        §9.1-2　三相负载的接法 ………………………………………… 232

        §9.1-3　三相交流电路的功率 …………………………………… 237

        §9.1-4　交流调压器 ……………………………………………… 238

        §9.1-5　三相有功功率测量 ……………………………………… 240

    *§9.1-6　三相电度表的安装 ……………………………………… 241

    9.2　三相交流电路测量习题 ………………………………………… 244

    9.3　三相交流电路测量同步训练 …………………………………… 248

    9.4　三相交流电路测量检查单 ……………………………………… 253

9.5 三相交流电路测量评价表 ·· 254
*学习单元 10　单管收音机组装 ·· 255
　　10.1　单管收音机组装学习资料 ·· 256
　　　　§10.1-1　LC 振荡电路 ·· 256
　　　　§10.1-2　谐振电路 ·· 260
　　　　§10.1-3　晶体三极管 ·· 266
　　　　§10.1-4　电子元件焊接工艺 ·· 269
　　　　§10.1-5　收音机组装工序 ·· 271
　　　　§10.1-6　单管收音机工作原理 ·· 273
　　10.2　单管收音机组装习题 ·· 274
　　10.3　单管收音机组装同步训练 ·· 277
　　10.4　单管收音机组装检查单 ·· 282
　　10.5　单管收音机组装评价表 ·· 283
参考文献 ·· 284

学习单元1

安全用电认知

 知识技能

通过本单元的学习,使学生能够在以下方面得到巩固与提高:
1. 了解安全用电常识;
2. 掌握安全用电操作规程;
3. 了解触电原因、触电形式,学会正确地使用触电急救方法。

 情感、态度、价值观

通过本单元的学习,培养学生珍惜生命、关爱他人、团结合作的情感价值观以及应对突发事故的应变能力,树立"安全责任重于泰山"的用电安全观念。

电气安装的规划与实施

情境描述

电能是一种方便的能源,它的广泛应用有力地推动了人类社会的发展,给人类创造了巨大的财富,改善了人类的生活。但是,如果在生产和生活中不注意安全用电,也会带来灾害。例如,触电可造成人身伤亡,设备漏电产生的电火花可能酿成火灾、导致爆炸,高频用电设备可产生电磁污染等。据统计,每年由于触电造成的伤亡事故及电气火灾所引起的损失不计其数。

统计资料表明,发生触电事故的主要原因有缺乏电气安全知识、违反电气操作规程、设备不合格、设备年久失修及偶然事故等。其中大部分触电事故,都是由于缺乏电气安全知识和违反电气操作规程造成的。随着人们对电能越来越多地依赖,人们对安全用电知识的了解、常用触电预防措施的采用、触电后的及时有效的抢救方法等,就显得越来越重要。

以"触电急救"为中心建立一个学习情境,将安全用电常识、触电原因与方式、触电预防等知识点与触电急救实施、安全用电操作等基本技能结合起来。

 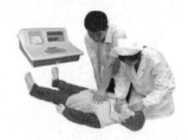

1.1 安全用电认知学习资料

§1.1-1 触电的种类和方式

一、触电的种类

人体触电有电击和电伤两类。

电击是指电流通过人体所造成的内伤。轻则使肌肉抽搐、内部组织损伤,造成发热、发麻、神经麻痹等;严重时将引起昏迷、窒息,甚至心脏停止跳动。通常所说的触电,多是指电击,触电死亡中绝大部分系电击造成。

电伤是指在电流的热效应、化学效应、机械效应以及电流本身作用下造成的人体外伤。常见的有灼伤(电弧灼伤)、烙伤(电气发热烫伤)、皮肤金属化(大电流发热熔化金属导致金属微粒渗入皮肤)等。

二、人体触电方式

人体触电方式,主要分为单相触电、两相触电、跨步电压触电、悬浮电路上的触电等。

1 单相触电

单相触电,指人体的某一部分与一相带电体及大地(或中性线)构成回路,当电流通过人体流过该回路时,即造成人体触电,如图 1-1 所示。

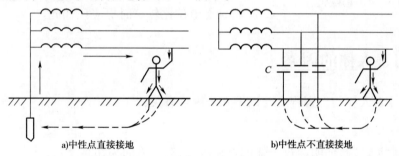

a)中性点直接接地　　　　b)中性点不直接接地

图 1-1　单相触电

2 两相触电

两相触电,人体某一部分介于同一电源两相带电体之间并构成回路所引起的触电,称为两相触电,如图 1-2 所示。

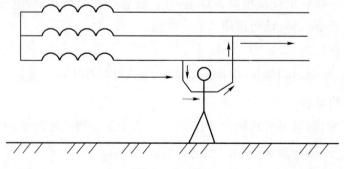

图 1-2　两相触电

3 跨步电压触电

跨步电压触电,是指人进入接地电流形成的强电场时的触电。雷电流入地,或者载流导线(特别是高压线)断落到地面时,会在导线接地点及周围形成强电场。其电位分布以接地点为圆心向周围扩散、逐步降低而在不同位置形成电位差,人一旦跨进这个区域,两脚之间将存在电压,该电压就是跨步电压。在这种电压作用下,电流从接触高电位的脚流进,从接触低电位的脚流出,形成跨步电压触电。跨步电压的大小与人和接地体的距离有关:人离接地体越远,跨步电压越小;与接地体的距离超过20m时,跨步电压接近于零,如图1-3所示。

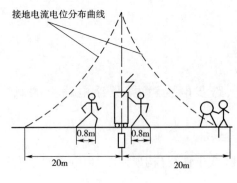

图1-3 跨步电压触电

④ 悬浮电路上的触电

220V工频电流通过变压器相互隔离的原、副绕组后,从副边输出的电压零线不接地,变压器绕组间不漏电,即相对于大地处于悬浮状态。例如某些彩色电视机,它们的金属底板是悬浮电路的公共接地点,在检修这类电器的故障时,如果一只手接触电路的高电位点,另一只手接触低电位点,即用人体将电路联通造成触电,这就是悬浮电路上的触电。所以在检修这类电器时,一般要求单手操作,特别是电位比较高时更应该如此。

三 电流伤害人体的因素

触电时电流对人体的伤害程度与以下几个因素有关:

① 电流的大小

人们通过大量试验,证明通过人体的电流越大,对人体的损伤越严重。

② 电压的高低

人体接触的电压越高,流过人体的电流越大,对人体的伤害越严重。

③ 频率的高低

实践证明,40~60Hz的交流电对人体最危险,随着频率的增高,触电危险程度将下降,高频电流不仅不会伤害人体,还可以用来治疗疾病。

④ 时间的长短

触电电流越大,触电时间越长,电击能量越大,对人体的伤害越严重。

⑤ 电流通过的路径

电流通过心脏时,最容易导致死亡,因此电流从右手到左脚的危险性最大。

⑥ 人体状况、人体电阻的大小

电流对人体的作用,女性较男性敏感;小孩遭受电击较成人危险;体弱多病者比健康人容易受电流伤害。人体电阻因人而异,与人的体质、皮肤的潮湿程度、触电电压的高低、年龄、性别以及工种职业有关系,通常为1000~2000Ω。影响人体电阻的因素很多,如皮肤表皮角质层损伤、潮湿出汗、带有导电性粉尘等情况,均能使人体电阻降低。

§1.1-2　安　全　电　压

一　人体电阻

　　人体电阻包括体内电阻和皮肤电阻。体内电阻基本上不受外界影响,差不多是定值,约 0.5kΩ。皮肤电阻占人体电阻的绝大部分,皮肤表面 0.05～0.2mm 的角质层电阻高达 10～100kΩ,但这层角质层容易遭到破坏,在计算安全电压时不宜考虑在内。除去角质层,人体电阻一般不低于 1kΩ,通常应考虑在 1～2kΩ 范围内。

二　人体允许电流

　　人体允许电流是指发生触电后触电者能自行摆脱电源,解除触电危害的最大电流。通常情况下,男性为 9mA,女性为 6mA。在设备和线路装有触电保护设施的条件下,人体允许电流可达 30mA。但在高空等可能因电击造成二次事故(再次触电、摔死)的场所,人体允许电流应按不引起强烈痉挛的 5mA 考虑。

三　安全电压

　　安全电压是指不致使人直接致死或致残的电压。国家标准《安全电压》(GB 3805—83)规定:我国安全电压额定值的等级为 42V、36V、24V、12V 和 6V,应根据作业场所、操作员条件、使用方式、供电方式、线路状况等因素选用。
　　通常流经人体电流的大小是无法事先计算出来的。因此,为确定安全条件,往往不采用安全电流,而是采用安全电压来进行估算,一般情况下,也就是干燥而触电危险性较大的环境下,安全电压规定为 36V;对于潮湿而触电危险性较大的环境(如金属容器、管道内施焊检修,矿井、隧道等使用的手提照明灯),安全电压规定为 12V。这样,触电时通过人体的电流,可被限制在较小范围内,可在一定的程度上保障人身安全。根据生产和作业场所的特点,采用相应等级的安全电压,是防止发生触电伤亡事故的根本性措施。

§1.1-3　触电原因及预防措施

一　触电的常见原因

1　线路架设不规范

　　室内、外线路对地距离、导线之间的距离小于允许值;通信线、广播线与电力线间隔距离过近或者同杆架设;线路绝缘破损等。

② 电气操作制度不严格、不健全

带电操作时不采取可靠的保安措施；不熟悉电路、电器而盲目修理；停电检修时不挂警告牌；检修电路、电器时使用不合格的工具；高压带电体周围无绝缘措施或屏护措施；在架空线上操作时不在火线上加临时接地线（零线）等。

③ 用电设备不合要求

电器设备内部绝缘已经损坏，而金属外壳却没有接地保护措施；开关、灯具、便携式电器绝缘外壳破裂造成漏电；开关、熔断器误装在零线上，一旦断开，使整个线路带电等。

④ 用电不谨慎

在室内乱拉电线；随意加大熔断器熔丝规格；在电线上晾晒衣服；在高压电线旁放风筝；用水冲洗或用湿抹布擦拭带电体等。

二 预防直接触电的措施

直接触电是指人体直接接触或过分接近带电体而造成的触电。

① 绝缘措施

用绝缘材料将带电体封闭起来的措施，叫做绝缘措施。常用的电工绝缘材料有瓷、玻璃、云母、橡胶、木材、塑料、布、纸、矿物油等，有些绝缘材料如果受潮，会降低甚至丧失绝缘性能。

绝缘材料的绝缘性能往往用绝缘电阻来表示。不同设备或电路对绝缘电阻的要求不同，新装或大修后的低压设备和线路的绝缘电阻不应低于 $0.5M\Omega$；运行中的低压设备和线路的绝缘电阻为每伏 $1k\Omega$（潮湿环境下为每伏 $0.5k\Omega$）；便携式电气设备的绝缘电阻不应低于 $2M\Omega$；高压设备和线路的绝缘电阻不低于每伏 $1000M\Omega$。

② 屏护措施

采用屏护装置将带电体与外界隔绝开来，以杜绝不安全因素的措施，叫做屏护措施。常用的屏护装置有遮栏、护罩、栅栏等。如常用电器的绝缘外壳、金属网罩、变压器的遮栏等都属于屏护装置。屏护装置不直接与带电体接触，对所用材料的电气性能没有严格要求，但必须有良好的机械强度和良好的耐热、耐火性能。

③ 间距措施

为防止人体触及或者过分接近带电体，在带电体与地面之间、带电体与带电体之间、带电体与其他设备之间，均应保持一定的安全间距，叫做间距措施。安全间距的大小取决于电压的高低、设备的类型、安装的方式等因素。

三 预防间接触电的措施

间接触电指人体触及正常时不带电而发生故障时才带电的金属导体。

1 加强绝缘措施

对电气线路或设备采取双重绝缘、加强绝缘或对组合电气设备采用共同绝缘的措施,叫做加强绝缘措施。采用加强绝缘措施的线路或设备绝缘牢固,难于损坏,即使工作绝缘损坏后,还有一层加强绝缘,降低了间接触电的危险性。

2 电气隔离措施

采用隔离变压器或具有同等隔离作用的电气设备,使电气线路和设备的带电部分处于悬浮状态,叫做电气隔离措施。即使该线路或设备工作绝缘损坏,人站在地面上与之接触也不易触电。

3 自动断电措施

在带电线路或设备上发生触电事故或其他事故(短路、过载、欠压等)时,在规定时间内能自动切断电源而起保护作用的措施,叫做自动断电措施。如漏电保护、过流保护、过压或欠压保护、短路保护、接零保护等均属自动断电措施。

§1.1-4 触电急救

在电气操作和日常用电中,如果采取了有效的预防措施,会大幅度地减少触电事故,但要绝对避免是不可能的,因此,必须做好触电急救的思想和技术准备。发生触电时,现场急救具体方法如下。

一、迅速解脱电源

发生触电事故时,切不可惊慌失措,束手无策,首先要马上切断电源,使伤者脱离电流伤害的状态,这是能否抢救成功的首要因素。

(1)出事附近有电源开关和电源插头时,可立即将闸刀打开,将插头拔掉,以切断电源。

(2)当有电的电线触及人体引起触电,不能采用其他方法脱离电源时,可用绝缘的物体(如木棒、竹竿、手套等)将电线移掉,使伤者脱离电源。

(3)必要时可用绝缘工具(如带有绝缘柄的电工钳、木柄斧头以及锄头等),从电源的来电方向将电线砍断。

总之,在现场可因地制宜,灵活运用各种方法,快速切断电源。

二、简单诊断

解脱电源后,伤者往往处于昏迷状态,情况不明,故应尽快对心跳和呼吸的情况作一判断,看看是否处于"假死"状态,用一些简单有效的方法,判断一下,看看是否"假死"及"假死"的类型,达到简单诊断的目的。

其具体方法如下:将脱离电源后的伤者迅速移至比较通风、干燥的地方,使其仰卧,将上衣与裤带放松。

（1）观察一下有否呼吸存在，当有呼吸时，可看到胸廓和腹部的肌肉随呼吸上下运动。用手放在鼻孔处，呼吸时可感到气体的流动。相反，无上述现象，则往往是呼吸已停止。

（2）摸一摸颈部的动脉和腹股沟处的股动脉，有没有搏动，另外，在心前区也可听一听是否有心声，有心声则有心跳。

（3）看一看瞳孔是否扩大，瞳孔扩大说明了大脑组织细胞严重缺氧，人体也就处于"假死"状态。通过以上简单的检查，我们即可判断伤者是否处于"假死"状态。

三 处理方法

经过简单诊断后的伤者，一般可按下述情况分别处理：

（1）伤者神志清醒，但感乏力、头昏、心悸、出冷汗，甚至有恶心或呕吐。此类伤者应就地安置休息，减轻心脏负担，加快恢复；情况严重时，小心送往医疗部门，请医护人员检查治疗。

（2）伤者呼吸、心跳尚在，但神志不清。此时应将伤者仰卧，周围的空气要流通，并注意保暖。除了要细心地观察外，还要做好人工呼吸和心脏按压的准备工作，并立即通知医疗部门或用担架将伤者送往医院。在去医院的途中，要注意观察伤者是否突然出现"假死"现象，如有假死，应立即抢救。

（3）如经检查后，病人处于假死状态，则应立即针对不同类型的"假死"进行对症处理。若心跳停止的，则用体外人工心脏按压法来维持血液循环；如呼吸停止，则用口对口的人工呼吸法来维持气体交换；如果呼吸、心跳全部停止时，则需同时进行体外心脏按压法和口对口人工呼吸法，同时向医院告急求救。在抢救过程中，任何时刻抢救工作不能中止，即便在送往医院的途中，也必须继续进行抢救，一定要边救边送，直到心跳、呼吸恢复。

四 口对口人工呼吸法

口对口人工呼吸法的操作方法如下：

将伤者仰卧，解开衣领，松开紧身衣着，放松裤带，以免影响呼吸时胸廓的自然扩张。然后将伤者的头偏向一边，张开其嘴，用手指清除其口内的假牙、血块和呕吐物，使其呼吸道畅通。

抢救者在伤者的一边，以近其头部的一手紧捏伤者的鼻子（避免漏气），并将手掌外缘压住其额部，另一只手托在伤者的颈后，将颈部上抬，使其头部充分后仰，以解除舌下坠所至的呼吸道梗阻，如图1-4所示。

急救者先深吸一口气，然后用嘴紧贴伤者的嘴或鼻孔大口吹气，同时观察其胸部是否隆起,以确定吹气是否有效和适度。

注意事项:

(1)口对口吹气的压力需掌握好,刚开始时可略大一点,频率稍快一些,经 10~20 次后可逐步减小压力,维持胸部轻度升起即可。对幼儿吹气时,不能捏紧鼻孔,应让其自然漏气。

(2)吹气时间宜短,约占一次呼吸周期的 1/3,但也不能过短,否则影响通气效果。

(3)如遇到牙关紧闭者,可采用口对鼻吹气,方法与口对口基本相同。此时可将伤者嘴唇紧闭,急救者对准其鼻孔吹气,吹气时压力应稍大,时间也应稍长,以利于气体进入其肺内。

(4)吹气停止后,急救者头稍侧转,并立即放松捏紧鼻孔的手,让气体从伤者的肺部排出。此时应注意其胸部复原的情况,倾听其呼气声,观察其有无呼吸道梗阻。

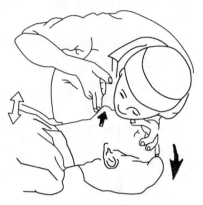

图 1-4 口对口人工呼吸法

(5)如此反复进行,每分钟吹气 12 次,即每 5s 吹一次。

五 体外心脏按压法

体外心脏按压法是指有节律地用手对伤者心脏进行按压,用人工的方法代替心脏的自然收缩,从而达到维持其血液循环的目的,如图 1-5 所示。

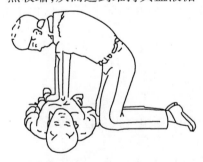

图 1-5 体外心脏按压法

操作方法:

(1)使伤者仰卧于硬板上或地上,以保证挤压效果。

(2)抢救者跪跨在伤者的腰部。

(3)抢救者以一手掌根部按于伤者胸下 1/2 处,即中指指尖对准其颈部凹陷的下缘,当胸一手掌,另一手压在该手的手背上,肘关节伸直。依靠体重和臂、肩部肌肉的力量,垂直用力,向其脊柱方向压迫其胸骨下段,使胸骨下段与其相连的肋骨下陷 3~4cm,间接压迫心脏,使其心脏内血液搏出。

(4)挤压后突然放松(要注意掌根不能离开胸壁),依靠其胸廓的弹性使胸复位,此时,心脏舒张,大静脉的血液回流到心脏。

(5)按照上述步骤,连续操作每分钟需进行 60 次,即每秒一次。

有时伤者心跳、呼吸全停止,而急救者只有一人时,也必须同时进行心脏按压及口对口人工呼吸。此时可先吹两次气,立即进行挤压五次,然后再吹两口气,再挤压,反复交替进行,不能停止。

§1.1-5 安 全 用 电

一 安全用电原则

(1)不靠近高压带电体(室外、高压线、变压器旁),不接触低压带电体。
(2)不用湿手扳开关,插入或拔出插头。
(3)安装、检修电器应穿绝缘鞋,站在绝缘体上,且要切断电源。
(4)禁止用铜丝代替熔断丝,禁止用橡皮胶代替电工绝缘胶布。
(5)在电路中安装漏电保护器,并定期检验其灵敏度。
(6)功率大的用电器一定要接地。
(7)不能用身体连通火线和地线。
(8)使用的用电器总功率过高时应注意电线是否过热,防止因电流过大而引发火灾。
(9)任何电气线路、设备未经验电以前一律视为有电,不准触及。需接触操作时,应切断该处电源,并经验电(对电容性设施还应放电)确认,方能接触作业。对与供、配电网络相联系部分,除进行断电、放电、验电外,还应挂接临时接地线,开关上锁,防止停电后突然来电。
(10)动力配电盘上的闸刀开关,禁止带负荷拉、合闸,必须先将用电设备开关断开方能操作。手工合(拉)闸刀开关时,应一次推(拉)到位。处理事故需拉开带负荷的动力配电盘上闸刀开关时,应戴绝缘手套和防护眼镜,或采取其他防止电弧烧伤和触电的措施。

二 电工安全操作规程

(1)电工必须熟悉车间的电气线路和电气设备的种类及性能,对电气设备性能未充分了解,禁止冒险作业。
(2)电工每日应定期检查电缆、电动机、电控制台等设备情况。检查中发现问题,必须及时处理;检查电动机温度时,先检查无电后,再以手背试验。
(3)除临时施工用电或临时采取的措施外,不允许架临时电线,不允许乱挂灯、乱接开关和插座,原电气线路不得擅自更改。
(4)按规定对电气设备线路要定期检修保养;不用的电气设备线路要彻底拆除。
(5)部分停电作业,当临近有电体距检修人员0.9m以下者,须用干燥木材、橡皮或绝缘材料作可靠的临时遮栏。
(6)使用电动工具时,应有防触电保护。
(7)发现设备任何导电部分接地时,在未切断电源前,除抢救触电者,一律不允许靠近,离开周围 4m 之外,室内离开 1.8m,以免受跨步电压损伤。

(8)在修理设备时,拉下开关和闸刀,必须在开关和闸刀处挂上"禁止合闸、有人工作"的警示牌;在带电设备遮栏上和禁止通行的过道处,应挂上"止步、高压危险"的警示牌;工作地点应挂上"正在此工作"的警示牌。

(9)电气操作人员应精力集中,电器线路在未经测电笔确定无电前,应一律视为"有电",不可用手触摸,不可绝对相信绝缘体。

(10)工作前应详细检查自己所用工具是否安全可靠,穿戴好必需的防护用品,以防工作时发生意外。

(11)维修线路要采取必要的措施,在开关手把上或线路上悬挂"有人工作、禁止合闸"的警告牌,防止他人中途送电。

(12)使用测电笔时要注意测试电压范围,禁止超出范围使用。电工人员一般使用的电笔,只许在 500V 以下电压使用。

(13)工作中所有拆除的电线要处理好,带电线头必须包好,以防发生触电。

(14)所用导线及熔断丝,其容量大小必须合乎规定标准;选择开关时必须大于所控制设备的总容量。

(15)工作完毕后,必须拆除临时地线,并检查是否有工具等物件遗留在电杆上。

三 电气火灾

电气火灾,是指电器短路和电器设备的选用不当,安装不合理,操作失误,违章操作,长期超负荷运行等引起的电弧、电火花和局部过度发热等引起的火灾。在电气线路或设备发生短路、超过负荷、接触不良或漏电的情况下,事故电流将是正常电流的几十倍到上百倍,所产生的电弧、电火花和表面高温,将使电气和设备的温度急剧上升,严重的可引燃物体,导致电气火灾或爆炸事故。电气线路短路瞬间会产生很高的温度和热量,大大超过了线路正常输电时的发热量,可以使电源线的绝缘层燃烧、金属融化,引起附近的可燃物质燃烧,造成火灾。

发生电气火灾通常采取以下几点措施:
(1)立即切断电源。
(2)用灭火器把火扑灭,但电视机、电脑着火应用毛毯、棉被等物品扑灭火焰。
(3)无法切断电源时,应用不导电的灭火剂灭火,不要用水及泡沫灭火剂。
(4)迅速拨打"110"或"119"报警电话。

扑救带电设备、线路火灾时,为防止发生触电事故,在允许断电时,尽快切断电源,然后进行扑救。发生电气火灾后,应使用盖土、盖沙或灭火器,但决不能使用泡沫灭火器,因为此种灭火器中的灭火剂是导电的。扑救电气设备初起火灾时,首选灭火器是"1211"灭火器,其次是二氧化碳灭火器,再次才是干粉灭火器。在未切断电源的情况下,严禁直接使用泡沫灭火器、清水灭火器进行灭火。使用灭火器进行灭火时,首先拆下铅封,拔掉保险卡(保险销),在灭火器有效喷射范围内,将喷嘴(或胶管喷口)对准火焰根部,按下启动压把后进行喷射。

1.2 安全用电认知习题

一、填空题

1. 导体中电流的大小跟加在这个导体两端的电压成_____。人体也是导体,电压越高,通过的电流越_____,大到一定程度就会有危险了。经验证明,只有_____V 电压才是安全的。

2. 对于人体来说,皮肤干燥的时候电阻_____,潮湿的时候电阻_____,如果带电体接触的是潮湿的皮肤,通过人体的电流会_____;湿的手与干的手比较,电阻值会_____,如果用湿手插(拔)插头、按开关等,极易使水流入插座和开关内,因此,千万不要用_____触摸用电器。

3. 在日常生活中,安全用电的基本原则是:不直接接触_____线路,不靠近_____线路。

二、选择题(多选题)

1. 当你接触到下面所述的电压时,可能造成触电事故的是( )。
   A. 家庭照明线路的电压
   B. 10 节干电池串联后的电压
   C. 建筑工地使用的电动机线路的电压
   D. 汽车所用的蓄电池的电压

2. 关于安全用电,下面说法中正确的是( )。
   A. 日常生活中不要靠近电源
   B. 可以接触低压电源,不能接触高压电源
   C. 日常生活中不要接触电源
   D. 不接触低压电源,不靠近高压电源

3. 有几位同学讨论关于安全用电的问题时,发表了以下几种见解,不正确的是( )。
   A. 经验证明,不高于 36V 的电压才是安全电压
   B. 下雨天,不能用手触摸电线杆的拉线

C.日常生活中,不要靠近高压输电线路

　　D.空气潮湿时,换灯泡时不用切断电源

4.电线接地时,人体距离接地点越近,跨步电压越高,距离越远,跨步电压越低,一般情况下距离接地体(　　),跨步电压可看成是零。

　　A.10m 以内　　　　B.20m 以外　　　　C.30m 以外

5.低压验电笔一般适用于交、直流电压为(　　)V 以下。

　　A.220　　　　　　B.380　　　　　　C.500

6.施工现场照明设施的接电应采取的防触电措施为(　　)。

　　A.戴绝缘手套　　　B.切断电源　　　　C.站在绝缘板上

7.被电击的人能否获救,关键在于(　　)。

　　A.触电的方式

　　B.人体电阻的大小

　　C.触电电压的高低

　　D.能否尽快脱离电源和施行紧急救护

8.保证电气检修人员人身安全最有效的措施是(　　)。

　　A.悬挂标示牌　　　B.放置遮栏　　　　C.将检修设备接地并短路

9.从安全角度考虑,设备停电必须有一个明显的(　　)。

　　A.标示牌　　　　　B.接地处　　　　　C.断开点

10.设备或线路的确认无电,应以(　　)指示作为根据。

　　A.电压表　　　　　B.验电器　　　　　C.断开信号

三　问答题

1.张同学在车间实习时,他经过观察发现机床上的工作照明灯的额定电压都不高于36V,请你利用所学的知识解释这样设计的道理。

2.在高大的楼房顶上安装太阳能时,四周建有一圈较粗的金属棍,并且通到了地下,你知道它的作用是什么吗?如果有人要将它给拆除,请你利用所学的知识向他解释会发生什么后果,并予以制止。

3.小鸟停在高压输电线上,并没有发生触电事故,你知道这是为什么吗?

4.李同学是某企业的实习电工,师傅问道:"你知道多少毫安以上的电流,称为致命电流吗?"李同学想了想说:"大约200mA 吧。"师傅又问:"在隧道压力容器中照明,应使用什么灯具?"李同学说:"这个我当然知道啦,应使用亮度大的普通照明灯。"师傅说:"你说照明电路的保护线上应不应该装熔断器呢?"李同学说:"当然不用了,因为这会浪费嘛。"李同学的说法哪些是错误的?正确的是什么?

5.电气设备发生火灾时,首先必须采取的措施是什么?可带电灭火的器材是哪几种?

6.触电紧急救护时,首先应进行什么?然后立即进行什么?

7.电压相同的交流电和直流电,哪一种对人的伤害大?

1.3 安全用电认知同步训练

安全用电认知项目引导文	班　级	
	姓　名	

一、项目描述

若是有人触电了,你有没有科学正确的急救方法?以"触电急救"为中心设计一个学习情境,完成以下几项学习任务:

(1)模拟设计出一种触电事故;
(2)针对触电情节的轻重,采取相应的急救措施;
(3)分析触电事故发生的原因,总结经验教训;
(4)吸取本次触电事故的教训,对生活中的安全用电写出用电操作规程。

二、项目资讯

1.你的人体电阻大概为多大?多大的电流会将你击倒?请列举电流伤害人体的因素有哪些?

2.在进行电气作业时,应该尽可能单手操作,为什么?你知道人体触电的方式有哪几种吗?

3.在湿度大、空间狭窄的矿井内,矿工手提的照明灯,应采用多大的电压照明?为什么?我国规定的安全电压等级为哪几种?你是怎样理解"安全电压"中的"安全"两字的?

4.在进行户外线路检修时,常见电工爬在高高的电线杆上,你知道他们是怎样保护自己不被电击的吗?他们使用了什么绝缘用具?

5.如果电工实训室发生了电气火灾,你会采取哪些紧急处理措施?你所在的实训大楼有没有电气灭火器?如果有,请记录其型号,并了解其使用方法。

6.假如你是一名中级维修电工,请制定出一份从事该工作的电气操作规程。

三、项目计划

1.确定本工作任务需要使用的工具和辅助设备。

2.设计出一种触电事故,并列写出所要采取的触电急救措施。
(1)某人因为违反了哪项用电安全规范而导致触电:

(2)触电的方式:

(3)触电情节的轻重:

(4)触电事故的后果:

(5)采取的触电急救措施:

3.制作任务实施情况检查单,包括小组各成员的任务分工、任务完成、任务检查情况的记录,以及任务执行过程中出现的问题及应急情况的处理(备注栏)等。

四、项目决策

1.分小组讨论、制定触电急救实施方案。
2.老师指导确定最终急救方案。
3.每组选派一位成员阐述最终急救方案。

五、项目实施

1.本组采用了哪些触电急救措施?请简述其要领。

2. 急救过程中出现了什么问题？为什么会出现这些问题？如何解决这些问题？

3. 在急救过程中，你是不是感觉到生命很珍贵？通过本次实训，你打算怎样更加珍惜你的生命？谈谈你的感想。

4. 填写任务执行情况检查单。

六、项目检查
1. 学生填写检查单。 2. 教师填写评价表。 3. 学生提交实训心得。
七、项目评价
1. 小组讨论，自我评述本项目完成情况及发生的问题，小组共同给出提升方案和有效建议。 2. 小组准备汇报材料，每组选派一人进行汇报。 3. 老师对本项目完成情况进行评价。
学生自我总结：
指导老师评语：
项目完成人签字：　　　　　　　　　　　　日期：　　年　　月　　日
指导老师签字：　　　　　　　　　　　　　日期：　　年　　月　　日

1.4 安全用电认知检查单

安全用电认知项目检查单	班级	姓名	总分	日期
检 查 内 容	标准分值	自我评分 A(20%)	小组评分 B(30%)	教师评分 C(50%)
资讯、计划：				
基础知识预习、完成情况	10			
资料收集、准备情况	10			
决策：				
是否制订实施方案	5			
是否画原理图	5			
是否画安装图	5			
实施：				
操作步骤是否正确	20			
是否安全文明生产	5			
是否独立完成	5			
是否在规定的时间内完成	5			
检查：				
检查小组项目完成情况	5			
检查个人项目完成情况	5			
检查仪器设备的保养使用情况	5			
检查该项目的PPT（汇报）完成情况	5			
评估：				
请描述本项目的优点：	5			
有待改进之处及改进方法：	5			
总分（A20% + B30% + C50%）	100			

1.5 安全用电认知评价表

学习领域:电气安装的规划与实施					
班级		学习情境1:安全用电认知			
姓名		学习团队名称:			
组长签字		自我评分	小组评分	教师评分	
	评价内容	评分标准			
目标认知程度	工作目标明确,工作计划具体结合实际,具有可操作性	10			
情感态度	工作态度端正,注意力集中,能使用网络资源进行相关资料收集	10			
团队协作	积极与他人合作,共同完成工作任务	10			
专业能力要求	专业基础知识掌握程度	10			
	专业基础知识应用程度	10			
	识图绘图能力	10			
	实验、实训设备使用能力	10			
	动手操作能力	10			
	实验、实训数据分析能力	10			
	实验、实训创新能力	10			
总分					
本人在小组中的排名(填写名次)					
备注:					

学习单元 2

万用表的使用

 知识技能

通过本单元的学习,使学生能够在以下方面得到巩固与提高:
1. 掌握直流电路的基本物理量及相互关系;
2. 理解电压源、电流源、电源有载工作、开路和短路等概念;
3. 熟练使用万用表测量直流电压、直流电流和电阻;
4. 学会在实验室连接简单直流电路并进行基本测试。

 情感、态度、价值观

通过本单元的学习,使学生对直流电路有初步的认识,对直流电压、直流电流和电阻等基本物理量有一个感性认识。引导学生从使用"电"到认识"电",激发他们学习"电"的兴趣,树立"理实一体化"的学习观念,培养"既动脑又动手"的学习态度。

情境描述

万用表又叫多用表、三用表,分为指针式万用表和数字式万用表两种。万用表是一种多功能、多量程的测量仪表,一般可测量直流电流、直流电压、交流电流、交流电压、电阻和音频电平等,有的还可以测电容量、电感量。在日常生活中,手电筒是一种用来照明的、最简单的用电器具。利用电工实验室提供的万用表,对手电筒进行简单测试,如测量电池电压,小灯泡电阻等;然后建立手电筒的电路模型。根据手电筒电路模型,在实验室用直流稳压电源替代手电筒电池,电阻箱替代小灯泡,连接一个简单直流电路,使用万用表对该电路进行电压、电流等项目的测量。

以"万用表的使用"为中心建立一个学习情境,将直流电路的基本物理量、直流电源的类型、欧姆定律的应用等知识点,与手电筒的拆装、万用表的使用、实验电路的设计、实验数据的测试等基本技能结合起来。

2.1 万用表的使用学习资料

§2.1-1 电路和电路模型

手电筒是大家所熟悉的一种用来照明的最简单的用电器具,其电路如图 2-1 所示。
手电筒由以下四部分组成:
(1)干电池,它将化学能转换为电能;
(2)小灯泡,它将电能转换为光能;
(3)开关,通过它的闭合与断开,能够控制小灯泡的发光情况;

(4)金属容器、卷线连接器,它们相当于传输电能的金属导线,提供了手电筒中其他元件之间的连接。

一 电路

电流流通的闭合路径叫电路。它由电源、负载、连接导线、控制和保护装置四部分组成,最简单的电路如图2-1所示的手电筒电路。

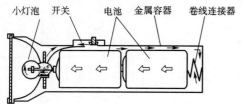

图2-1 手电筒电路

电源是将其他形式的能量转换为电能的装置,如发电机、干电池、蓄电池等。

负载是取用电能的装置,通常也称为用电器,如白炽灯、电炉、电视机、电动机等。

连接导线是把电源和负载接成闭合回路,输送和分配电能,一般常用的导线是铜线和铝线。

控制和保护装置是用来控制电路的通断、保护电路的安全、使电路能正常工作,如开关、熔断器、继电保护器等。

实际电路的结构形式多种多样,但就其功能而言,可以划分为电力电路(强电电路)、电子电路(弱电电路)两大类。电力电路主要是实现电能的传输和转换;电子电路主要是实现信号的传递和处理。

二 电路模型

1 电路模型

由电路元件构成的电路,称为电路模型。电路元件一般用理想电路元件代替,并用国标规定的图形符号及文字符号表示。今后本书中未加特殊说明时,我们所研究的电路均为电路模型。图2-1所示的手电筒电路,其电路模型如图2-2所示。E为2节1.5V的干电池,R_S为电池内阻,R_L为小灯泡负载,S为手电筒开关。

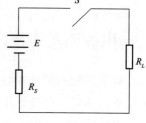

图2-2 手电筒电路模型

2 电路元件

实际电路中的元器件品种繁多,有的元器件主要是消耗电能,如各种电阻器、电灯、电烙铁等;有的元器件主要是储存磁场能量,如各种电感线圈;有的元器件主要是储存电场能量,如各种类型电容器;有的元器件主要是提供电能,如电池、发电机等。

对某一个元器件而言,其电磁性能却并不是单一的。例如,实验室用的滑线电阻器,它由导线绕制而成,主要具有消耗电能的性质,即具有电阻的性质;其次由于电压和电流会产生电场和磁场,它又具有储存电场能量和磁场能量的性质,即具有电容和电感的性质。上述性质总是交织在一起的,当电压、电流的性质不同时,其表现程度也不一样。

为了便于对电路进行分析和计算,将实际元器件近似化、理想化,使每一种元器件只集中表现一种主要的电或磁的性能,这种理想化元器件就是实际元器件的模型。理想化元器件简称电路元件。

实际元器件可用一种或几种电路元件的组合来近似地表示。例如,上面提到的滑线电阻器可用电阻元件来表示;若考虑磁场的作用,则可用电阻元件和电感元件的组合来表示。同时,对电磁性能相近的元器件,也可用同一种电路元件近似地表示。例如,各种电阻器、电灯、电烙铁、电熨斗等,都可用电阻元件来近似地表示。

3 电路模型部分常用符号(表2-1)

电路图部分常用符号　　　　表2-1

名称	符号	名称	符号
电阻	—□—	电压表	—Ⓥ—
电池	—┤├—	熔断器	—▭—
电灯	—⊗—	电容	—‖—
开关	—/—	电感	—⁓⁓—
电流表	—Ⓐ—	接地	⏊ 或 ⊥

§2.1-2 电　流

手电筒开关闭合时,小灯泡将发光。此时小灯泡上有电流流过,它将电能转换为光能。

一 电流的基本概念

电荷的定向运动叫做电流。金属导体中的自由电子在电场力作用下的定向运动,电解液中正负离子在电场力作用下向着相反方向的运动等都叫做电流。

电流的大小用电流强度(简称电流)来表示。电流强度在数值上等于通过导体横截面的电荷量 q 与通过这些电荷量所用时间 t 的比值。用公式表示为:

$$I = \frac{q}{t} \tag{2-1}$$

式中:q——通过导体横截面的电荷量,单位是库(仑),符号为 C;

t——通过电荷量 q 所用的时间,单位是秒,符号为 s;

I——电流,单位是安(培),符号为 A。

电流常用单位还有毫安(mA)或微安(μA);当电流很大时,常用单位为千安(kA)。它们之间的换算关系为:

$$1A = 1000mA = 10^3 mA$$
$$1A = 1000000\mu A = 10^6 \mu A$$
$$1kA = 1000A = 10^3 A$$

二 电流的方向

电流不但有大小,而且还有方向。规定正电荷定向运动的方向为电流方向。在金属导体中,电流的方向与自由电子运动方向相反。

在简单电路中,如图2-3所示,可以直接判断电流的方向。即在电源内部电流由负极流向正极,而在电源外部电流则由正极流向负极,以形成一闭合回路。但在较为复杂的电路中,如图2-4所示的桥式电路中,电阻 R_5 的电流实际方向有时难以判定。

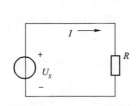
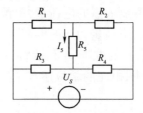

图2-3 简单电路　　　　图2-4 复杂电路

在电路分析中,任意选定一个方向作为电流的方向,这个方向就称为电流的参考方向(如图2-4中用实线表示的 I_5),有时又称为电流的正方向,当然,所选定的参考方向并不一定就是电流的实际方向。当电流的参考方向与实际方向相同时,电流为正值。反之,若电流的参考方向与实际方向相反,则电流为负值。这样,电流的值就有正有负,它是一个代数量,其正负可以反映电流的实际方向与参考方向的关系。因此电流的正、负,只有在选定了参考方向以后才有意义。

如果电流的大小和方向都不随时间变化,这样的电流叫直流电流或稳恒直流电,如图2-5a)所示;如果电流的大小随时间变化,但方向不随时间变化的电流叫脉动直流电,如图2-5b)所示;如果电流的大小和方向都随时间变化,这样的电流叫交流电流,如图2-5c)所示。

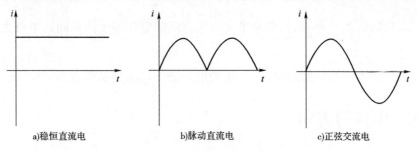

a)稳恒直流电　　　　b)脉动直流电　　　　c)正弦交流电

图2-5 交流电和直流电的方向

测量电流物理量大小的仪表是电流表(也叫安培表)。电流表的内阻越小测量越准确。测量时把电流表串接在电路中,直流表应注意电流表的正、负极不要接错。在测量精度要求不高的情况下也可以用万用表的电流挡。工程上不断电测量电流,可以用钳形电流表。

§2.1-3　电压和电位

一、电压

电压(U_{ab}):电场中的电荷受到电场力的作用而做功,为了衡量电场力做功能力的大小,引入电压这个物理量。a、b 两点间的电压 U_{ab} 在数值上等于电场力把电荷由 a 移到 b 所做功 W_{ab} 与被移动电荷的电荷量 q 的比值,可以用下式表示:

$$U_{ab} = \frac{W_{ab}}{q} \tag{2-2}$$

式中:q——由 a 点移到 b 点的电荷量,单位库仑,符号 C;

W_{ab}——电场力将电荷量为 q 的电荷由 a 移到 b 所做的功,单位焦耳,符号 J;

U_{ab}——a、b 两点间的电压,单位伏特,符号 V。

在国际单位制中,电压的单位还有千伏(kV)和毫伏(mV)微伏(μV)。它们之间的换算关系为:

$$1V = 1000mV = 10^3 mV$$
$$1V = 1000000\mu V = 10^6 \mu V$$
$$1kV = 1000V = 10^3 V$$

二、电位

电位(V_a、V_b):电荷量为 q 的正电荷在电场力的作用下,由 a 点移动到 b 点,电场力做功,电能减少,因此,正电荷在 a 点比 b 点具有更大的能量。正电荷在电场中某点所具有的能量与电荷所带电荷量的比,叫做该点的电位。

$$V_a = \frac{W_a}{q}, \quad V_b = \frac{W_b}{q} \tag{2-3}$$

由式(2-2)和式(2-3)可知,在电路中 a、b 两点间的电压等于两点间的电位之差,即

$$U_{ab} = V_a - V_b \tag{2-4}$$

两点间的电压也叫两点间的电位差,讲到电压必须说明是哪两点间的电压。

三、电压与电位的方向

在讨论电位问题时,首先要选参考点,假定该点电位为零,用接地符号(⏚)表示,电路中各点电位是相对的,与参考点的选择有关,比参考点高的电位为正,比参考点低的电位为负。在图2-6中,如果用符号 V_a 表示 a 点电位,V_b 表示 b 点电位。若 $V_b = 0$,则 $V_a > 0$,若 $V_a = 0$,则 $V_b < 0$。不管如何选择参考点,a 点电位永远比 b 点电位高,即 $V_a > V_b$。

由于电场力对正电荷做功的方向就是电位降低的方向,因此规定电压的实际方向由高电位指向低电位,即电位降低的方向。与电流类似,分析、计算电路时,也要预先设定电压的参考方向。同样,所设定的参考方向并不一定就是电压的实际方向。当电压的参考方向与实际方向相同时,电压为正值;当电压的参考方向与实际方向相反时,电压为负值。这样,电压的值有正有负,它也是一个代数量,其正负表示电压的实际方向与参考方向的关系。

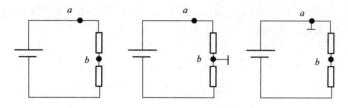

图2-6　电位参考点的选取

电压的参考方向可以用正(+)、负(-)极性表示,如图2-7a)所示,正极性指向负极性的方向就是电压的参考方向;也可以用双下标表示,如图2-7b)所示,其中,u_{ab}表示a、b两点间的电压参考方向由a指向b;也可以用箭头表示,如图2-7c)所示。

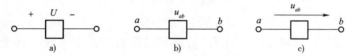

图2-7　电压参考方向的标注

进行电路分析时,对于一个元件,我们既要对流过元件的电流选取参考方向,又要对元件两端的电压选取参考方向,两者是相互独立的,可以任意选取。也就是说,它们的参考方向可以一致,也可以不一致。如果电流的参考方向与电压的参考方向一致,则称之为关联参考方向,见图2-8a)所示;如果电流的参考方向与电压的参考方向不一致,则称之为非关联参考方向,见图2-8b)所示。

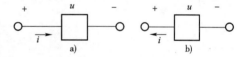

图2-8　电压、电流参考方向

§2.1-4　电　　阻

一　物质的分类

根据物质的导电能力的强弱,一般可以分为导体、绝缘体和半导体。

导体的原子核对外层电子吸引力很小,电子容易挣脱原子核的束缚,形成大量自由电子,一切导体都能导电,如银、铜、铝等都是电的良导体。

绝缘体的原子核对外层电子吸引力很大,电子很难挣脱原子核的束缚而形成自由电子,绝缘体不能导电,如胶木、云母、陶瓷、玻璃等。

半导体的导电性能介于导体和绝缘体之间,如硅、锗等。

二、电阻定律

导体对电流的阻碍作用叫电阻,用字母 R 来表示。任何物体都有电阻,当有电流流过时,都要消耗一定的能量。

导体电阻的大小不仅和导体的材料有关,还和导体的尺寸有关。经实验证明,在温度不变时,一定材料制成的导体的电阻跟它的长度成正比,跟它的截面积成反比,这个实验规律叫做电阻定律。均匀导体的电阻可用公式表示为:

$$R = \rho \frac{L}{S} \tag{2-5}$$

式中：ρ ——电阻率,其值由电阻材料的性质决定,单位为欧姆米,$\Omega \cdot m$；

   L ——导体的长度,单位是米,m；

   S ——导体的截面积,单位是平方米,m^2；

   R ——导体的电阻,单位是欧姆,Ω。

在国际单位制中,电阻的单位还有千欧($k\Omega$)和兆欧($M\Omega$)。它们之间的换算关系为：

$$1k\Omega = 10^3 \Omega$$
$$1M\Omega = 10^3 k\Omega$$

导体的电阻不仅与材料性质、尺寸有关,还和温度有关。对金属导体而言,温度升高使分子的热运动加剧,而自由电子数目几乎不随温度变化,电荷运动时受到的阻碍作用加大,导体的电阻增加。有些半导体和电解液,温度升高自由电荷数目增加所起的作用超过分子热运动加剧所起的阻碍作用,电阻减小。在一般情况下,电阻随温度的变化不大,其影响可以不用考虑。

§2.1-5 欧 姆 定 律

一、部分电路的欧姆定律

在图 2-9 中,流过 R 的电流与它两端的电压 U_R 成正比,与电阻 R 成反比,这就是部分电路的欧姆定律。如果电压、电流取关联参考方向,部分电路的欧姆定律可以用公式表达为：

$$I = \frac{U_R}{R} \tag{2-6}$$

值得注意的是,电阻值不随电压、电流变化而变化的电阻叫做线性电阻;由线性电阻组成的电路叫做线性电路。阻值随电压、电流变化而改变的电阻,叫非线性电阻;含有非线性电阻的电路叫做非线性电路。欧姆定律只适用于线性电路。

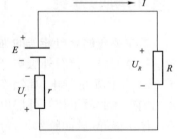

图 2-9 欧姆定律

二 全电路欧姆定律

一个由电源和负载组成的闭合电路叫做全电路,如图2-9所示。R 为负载的电阻,E 为电源电动势,r 为电源内阻。

$$I = \frac{E}{r + R} \tag{2-7}$$

在图2-9中,外电路电压 U_R 又叫路端电压或端电压,U_r 为内阻上的电压降。

$$U_R = E - U_r = E - Ir \tag{2-8}$$

结合式(2-7)和式(2-8)分析可知,当 R 增大,I 减小,Ir 减小,U_R 增大,

当 $R \to \infty$(断路),$I \to 0$,$U_R = E$,断路时端电压等于电源电动势;

当 R 减小时,I 增大,Ir 增大,U_R 减小;

当 $R = 0$(短路),$U_R = 0$,$I = \frac{E}{r}$,由于 r 很小,所以短路电流 I 很大,可能烧毁电源,甚至引起火灾,为此电路中必须有短路保护装置。

§2.1-6 电功率与电能

一 电功率

如前所述,带电粒子在电场力作用下做有规则运动,形成电流。根据电压的定义,电场力所做的功为 $W_{ab} = QU_{ab}$,单位时间内电场力所做的功称为电功率,简称为功率。它是描述传送电能速率的一个物理量,以符号 P 表示,即:

$$P = \frac{QU}{t} = UI \tag{2-9}$$

在式(2-9)中,若电流的单位为安培(A),电压的单位为伏特(V),则功率的单位为瓦特(W),简称为"瓦"。功率比较大时,习惯用千瓦表示:

$$1 \text{kW} = 1000 \text{W}$$

"220V60W"的灯泡,220V 是正常工作时灯泡两端的电压,60W 是灯泡的功率。

二 电能

当已知设备的功率为 P 时,则在 t 秒内消耗的电能为:

$$W = Pt \tag{2-10}$$

电能就等于电场力所做的功,单位是焦耳(J)。工程上,直接用千瓦小时(kW·h)做单位,俗称"度"。

$$1 \text{ 度电} = 1 \text{kW} \cdot \text{h} = 3600000 \text{J}$$

日常生活中家家户户的电表,就是用来计量电能的。

三、电源的最大输出功率

在§2.1-5 节图 2-9 的闭合电路中,电源电动势提供的功率,一部分消耗在电源的内阻上 r 上,另一部分消耗在负载电阻 R 上。电源输出的功率就是负载电阻 R 上所消耗的功率,即:

$$P = U_R I = \frac{U_R^2}{R} = I^2 R \tag{2-11}$$

根据全电路欧姆定律有:

$$I = \frac{E}{R+r}$$

将 I 代入式(2-11)中,

$$P = I^2 R = \left(\frac{E}{R+r}\right)^2 R = \frac{E^2}{\frac{(R-r)^2}{R}+4r}$$

因为电源电动势 E、电源内阻 r 是恒量,只有当分母最小时,功率 P 有最大值,所以,只有当 $R = r$(即内阻等于外阻)时,P 值最大,负载才能从电源处获得最大功率:

$$P_m = \frac{E^2}{4R} \tag{2-12}$$

在无线电技术中,把负载电阻等于电源内阻的状态叫做负载匹配。负载匹配时,负载(如扬声器)可以获得最大功率。

§2.1-7 电压源与电流源

一、电压源

1 理想电压源

理想电压源简称电压源,其特点为电压源两端的输出电压为恒定值 U_s,或为一定时间的函数 $U_s(t)$,与流过的电流无关,主要是能对负载提供比较稳定的电压。

电压源的符号如图 2-10 所示;直流电压源的伏安特性如图 2-11 所示。所谓的电源伏安

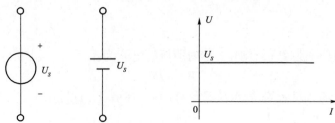

图 2-10 电压源的符号　　　　　　图 2-11 电压源的伏安特性

特性,是指电源电压的大小与电路中电流的大小对应的一种关系,从图 2-11 可以看出,不管电流如何变化,电源电压的大小是不变的。

2 实际电压源

当手电筒开关闭合后,其小灯泡两端的电压就会降低,这是因为旧电池内部存在内阻的缘故。

实际的直流电压源可用数值等于 U_S 的理想电压源和一个内阻 R_i 相串联的模型来表示,如图 2-12 所示。

于是,实际直流电压源的端电压为:

$$U = U_S - U_{R_i} = U_S - IR_i$$

上式所描述的 U 与 I 的关系,即实际直流电压源的伏安特性,如图 2-13 所示。

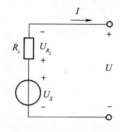
图 2-12 实际电压源

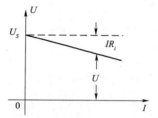
图 2-13 实际电压源的伏安特性

电压源又称恒压源,其特点是内阻比较小。值得注意的是,电压源的电路模型是理想电压源与内阻串联,由于串联电阻分压的缘故,电压源的内阻越小,分压作用越小,对输出影响越小,所以,电压源的内阻越小越好,理想电压源的内阻为零。

二 电流源

1 理想电流源

理想电流源简称电流源,其特点为电流源输出的电流为恒定值 I_S,或为一定时间的函数 $I_S(t)$,与电流源两端的电压无关,主要是能对负载提供比较恒定的电流。

电流源的符号如图 2-14 所示;直流电流源的伏安特性如图 2-15 所示。

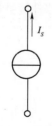
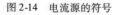
图 2-14 电流源的符号

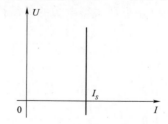
图 2-15 电流源的伏安特性

2 实际电流源

实际的直流电流源可用数值等于 I_S 的理想电流源和一个内阻 R'_i 相并联的模型来表示,

如图 2-16 所示。于是,实际直流电流源的输出电流为:

$$I = I_S - \frac{U}{R'_i}$$

整理得

$$U = I_S R'_i - IR'_i$$

上式所描述的 U 与 I 的关系,即实际直流电流源的伏安特性,如图 2-17 所示。

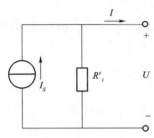 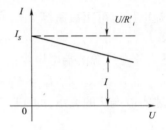

图 2-16 实际电流源　　　　　图 2-17 实际电流源的伏安特性

电流源又称恒流源,其特点是内阻比较大。值得注意的是,因为电流源的电路模型是理想电流源与内阻并联,电流源的内阻越大,其分流作用越小,对输出影响越小,所以电流源的内阻越大越好,理想电流源的内阻为无穷大。

§2.1-8 电源有载工作、开路与短路

一 电源有载工作

将手电筒电路中的开关 S 闭合,接通电池与小灯泡,小灯泡将发光。这就是电源有载工作。其示意图及电路,如图 2-18 所示。

1 电路中的电压、电流与功率

$I = \dfrac{U_S}{R_S + R_L}$(全电路欧姆定律,$R_S$ 为电源内阻,R_L 为负载,U_S 为电源)

$U = R_L I$(部分电路欧姆定律,U 为负载两端电压或电源端电压)

$U = U_S - R_S I$(由上两式得电源的外特性方程。电源的外特性曲线见图 2-19)

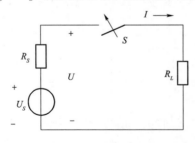 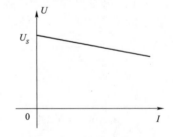

图 2-18 电源有载工作　　　　　图 2-19 电源的外特性曲线

$U \approx U_S$(R_S 远远小于 R_L 时)

$P = P_S - \Delta P$（P_S 为电源产生的功率；ΔP 为电源内阻损耗的功率；P 为电源输出的功率）

由图 2-19 电源的外特性曲线可知，当负载电流增大时，其电源端电压是减少的。

2 额定值与实际值

（1）额定值：任何一个电气设备，为安全可靠地工作，都必须有一定的电压、电流和功率的限制和规定值，这种规定值就称为额定值。额定值通常用 U_N、I_N、P_N 等表示，常标在设备的铭牌上。

如一个白炽灯，额定值为"220V，60W"，表示该灯泡应在 220V 下使用，消耗电功率为 60W，灯泡才发光正常，并保证有规定的寿命。电气设备和器件应尽量工作在额定状态，这种状态称为满载；电流和功率低于额定值的工作状态叫轻载（若电压或电流远低于其额定值，不仅得不到正常合理的工作情况，而且也不能充分利用设备的能力）；高于额定值的工作状态叫过载（若电压过高或电流过大时，其灯丝将被烧毁）。

（2）实际值：指产品正在使用时的电压、电流和功率值。

如上例额定值为"220V，60W"的白炽灯，所加电压为 220V 时，实际消耗的功率就为 60W；所加电压低于 220V 时，实际消耗的功率也就不足 60W 了。

二 电源开路

当手电筒电路中的开关 S 断开时，电源（即电池）则处于开路（空载）状态，其示意图及电路如图 2-20 所示。这时电源的端电压（称为开路电压或空载电压 U_O）等于电压源的电压，电源不输出电能，所以小灯泡不发光。

电源开路时的特征：

$I = 0$

$U = U_O = U_S$（U_O 为开路电压）

$P = 0$（P 为电源输出的功率）

三 电源短路

当手电筒电路中电池的两端由于某种原因而连在一起时，电源（即电池）则被短路，其示意图及电路如图 2-21 所示。这时外电路小灯泡的电阻可视为零，电流有捷径可通，不再流过负载（即小灯泡），所以小灯泡也不发光。

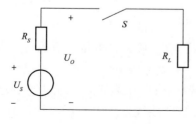

图 2-20　电源开路

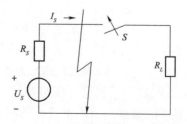

图 2-21　电源短路

电源短路时的特征：

$U = 0$（U 为电源端电压）

$I = I_S = \dfrac{U_S}{R_S}$（$I_S$ 为短路电流）

电源短路通常是一种严重事故，其危害是很大的，它产生的短路电流会使电源或其他电气设备因严重发热而烧毁，因此应该积极预防和在电路中增加安全保护措施，在实际工作中要经常检查电气设备和线路的绝缘情况，在电源侧接入熔断器和自动断路器。

但是，有时由于某种需要，可以将电路中某一段短路（常称为短接）或进行某种短路实验。

§2.1-9 伏安法测电阻

一、伏安法测电阻原理

在图 2-22 中，调节滑动变阻器 R_X 的大小，可以改变电路中的电流。如果已知电阻两端电压 U_R 和流过电路中的电流 I，根据欧姆定律有：

$$R = \dfrac{U_R}{I}$$

这便是伏安法测电阻的原理，是一种间接测量的方法，测量出电阻两端的电压（V）及流过电阻的电流（A），根据欧姆定律算出电阻 R 的大小。由于电压表也叫伏特表，电流表也叫安培表，所以这种用电压表、电流表测电阻的方法叫"伏安法"。

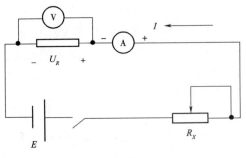

图 2-22　伏安法测电阻原理

二、直流电流表和电压表的使用

在图 2-22 电路中，除了电阻、电源、开关外，还串接了一个电流表，用符号 Ⓐ 来表示；电阻 R 两端还并接了一个电压表，用符号 Ⓥ 来表示。

电流表和电压表是电学中两种最基本最重要的测仪表，所以掌握电流表和电压表的使用方法是十分必要的。

如图 2-23 所示，表盘上标有字母"A"或"mA"字样，该表是测量电流的电流表。

如图 2-24 所示，表盘上标有字母"V"或"mV"字样，该表是测量电压的电压表。

在接入电路时，电流表必须串联在待测电路中，电流表的"＋"极必须跟电源的"＋"极端靠近，电流表的"－"极必须跟电源的"－"极端靠近；电压表必须并联在待测电路的两端，注意正负极不能接反。使用电流表的时候，它的两个接线柱千万不能直接接到电源的两极上，以免由于电流过大而将电流表烧坏。

图 2-23 和图 2-24 中的电流表和伏特表均有三个接线柱,根据所需量程选择合适的接线柱,比如电流表接在"+"和"0.6"两个接线柱上,则量程为 0.6A;电压表接在"+"和"15"两个接线柱上,则量程为 15V。测量前,应先估计电路的电流强度和电压值,如果估计电流小于 0.6A,则选择 0～0.6A 量程,如果估计电流大于 0.6A,小于 3A,此时就选 0～3A 量程;对于电压表,若估计电压小于 3V,则选 0～3V 量程,若估计大于 3V,这时应选 0～15V 量程。

 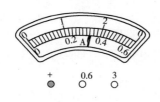  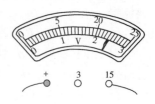

图 2-23　直流电流表　　　　　　　　图 2-24　直流电压表

§ 2.1-10　指针式万用表的使用

万用表是测量电阻、电压、电流等参数的电工仪表。它有携带方便、使用灵活、检查项目多、检测精度高、造价低廉等优点。它是从事电工、电器、无线电设备生产和维修人员最常用的工具,应用极为广泛,是一种普及型的测试仪表。

万用表的种类很多,但根据其显示方式的不同,一般可分为指针式万用表和数字式万用表两大类。前者的主要部件是指针式仪表,测量结果为指针式显示;后者主要应用了数字集成电路等器件,测量结果为数字显示。

本节以应用较为广泛的 500 型万用表为例,介绍指针式万用表的使用方法。

一　500 型万用表的使用方法

500 型万用表是一种用作交、直流电压,直流电流,电阻和音频电平测量的多功能、多量程仪表。500 型万用表的面板功能,如图 2-25 所示。它有两个"功能/量程"转换开关,每个开关的上方均有一个矢形标志。如欲测量直流电压,应首先旋动右边的"功能/量程"开关,使开关上的符号"V"对准标志位;然后将左边的"功能/量程"开关旋至所需直流电压量程(有"V"标志者为直流电压量程)后即可进行测量。利用两个转换开关的不同位置组合,可以实现上述多种测量。

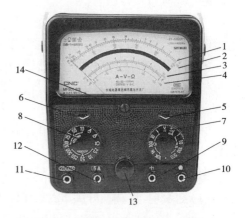

图 2-25　500 型万用表面板功能示意图
1-电阻刻度;2-直、交流刻度;3-交流 10V 专用刻度;4-音频电平(分贝刻度);5、6-矢形标志符;7、8-功能/量程开关 S_2、S_1;9-通用测量插孔;10-公共插孔;11-测高压插孔(直、交流通用);12-音频电平测量插孔;13-电阻挡调零旋钮;14-机械调零旋钮

1　交流电压的测量

所谓交流电是指大小和方向都随时间变化的电源。如果变化规律符合正弦函数变化规律,就叫

做正弦交流电。

仪表、面板上的交流电压符号通常表示为Ⓥ、V。

(1) 测量前,将转换开关 S_2 拨到 V~, S_1 拨到对应的交流电压量程挡位上。如果事先不知道被测电压大小,量程宜放在最高挡,以免损坏表头。

(2) 测量时,将表笔并联在被测电路或被测元器件两端。严禁在测量中拨动转换开关选择量程。

(3) 测电压时,要养成单手操作习惯,且注意力要高度集中。

(4) 由于表盘上交流电压刻度是按正弦交流电标定的,如果被测电量不是正弦量,误差会较大。

(5) 可测交流电压的频率范围一般为 45~1000Hz,如果超过范围,误差会增大。

2 直流电压的测量

所谓直流电是指电流方向随时间变化的电源,有的直流电大小和方向一直保持不变,有的直流电方向不变,但是大小会随时间有所波动。

测量方法与交流电压基本相同,但要注意下面两点:

(1) 与测量交流电压一样,测量前要将转换开关 S_2 拨到 V-, S_1 拨到对应的直流电压的量程挡位上,在事先不清楚被测电压高低的情况下,量程宜大不宜小;测量时,表笔要与被测电路并联,测量中不允许拨动转换开关。

(2) 测量时,必须注意表笔的正负极性。红表笔(+极性端子)接被测电路的高电位端,黑表笔(-极性端子或公共端子*)接低电位端。若表笔接反了,表头指针会反打,容易打弯指针。如果不知道被测点电位高低,可将表笔轻轻地试触一下被测点。若指针反偏,说明表笔极性反了,交换表笔即可。

3 直流电流的测量

(1) 测量前,将转换开关 S_1 拨到 A-, S_2 拨到对应直流电流量程挡位上。如果事先不知道被测电流大小,量程宜放在最高挡,以免损坏表头。

(2) 测量时,万用表必须串入被测电路,不能并联。

(3) 必须注意表笔的正、负极性。测量时,红表笔接电路断口高电位端,黑表笔接低电位端。

(4) 在不清楚被测电流大小情况下,量程宜大不宜小。严禁在测量中拨动转换开关选择量程。

4 电阻的测量

(1) 测量前,将转换开关 S_1 拨到 Ω, S_2 拨到对应的欧姆量程挡位上。

(2) 正确选择电阻倍率挡,使指针尽可能接近标度尺的几何中心,可提高测量数据的准确性。

(3) 严禁在被测电路带电的情况下测量电阻。

(4) 测量时,直接将表笔跨接在被测电阻或电路的两端,注意不能用手同时触及电阻两端,以避免人体电阻对读数的影响。

(5) 测量热敏电阻时,应注意电流热效应会改变热敏电阻的阻值。

二 万用表符号含义

(1) ∽ 表示交直流、— 表示直流、≃ 表示交直流;
(2) V – 2.5kV 4000Ω/V 表示对于交流电压及 2.5kV 的直流电压挡,其灵敏度为 4000Ω/V;
(3) A – V – Ω 表示可测量电流、电压及电阻;
(4) 45 – 65 – 1000Hz 表示使用频率范围为 1000Hz 以下,标准工频范围为 45~65Hz;
(5) 2000Ω/V DC 表示直流挡的灵敏度为 2000Ω/V。

三 万用表的读数的读法

图 2-26 中 500 型万用表表盘上有四条刻度线,它们的功能如下:

第一条(从上到下)标有 R 或 Ω,指示的是电阻值,转换开关在欧姆挡时,即读此条刻度线。该刻度线最左端是无穷大,右端为零,当中刻度不均匀。电阻挡有 R×1、R×10、R×100、R×1K、R×10K 各挡,分别说明刻度的指示需要乘上其倍数,才得到实际的电阻值(单位为欧姆)。例如用 R×100 挡测一电阻,指针指示为"10",那么它的电阻值为 10×100 = 1000Ω 即 1kΩ。

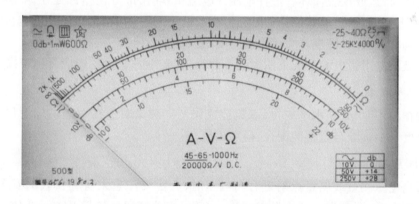

图 2-26 500 型万用表表盘刻度线

第二条标有 ∽ 和 VA,指示的是交、直流电压和直流电流值,当转换开关在交、直流电压或直流电流挡,量程在除交流 10V 以外的其他位置时,即读此条刻度线。需要注意的是交、直流电压和直流电流挡的指示原理不同于电阻挡,例如 5V 挡表示该挡只能测量 5V 以下的电压,500mA 挡只能测量 500mA 以下的电流,若是超过量程,就会损坏万用表。

第三条标有 10V,指示的是 10V 的交流电压值,当转换开关在交流电压挡,量程在交流 10V 时,即读此条刻度线。这是由于整流二极管非线性的影响,在交流 10V 挡刻度线的起始段,很明显分度是不均匀的,因此交流 10V 挡要专用一条刻度线。

第四条标有 dB,指示的是音频电平(分贝刻度)。

电气安装的规划与实施

四 使用万用表注意事项

1 使用之前要调零

使用万用表应先进行机械调零。在测量电阻之前,还要进行欧姆调零。且每换一次欧姆挡就要进行一次电阻调零(见图2-27)。红、黑表笔短接,调节电阻调零旋钮,指针指向欧姆刻度线零位。

2 要正确接线

万用表面板上的插孔和接线柱都有极性标注。使用时将红表笔与"通用测量插孔"(或"+"极性孔相连),黑表笔与"公共插孔"(或"-"极性孔相连)。测直流量时要注意正、负极性,以免指针反转。测电流时,万用表应串联在被测电路中;测电压时,万用表应并联在被测电路两端。

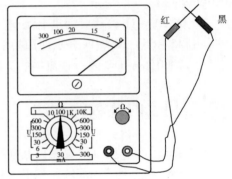

图2-27 指针式万用表的电阻调零

3 要正确选择测量挡位

测量挡位包括测量对象和量程。测量电量时应将转换开关置于相应的挡位。如误用电流挡测量电压,将造成仪表损坏。选择电压或电流量程时,最好使指针处在标度尺 2/3 以上的位置;选择电阻量程时,最好使指针处在标度尺的中间。测量时,当不能确定被测电压、电流的数值范围时,应先将转换开关转置相应的最大量程。

严禁在被测电阻带电的情况下用欧姆挡测量电阻。否则,极易造成万用表损坏。

4 要正确读数

万用表在使用时,必须水平放置,以免造成误差。测量时应在对应的标度尺上读数,同时应注意标度尺上读数与量程的配合,避免出错。

5 要注意操作安全

在进行高电压测量或测量点附近有高电压时,一定要注意人身和仪表的安全。在测量高电压或大电流时,严禁带电切换量程开关。否则,有可能损坏转换开关。在使用万用表过程中,不能用手去接触表笔的金属部分,这样既可保证测量的准确,也可保证人身安全。

另外,万用表使用完毕,应将左右两个"功能/量程"开关旋至"·"位上,或置电压最大量程挡。如果长期不使用,还应将万用表内部的电池取出来,以免电池腐蚀表内其他器件。

§2.1-11 数字式万用表的使用

指针式万用表在读数和调零方面很容易产生偏差,而数字式万用表是将被测信号由数字显示屏直接显示数值,这样就避免了在读数时视差带来的偏差。

下面以一款9808数字式万用表为例(见图2-28)介绍其的功能与使用方法。

一 9808 数字式万用表介绍

该表用来测量直流电压和交流电压、直流电流和交流电流、电阻、电容、二极管、三极管、通断测试等参数。

其面板上的安全符号分别表示:

"⚡"存在危险电压,"⏚"接地,"▣"双绝缘,"⚠"操作者必须参阅说明书,"🔋"低电压符号。

二 操作面板说明

①液晶显示器:显示仪表测量的数值及单位;
②POWER 电源开关:开启及关闭电源;
③LIGHT 背光开关:开启及关闭背光灯;
④HOLD 保持开关:按下此功能键,仪表当前所测数值保持在液晶显示器上,再次按下,退出保持功能状态;
⑤电容(Cx)或电感(Lx)插座;
⑥hFE 测试插座:用于测量晶体三极管的 hFE 数值大小;
⑦旋钮开关:用于改变测量功能及量程;

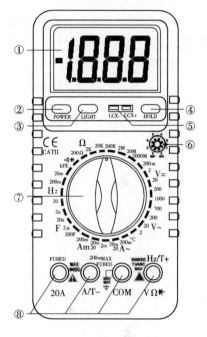

图 2-28 9808 数字式万用表

⑧电压、电阻、温度及频率插座、小于 2A 电流及温度测试插座、20A 电流测试插座、公共地。

三 使用方法

1 直流电压测量

(1)将黑表笔插入"COM"插孔,红表笔插入 V/Ω/Hz 插孔;
(2)将量程开关转至相应的 DCV 量程上,然后将测试表笔跨接在被测电路上,红表笔所接的该点电压与极性显示在屏幕上。

注意:

(1)如果事先对被测电压范围没有概念,应将量程开关转到最高挡位,然后根据显示值转至相应挡位上;
(2)未测量时小电压挡有残留数字,属正常现象不影响测试,如测量时高位显"1",表明已超过量程范围,须将量程开关转至较高挡位上;
(3)输入电压切勿超过 1000V,如超过,则有损坏仪表线路的危险。

2 交流电压测量

(1)将黑表笔插入"COM"插孔,红表笔插入 V/Ω/Hz 插孔;

(2)将量程开关转至相应的 ACV 量程上,然后将测试表笔跨接在被测电路上。
注意事项,与直流电压测量基本相同。

③ 直流电流测量

(1)将黑表笔插入"COM"插孔,红表笔插入"mA"插孔中(最大为 2A),或红表笔插入"20A"中(最大为 20A);

(2)将量程开关转至相应的 DCA 挡位上,然后将仪表串入被测电路中,被测电流值及红表笔点的电流极性将同时显示在屏幕上。

注意:

(1)如果事先对被测电流范围没有概念,应将量程开关转到最高挡位,然后根据显示值转至相应挡位上;

(2)如 LCD 显"1",表明已超过量程范围,需将量程开关调高一挡;

(3)最大输入电流为 2A 或者 20A(视红表笔插入位置而定),过大的电流会将熔断丝熔断,因此在测量 20A 时要注意,该挡位没保护,连续测量大电流将会使电路发热,影响测量精度甚至损坏仪表。

④ 交流电流测量

(1)将黑表笔插入"COM"插孔、红表笔插入"mA"插孔中(最大为 2A),或红表笔插入"20A"中(最大为 20A);

(2)将量程开关转至相应的 ACA 挡位上,然后将仪表串入被测电路中。

注意事项,与直流电流测量基本相同。

⑤ 电阻测量

(1)将黑表笔插入"COM"插孔,红表笔插入 V/Ω/Hz 插孔;

(2)将所测开关转至相应的电阻量程上,将两表笔跨接在被测电阻上。

注意:

(1)如果电阻值超过所选的量程值,则会显"1",这时应将开关转高一挡;当测量电阻值超过 1MΩ 以上时,读数需几秒时间才能稳定,这在测量高电阻值时是正常的;

(2)当输入端开路时,则显示过载情形;

(3)测量在线电阻时,要确认被测电路所有电源已关断而所有电容都已完全放电时,才可进行;

(4)请勿在电阻量程输入电压。

⑥ 电容测量

(1)将量程开关置于相应之电容量程上,将测试电容插入"Cx"插孔;

(2)将测试表笔跨接在电容两端进行测量,必要时注意极性。

注意:

(1)用大电容挡测严重漏电或击穿电容时,会显示一数字值且不稳定;

(2)在测试电容容量之前,对电容应充分地放电,以防止损坏仪表。

⑦ 三极管 hFE

(1)将量程开关置于 hFE 挡;

(2)选择所测晶体管为 NPN 型或 PNP 型,将发射极、基极、集电极分别插入相应插孔。

⑧ 二极管及通断测试

(1)将黑表笔插入"COM"插孔,红表笔插入 V/Ω/Hz 插孔(注意红表笔极性为"+");

(2)将量程开关置⇥挡,并将表笔连接到待测试二极管,红表笔接二极管正极,读数为二极管正向降压的近似值;

(3)将表笔连接到待测线路的两点,如果内置蜂鸣器发声,则两点之间的电阻值低于约(70±20)Ω。

⑨ 频率测试

(1)将表笔或屏蔽电缆接入"COM"和 V/Ω/Hz 输入端;

(2)将量程开关转到频率挡位上,将表笔或电缆跨接在信号源或被测负载上。

⑩ 温度测量

将量程开关置于℃量程上,将热电偶传感器的冷端(自由端)负极(黑色插头)插入"mA"插孔中,正极(红色插头)插入 V/Ω/Hz 插孔,热电偶的工作端(测温端)置于待测物上面或内部,可直接从显示器上读取温度值,读数为摄氏度或华氏度。

注意:

(1)温度挡常规显示随机数,测温度时必须将热电偶插入温度测试孔内,为了保证测量数据的精确性,测量温度时须关闭 LIGHT 开关;

(2)严禁在温度挡输入电压。

⑪ 电感测量

将量程开关置于相应之电感量程上,被测电感插入电感插口。

⑫ 数据保持

按下保持开关,当前数据就会保持在显示器上,弹起保持取消。

⑬ 自动断电

当仪表停止使用约 20±10min 后,仪表便自动断电进入休眠状态;若重新启动电源,再按两次"POWER"键,就可重新接通电源。

⑭ 背光显示

按下"LIGHT"键,背光灯亮;再按一下,背光取消。

注意:背光灯亮时,工作电流增大,会造成电池使用寿命缩短及个别功能测量时误差变大。

四 使用注意事项

(1)不要将高于 1000V 直流电压或 700Vrms 的交流电压接入。

(2)不要在量程开关为 Ω 位置时测量电压值。

(3)注意 9V 电池使用情况,当 LCD 显示出"🔋"符号时,应更换电池;如果长时间不用仪表,应取出电池。

(4)过量程时,最高位显示"1"或"-1";电池电压不够时,"🔋"符号出现。

2.2 万用表的使用习题

一、填空题

1. 一个完整的电路至少应该由 _____、_____、_____ 和 _____ 四个部分组成。
2. 电压和电流成正比的电阻称为 _____ 电阻,电压和电流之间无正比关系的元件称为 _____ 元件。
3. 电力系统中一般以大地为参考点,参考点的电位为 _____ 电位。
4. 欧姆定律是用来说明电路中 _____ 三个物理量之间关系的定律。
5. 把电路元件逐个顺次连接起来的电路叫 _____,若其中有一处断开,则电路中电流 _____;把电路元件并列连接起来的电路叫 _____,若某一个支路断开,该支路电流 _____,其他支路 _____ 受影响。
6. 已知电源电动势为 E,电源的内阻压降为 U_r,则电源的端电压 $U =$ _____。
7. 1 度电就是 1kW 的功率做功 1h 所消耗的电量,所以它的单位又叫 _____。
8. 用万用表测量电路的电流时必须先断开电路,然后按照电流从正到负的方向,将万用表直流电流挡 _____ 联到被测电路中。
9. 看图 2-29 所示电路后填空:
   图 2-29 电路中,$U_{ab} =$ ____ V;$U_{cd} =$ ____ V;$U_{ef} =$ ____ V。

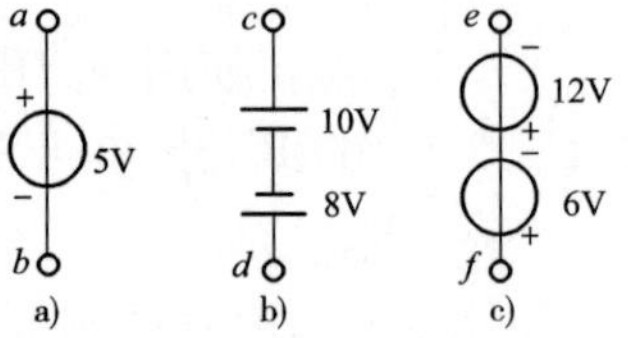

图 2-29

10. 一电炉电阻为 44Ω,额定工作电压 220V,则此电炉额定功率为 _____。
11. 电压源是以 _____ 和 _____ 串联形式表示的电源模型。
12. 对于电压源,若其内阻趋于零,则电压源输出的电压恒等于 _____,这样的电压源称为 _____。
13. 电压源的 _____ 始终恒定,当负载电阻变大时,其输出电压 _____。
14. 电流源是以 _____ 和 _____ 并联形式表示的电源模型。
15. 对于电流源,若其内阻趋于无穷大,则电流源的输出电流为 _____,这样的电流源称为 _____。
16. 电流源的 _____ 始终恒定,当负载电阻变大时,其输出电流 _____。

17. 看图 2-30 所示电路后填空：
（1）要使两灯组成串联电路，需闭合的开关是_____；
（2）要使两灯组成并联电路，需闭合的开关是_____；
（3）当同时闭合开关_____时，电源会被短路；
（4）当闭合开关_____时，电路中只有灯 L_2 工作。

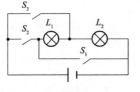
图 2-30

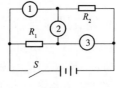
图 2-31

18. 在如图 2-31 所示的电路中，三个圆圈是三只电表，当开关闭合后，电路正常且三只电表均有示数，则：

若 1、3 是电压表，则 2 是_____表，两电阻_____联；

若 1、3 是电流表，则 2 是_____表，两电阻_____联。

二 选择题

1. 图 2-32 为某电路的一部分，已知 $U_{ab}=0$，则 I 为（   ）。
   A. 0A　　　　B. 1.6A　　　　C. 2A　　　　D. 4A

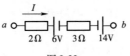
图 2-32

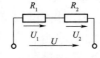
图 2-33

2. 如图 2-33 所示，测 R_2 两端电压发现 $U_2=U$，产生该现象的原因是（   ）。
   A. R_1 短路　　B. R_2 短路　　C. R_1 断路　　D. R_2 断路

3. 一只额定功率为 1W，电阻值为 100Ω 的电阻，允许通过的最大电流为（   ）。
   A. 100A　　　B. 0.1A　　　C. 0.01A　　　D. 1A

4. 一台冰箱的压缩机功率为 110W，若开停比为 1∶2（即开机 20min，停机 40min），则一个月（以 30d 计）压缩机耗电（   ）。
   A. 25kW·h　　B. 26.4kW·h　　C. 39.6kW·h　　D. 30kW·h

5. 如图 2-34 所示的电路，电源的电压为 6V 不变，开关闭合后，电压表的示数也为 6V，则电路中出现的故障可能是（   ）。
   A. 灯 L_1 发生断路　　　　　B. 灯 L_1 发生短路
   C. 开关接触不良　　　　　　D. 灯 L_2 发生短路

6. 把两个灯泡串联后接到电源上，闭合开关后，发现灯 L_1 比灯 L_2 亮，下列说法中正确的是（   ）。
   A. 通过灯 L_1 的电流大　　　B. 通过灯 L_2 的电流大
   C. L_1 两端的电压大　　　　D. L_2 两端的电压大

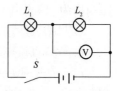
图 2-34

7. 灯泡 A 为"6V,12W";灯泡 B 为"12V,12W";灯泡 C 为"24V,12W",它们都在各自的额定电压下工作,以下说法正确的是(　　)。

　　A. 三个灯泡一样亮　　B. 灯泡 C 最亮　　C. 灯泡 A 的电阻最大

三 计算题

1. 如图 2-35 所示电路,已知电压 $U=20V$,电阻 $R_1=10k\Omega$,在如下三种情况下,分别求电流 I、电压 U_1 和 U_2。

　　(1) $R_2=30k\Omega$;(2) $R_2=0$;(3) $R_2=\infty$。

2. 如图 2-36 所示电路,方框表示电路元件。试按图中标出的电压、电流参考方向及数值计算元件的功率,并判断元件是吸收还是发出功率。

3. 在图 2-37 所示电路中,$V_A=9V$,$V_B=-6V$,$V_C=5V$,$V_D=0V$,试求:U_{AB}、U_{BC}、U_{CD}、U_{AC}、U_{AD}、U_{BD} 各为多少?并验证 U_{AB} 与 U_{AC}、U_{CB} 之间;U_{AD} 与 U_{AC}、U_{CD} 之间;U_{BD} 与 U_{BC}、U_{CD} 之间的关系。

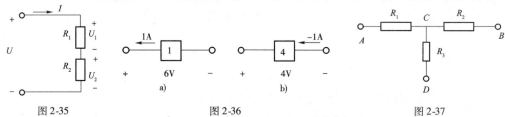

图 2-35　　　　　　图 2-36　　　　　　图 2-37

4. 220V、40W 的白炽灯显然比 2.5V、0.3A 的小灯泡亮得多。试求 40W 白炽灯的额定电流和小灯泡的额定功率。我们能不能说瓦数大的白炽灯亮,所以它的额定电流也大?

5. 某家庭有 90W 的电冰箱一台,平均每天运行 10h;60W 的彩电一台,平均每天工作 3h;100W 的洗衣机一台,平均每天运行 1h;照明及其他电器功率 200W,平均每天工作 3h。问每月(30d)消耗多少电能?

四 问答题

1. 叙述电路的定义及其主要组成部分。

2. 电流和电压的方向一般是如何规定的?它们的参考方向又是如何选定的?在选定了参考方向后,电流和电压值的正、负的意义是什么?

3. 电压和电位之间有什么关系?如果电路中某两点的电位很高,能否说这两点间电压也高?为什么?

4. 为什么说实际电压源的内阻越小越好,而实际电流源的内阻却越大越好?理想电压源的内阻、理想电流源的内阻各为多少?

5. 万用表使用时,一般红、黑表笔应与其面板上的插孔如何相连?

6. 测量直流电压或电流时,需要注意什么?

7. 选择电压或电流量程时,最好使指针处在标度尺的什么位置?测量时,当不能确定被测电压、电流的数值范围时,应先将转换开关转置什么量程?

8. 若误用电流挡测量电压,会产生什么后果?

2.3 万用表的使用同步训练

万用表的使用项目引导文	班　级	
	姓　名	

一、项目描述

现提供 500 型万用表、手电筒零部件、1 号干电池、电阻箱、直流稳压电源、导线若干。以"万用表的使用"为中心设计一个学习情境，完成以下几项学习任务：

(1)拆装手电筒，了解其电路结构；

(2)正确画出手电筒电路原理图、安装图；

(3)用万用表对干电池及手电筒零部件进行检测，包括干电池的电压、小灯泡的电阻、开关、金属筒体的导电能力等；

(4)建立手电筒电路模型，根据其电路原理图在实验室设计、连接一个直流电路；

(5)对直流电路进行安装和测试，用万用表进行电流、电压的测量；

(6)当电路出现故障时，用万用表进行故障排除；

(7)根据测量数据对直流电路进行电流、电压、功率的分析计算。

二、项目资讯

1.手电筒由哪几部分组成？请在下图标出其组成部分的名称。电路由哪几部分组成？并指出下图手电筒各部件分别属于电路的哪一部分？

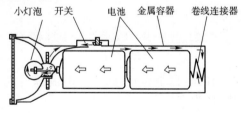

2.什么叫电路元件?在对手电筒电路进行分析和计算时,小灯泡、干电池分别用什么电路元件来表示?

3.万用表主要有什么用途?请指出下图500型万用表表盘上的4条刻度线分别代表的测量项目。

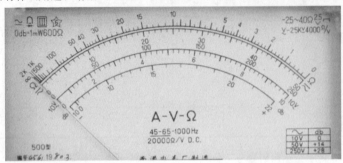

4.在用万用表测量电阻时,为什么要先调零?使用不同的电阻挡时,是不是每次换挡都要调零?

5.测量电压与电流时,万用表各应与负载如何连接?接错了会产生什么后果?

6.若手电筒内的两节干电池极性为正、负、负、正相连,会出现什么现象?如何解决?

7.手电筒是用干电池做能源照明的,当电池用到一定时候或长期不用时,灯泡没有新电池那么发亮,甚至变得很暗,这是什么原因?把电池取出来测量电压,发现每节电池还是有1.5V(和新电池电压差不多),但是一装到手电筒里,灯泡却不很亮,为什么?

8.将万用表的直流电流挡直接接到电池的两端去测量电池的电流,可否?为什么?

三、项目计划

1. 请画出手电筒电路原理图和安装图。

2. 确定本项目实施中所需要测量的数据,制作实验数据记录表格。

3. 确定模拟安装手电筒电路所需要的实验器材,列出清单。
   直流稳压电源(确定电压、电流、功率范围):

   电阻箱(确定电阻值的大小):

4. 确定本工作任务需要使用的工具和辅助设备。

5. 制作任务实施情况检查单,包括小组各成员的任务分工、任务完成、任务检查情况的记录,以及任务执行过程中出现的问题及应急情况的处理(备注栏)等。

四、项目决策

1. 分小组讨论万用表使用项目的方案。
2. 老师指导确定万用表使用项目的最终方案。
3. 每组选派一位成员阐述万用表使用项目的最终方案。

五、项目实施

1. 详细记录本小组在使用万用表过程中出现的问题(比如哪些功能不会用?会不会正确读数?有没有损坏万用表?等等),反思为什么会出现这些问题?

2. 拆装手电筒过程中,本小组用万用表测量了哪些数据?记录测量数据(比如小灯泡电阻值、电池电压值、小灯泡照明时的电流值)等,填写在实验数据记录表格内。

3. 在实验室连接手电筒电路(模拟手电筒电路)时,是否一次就成功? 记录全过程。

4. 记录手电筒电路(模拟手电筒电路)的实验数据(电流、电压、电阻),填写在实验数据记录表格内。

5. 你认为成功完成本次实训项目最需要注意的有哪些地方?

6. 填写任务执行情况检查单。

六、项目检查

1. 学生填写检查单。
2. 教师填写评价表。
3. 学生提交实训心得。

七、项目评价

1. 小组讨论,自我评述本项目完成情况及发生的问题,小组共同给出提升方案和有效建议。
2. 小组准备汇报材料,每组选派一人进行汇报。
3. 老师对本项目完成情况进行评价。

学生自我总结:

指导老师评语:

项目完成人签字:　　　　　　　　　　　　　　日期:　　年　　月　　日

指导老师签字:　　　　　　　　　　　　　　　日期:　　年　　月　　日

2.4 万用表的使用检查单

万用表的使用 项目检查单	班级	姓名	总分	日期
检 查 内 容	标准 分值	自我评分 A(20%)	小组评分 B(30%)	教师评分 C(50%)
资讯、计划:				
基础知识预习、完成情况	10			
资料收集、准备情况	10			
决策:				
是否制订实施方案	5			
是否画原理图	5			
是否画安装图	5			
实施:				
操作步骤是否正确	20			
是否安全文明生产	5			
是否独立完成	5			
是否在规定的时间内完成	5			
检查:				
检查小组项目完成情况	5			
检查个人项目完成情况	5			
检查仪器设备的保养使用情况	5			
检查该项目的PPT(汇报)完成情况	5			
评估:				
请描述本项目的优点:	5			
有待改进之处及改进方法:	5			
总分(A20% + B30% + C50%)	100			

2.5 万用表的使用评价表

学习领域:电气安装的规划与实施						
班级			学习情境2:万用表的使用			
姓名			学习团队名称：			
组长签字			自我评分	小组评分	教师评分
评价内容		评分标准			
目标认知程度	工作目标明确,工作计划具体结合实际,具有可操作性	10			
情感态度	工作态度端正,注意力集中,能使用网络资源进行相关资料收集	10			
团队协作	积极与他人合作,共同完成工作任务	10			
专业能力要求	专业基础知识掌握程度	10			
	专业基础知识应用程度	10			
	识图绘图能力	10			
	实验、实训设备使用能力	10			
	动手操作能力	10			
	实验、实训数据分析能力	10			
	实验、实训创新能力	10			
总分					
本人在小组中的排名(填写名次)					
备注：					

学习单元 3

电阻、电容和电感元件检测

 知识技能

通过本单元的学习,使学生能够在以下方面得到巩固与提高:
1. 了解电阻、电容和电感元件的分类、主要参数及标注方法;
2. 掌握电阻、电容和电感元件的基本特性;
3. 能够分别绘出万用表电压、电流、电阻挡内部电路原理图;
4. 掌握指针式万用表电压、电流、欧姆挡的量程扩展原理;
5. 能够正确使用万用表对电阻、电容和电感元件进行基本检测。

 情感、态度、价值观

通过本单元的学习,引导学生接触最基本的电子元器件,增加学生对电工电子元件的感性认识,激发学生学习比较抽象的电工理论的兴趣,培养学生养成正确测试、使用电工电子元件的科学方法,搭建一个弱电和强电学习的桥梁。

情境描述

500型万用表内部电路中主要有电阻、电容、电感、二极管等元件。了解电阻、电容、电感等元件,正确使用万用表对电阻、电容、电感元件进行检测,是识读指针式万用表电路原理图、掌握万用表装配及检修方法的基础。电工实训室提供一批不同规格型号的电阻、电容、电感等元件,首先练习色环读数方法,快速熟练地读出这批元件阻值、容量的大小,然后利用万用表对这批元件进行性能的基本测试。

以"电阻、电容和电感元件检测"为中心建立一个学习情境,将电阻、电容、电感元件的分类方法、主要参数、基本特性、简单直流电路的分析计算等知识点,与万用表的熟练使用,电阻、电感、电容元件的基本测试,电子元件的色环读数等基本技能结合起来。

3.1 电阻、电容和电感元件检测学习资料

§3.1-1 电阻串联电路

把几个电阻依次连接起来,组成中间无分支的电路,叫做电阻串联电路。如图3-1所示,其中a)图为几个电阻组成的串联电路,b)图为等效电路。

一、电阻串联电路的特点

(1)串联电路中电流处处相等。

当n个电阻串联时,则

$$I_1 = I_2 = \cdots = I_n \qquad (3\text{-}1)$$

（2）电路两端的总电压等于串联电阻上的分电压之和。

当 n 个电阻串联时,则

$$U = U_1 + U_2 + \cdots + U_n \qquad (3\text{-}2)$$

（3）电路的总电阻等于各串联电阻之和。

如图 3-1b)所示,当 n 个电阻串联时,其等效电阻:

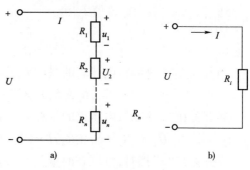

图 3-1 电阻串联电路

$$R_i = R_1 + R_2 + \cdots + R_n \qquad (3\text{-}3)$$

（4）各电阻两端的电压与各电阻成正比,各电阻所消耗的功率与各电阻成正比。

$$I = \frac{U_1}{R_1} = \frac{U_2}{R_2} = \cdots = \frac{U_n}{R_n}$$

$$I^2 = \frac{P_1}{R_1} = \frac{P_2}{R_2} = \cdots = \frac{P_n}{R_n}$$

二 多量程电压表原理

电压表的表头所能测量的最大电压就是其量程,通常它都较小。在测量时,通过表头的电流是不能超过其量程的,否则将损坏表头。而实际用于测量电压的多量程的电压表(例如,C30-V 型磁电系电压表)是由表头与电阻串联的电路组成,如图 3-2 所示。其中:R_g 为表头的内阻;I_g 为流过表头的电流;U_g 为表头两端的电压;R_1、R_2、R_3、R_4 为电压表各挡的分压电阻。对应每一个电阻挡位,电压表有一个量程,利用串联电阻的"分压"作用来扩大电压表的量程。

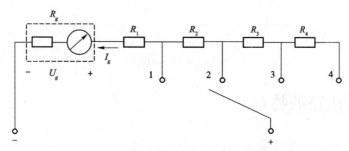

图 3-2 C30-V 型磁电系电压表电路组成

【例 3.1】 如图 3-2 所示的 C30-V 型磁电系电压表,其表头的内阻 $R_g = 29.28\Omega$,各挡分压电阻分别为 $R_1 = 970.72\Omega, R_2 = 1.5\text{k}\Omega, R_3 = 2.5\text{k}\Omega, R_4 = 5\text{k}\Omega$;这个电压表的最大量程为 30V。试计算表头所允许通过的最大电流值 I_{gm}、表头所能测量的最大电压值 U_{gm} 以及扩展后的各量程的电压值 U_1、U_2、U_3、U_4。

解: 当开关在"4"挡时,电压表的总电阻 R_i 为:

$$R_i = R_g + R_1 + R_2 + R_3 + R_4 = (29.28 + 970.72 + 1500 + 2500 + 5000)\Omega = 10000\Omega = 10\text{k}\Omega$$

通过表头的最大电流值 I_{gm} 为：

$$I = \frac{U_4}{R_i} = \frac{30}{10}\text{mA} = 3\text{mA}$$

当开关在"1"挡时，电压表的量程 U_1 为：

$$U_1 = (R_g + R_1)I = (29.28 + 970.72) \times 3\text{mV} = 3\text{V}$$

当开关在"2"挡时，电压表的量程 U_2 为：

$$U_2 = (R_g + R_1 + R_2)I = (29.28 + 970.72 + 1500) \times 3\text{mV} = 7.5\text{V}$$

当开关在"3"挡时，电压表的量程 U_3 为：

$$U_3 = (R_g + R_1 + R_2 + R_3)I = (29.28 + 970.72 + 1500 + 2500) \times 3\text{mV} = 15\text{V}$$

$$U_4 = (R_g + R_1 + R_2 + R_3 + R_4)I = (29.28 + 970.72 + 1500 + 2500 + 5000) \times 3\text{mA} = 30\text{V}$$

表头所能测量的最大电压 U_{gm} 为：

$$U_{gm} = R_g I = 29.28 \times 3\text{mV} = 87.84\text{mV}$$

由此可见，直接利用表头测量电压时，它只能测量 87.84mV 以下的电压，而串联了分压电阻 R_1、R_2、R_3、R_4 后，它就有 3V、7.5V、15V、30V 四个量程，实现了电压表的量程扩展。

§3.1-2 电阻并联电路

把两个或两个以上电阻接到电路中的两点之间，电阻两端承受的是同一个电压的电路叫做电阻并联电路。如图 3-3 所示，其中 a) 图是几个电阻并联电路，b) 图是其等效电路。

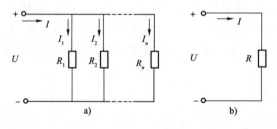

图 3-3 电阻并联电路

一 电阻并联电路的特点

① 电路中各个电阻两端电压相同，如图 3-3a) 所示：

$$U_1 = U_2 = \cdots = U_n \tag{3-4}$$

② 电阻并联电路中总电流等于各支路电流之和，如图 3-3a) 所示：

$$I = I_1 + I_2 + \cdots + I_n \tag{3-5}$$

③ 并联电路的总电阻的倒数等于各并联电阻的倒数之和，如图 3-3 所示：

$$\frac{U}{R} = \frac{U_1}{R_1} + \frac{U_2}{R_2} + \cdots + \frac{U_n}{R_n}$$

$$\frac{1}{R} = \frac{1}{R_1} + \frac{1}{R_2} + \cdots + \frac{1}{R_n} \tag{3-6}$$

若有 n 个相同的电阻 R_0 并联,则总电阻 R 为:

$$R = \frac{R_0}{n}$$

若只有两个电阻 R_1、R_2 并联,则总电阻 R_{12} 为:

$$\frac{1}{R_{12}} = \frac{1}{R_1} + \frac{1}{R_2} = \frac{R_1 + R_2}{R_1 R_2}$$

等效电阻:

$$R_{12} = \frac{R_1 R_2}{R_1 + R_2}$$

这就是"积比和"公式,常用此公式计算两个电阻并联时的等效电阻。

④ 电阻并联电路的电流分配和功率分配关系。

$$U = I_1 R_1 = I_2 R_2 \qquad \frac{I_1}{I_2} = \frac{R_2}{R_1}$$

$$U_2 = P_1 R_1 = P_2 R_2 \qquad \frac{P_1}{P_2} = \frac{R_2}{R_1}$$

上式表明,并联电路中各支路电流和电阻成反比;各支路电阻消耗的功率和电阻成反比。

二 多量程电流表原理

实际用于测量电流的多量程的电流表(例如,C41-μA 直流电流表)是由表头与电阻串、并联的电路组成,如图 3-4 所示。其中:R_g 为表头的内阻;I_g 为流过表头的电流;U_g 为表头两端的电压;R_1、R_2、R_3、R_4 为电流表各挡的分流电阻。对应每一个电阻挡位,电流表有一个量程,利用并联电阻进行"分流",扩大电流表的量程。

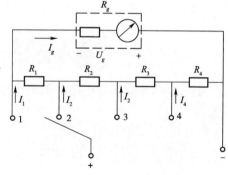

【例 3.2】 如图 3-4 所示的 C41-μA 型磁电系电流表,其表头内阻 $R_g = 1.92\text{k}\Omega$,各分流电阻分别为 $R_1 = 1.6\text{k}\Omega, R_2 = 960\Omega, R_3 = 320\Omega, R_4 = 320\Omega$;表头所允许通过的最大电流为 62.5μA,试求表头所能测量的最大电压 U_{gm} 以及扩展后的电流表各量程的电流值 I_1、I_2、I_3、I_4。

图 3-4 C41-μA 型磁电系电流表电路组成

解:表头所允许通过的最大电流为 62.5μA。当开关在"1"挡时,R_1、R_2、R_3、R_4 是串联的,而 R_g 与它们相并联,根据分流公式可得:

$$I_{gm} = \frac{R_1 + R_2 + R_3 + R_4}{R_g + R_1 + R_2 + R_3 + R_4} I_1$$

则有

$$I_1 = \frac{R_g + R_1 + R_2 + R_3 + R_4}{R_1 + R_2 + R_3 + R_4}I_{gm} = \frac{1920 + 1600 + 960 + 320 + 320}{1600 + 960 + 320 + 320} \times 62.5\mu A = 100\mu A$$

当开关在"2"挡时,R_g、R_1 是串联的,而 R_2、R_3、R_4 与它们相并联,根据分流公式可得:

$$I_{gm} = \frac{R_2 + R_3 + R_4}{R_g + R_1 + R_2 + R_3 + R_4}I_2$$

则有

$$I_2 = \frac{R_g + R_1 + R_2 + R_3 + R_4}{R_2 + R_3 + R_4}I_{gm} = \frac{1920 + 1600 + 960 + 320 + 320}{960 + 320 + 320} \times 62.5\mu A = 200\mu A$$

同理,当开关在"3"挡时,R_g、R_1、R_2 是串联的,而 R_3、R_4 串联后与它们相并联,根据分流公式可得:

$$I_{gm} = \frac{R_3 + R_4}{R_g + R_1 + R_2 + R_3 + R_4}I_3$$

则有

$$I_3 = \frac{R_g + R_1 + R_2 + R_3 + R_4}{R_3 + R_4}I_{gm} = \frac{1920 + 1600 + 960 + 320 + 320}{320 + 320} \times 62.5\mu A = 500\mu A$$

当开关在"4"挡时,R_g、R_1、R_2、R_3 是串联的,而 R_4 与它们相并联,根据分流公式可得:

$$I_{gm} = \frac{R_4}{R_g + R_1 + R_2 + R_3 + R_4}I_4$$

则有

$$I_4 = \frac{R_g + R_1 + R_2 + R_3 + R_4}{R_4}I_{gm} = \frac{1920 + 1600 + 960 + 320 + 320}{320} \times 62.5\mu A = 1000\mu A$$

由此可见,直接利用该表头测量电流,它只能测量 $62.5\mu A$ 以下的电流,而并联了分流电阻 R_1、R_2、R_3、R_4 后,作为电流表,它就有 $100\mu A$、$200\mu A$、$500\mu A$、$1000\mu A$ 四个量程,实现了电流表量程的扩展。

§3.1-3 电阻混联电路

既有电阻串联又有电阻并联的电路叫电阻混联电路。电阻混联电路在实际电路中有广泛的应用。

一 简单混联电路的计算

计算混联电路时,要理顺电路的串、并联关系,将电路化简,画出对应的等效电路图。常用的方法为等电位分析方法。

① 确定等电位点、标出相应的符号

电路中导线的电阻、电流表的电阻可以忽略不计,与之连接的两点认为是等电位点。但是电压表内阻因为很大,理想情况无穷大,则与之连接的两点看作断开。

② 画出串、并联关系清晰的等效电路图

由等电位点先确定电阻的连接关系,再画出电路图。先画电阻最少的支路,再画次少的支路，从电路一端画到另一端。

3 求解

利用欧姆定律等相关的电路定律进行电路计算。

【**例3.3**】 在图3-5a)所示电路中，$R_1 = R_2 = R_3 = R_4 = R$，试求开关 S 断开、闭合两种情况下 A、B 两点间的等效电阻。

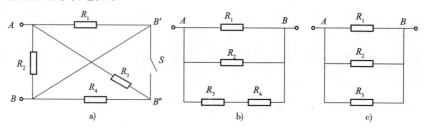

图3-5 例3.3

分析：S 断开时，B' 与 B 为等电位点，由 A 到 B 可通过 R_2，也可通过 R_1，还可以通过 R_3 与 R_4；其简化等效电路如3-5b)所示，R_3 与 R_4 串联再与 R_2、R_1 并联。S 闭合时，B''、B' 与 B 为等电位点，R_4 接在 B、B'' 间，被短路，R_1、R_2、R_3 并联，如图3-5c)所示。

解：S 断开时

$$R_{34} = R_3 + R_4 = 2R$$

$$\frac{1}{R_{AB}} = \frac{1}{R_1} + \frac{1}{R_2} + \frac{1}{R_{34}} = \frac{1}{R} + \frac{1}{R} + \frac{1}{2R}$$

$$R_{AB} = \frac{2}{5}R$$

S 闭合时

$$R'_{AB} = \frac{1}{3}R$$

二 电阻星形连接与三角形连接电路的认识

三个电阻的一端连接在一起构成一个节点 O，另一端分别为三个端钮 a、b、c，它们分别与外电路相连，这种负载的连接方式称为星形连接，又叫电阻的 Y 连接。如图3-6所示。

三个电阻串联起来构成一个回路，而三个连接点为三个端钮 a、b、c，它们分别与外电路相连，这种负载的连接方式称为三角形连接，又叫电阻的 △ 连接。如图3-7所示。

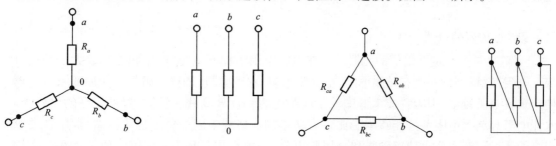

图3-6 电阻的 Y(星形)连接法　　　　　　　图3-7 电阻的 △(三角形)连接法

§3.1-4 电阻元件的检测

一 电阻元件

1 电阻元件(R)

电阻元件是代表电路中消耗电能这一物理现象的理想二端元件。单位:欧姆(Ω)。常用的单位为千欧($k\Omega$)、兆欧($M\Omega$)。

$$1M\Omega(兆欧) = 10^3 k\Omega(千欧) = 10^6 \Omega(欧)$$

2 电导(G)

电阻的倒数称为电导。即

$$G = \frac{1}{R} \quad (单位:西门子 S) \tag{3-7}$$

3 电阻元件的特性

线性电阻元件的伏安特性曲线($U = RI$)在直角坐标系中是一条过原点的直线。其伏安特性及图形符号如图3-8所示;非线性电阻元件的伏安特性曲线在直角坐标系中是一条过原点的曲线(见图3-9)。

今后电路中的电阻元件,一般指的是线性电阻元件(除非特别指明)。

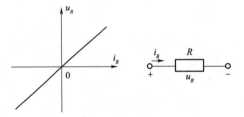
图3-8 线性电阻元件伏安特性及图形符号

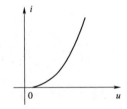
图3-9 二极管的伏安特性

二 电阻器的检测方法

1 电阻器的分类

电阻是具有一定电阻值的元器件。在电路中用于控制电流、电压和控制放大了的信号等。电阻按材料分,一般有碳膜电阻、金属膜电阻、水泥电阻、绕线电阻等。一般的家庭电器使用碳膜电阻较多,因为它成本低廉。金属膜电阻精度要高些,使用在要求较高的设备上。水泥电阻和绕线电阻都是能够承受比较大功率的。绕线电阻的精度也比较高,常用在要求很高的测量仪器上。小功率碳膜和金属膜电阻,一般都用色环表示电阻阻值的大小。常用电阻器的分类及其外形,如图3-10所示。

a) 碳膜电阻

b) 金属膜电阻

c) 绕线电阻

图3-10 常见电阻器的外形

2 电阻器的主要参数

电阻器的主要参数，是指电阻标称阻值（E24、E12、E6系列）、允许误差（普通电阻有 $\pm 5\%$，$\pm 10\%$，$\pm 20\%$）、额定功率（通常有 1/8、1/4W）。

3 电阻器的规格标注方法

(1) 直标法

直标法是将电阻的类别及主要技术参数直接标注在它的表面上，如图3-11所示。

字母 R（Ω）、K、M、G、T 代表的单位分别为欧（10^0）、千欧（10^3）、兆欧（10^6）、吉欧（10^9）、太欧（10^{12}）。例如，3k3 表示电阻器的电阻值为 3.3kΩ。

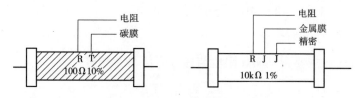

图3-11 电阻的直标法

(2) 色标法

色标法是将电阻器的标称阻值与误差用不同的颜色环（或色点）标注在电阻器的表面上。各色环所代表的意义，如表3-1所示。

色环所代表的数及数字意义 表3-1

色 别	第一色环 第一位数	第二色环 第二位数	第三色环 倍系数	第四色环 允许误差(%)
棕色	1	1	10^1	±1
红色	2	2	10^2	±2
橙色	3	3	10^3	—
黄色	4	4	10^4	—

续上表

色 别	第一色环 第一位数	第二色环 第二位数	第三色环 倍系数	第四色环 允许误差(%)
绿色	5	5	10^5	±0.5
蓝色	6	6	10^6	±0.25
紫色	7	7	10^7	±0.1
灰色	8	8	10^8	—
白色	9	9	10^9	—
黑色	0	0	10^0	—
金色	—	—	10^{-1}	±5
银色	—	—	10^{-2}	±10
无色	—	—	—	±20

普通电阻器一般用四条色环来表示电阻器的阻值与误差。靠近电阻器端头的为第一条色环,其余的依次为第二、第三、第四条色环。第一条色环表示第一位数,第二条色环表示第二位数,第三条色环表示倍乘(10的幂数),第四条色环表示误差范围。四色环电阻误差一般为5%~10%,用金银颜色表示。

精密电阻器一般用五条色环来表示。其前三环表示有效数字,第四环表示倍乘(10的幂数),第五环表示误差。最后一位表示误差的色环通常间隔较远,而且五色环常见为棕色,误差1%。

由此可知,图3-12中电阻器的色环依次为红、紫、绿、棕,其阻值为$27×10^5Ω=2.7MΩ$,其误差为±1%。

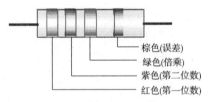

图3-12 电阻的色标法

4 普通电阻器的检测方法

对电阻器的检测,主要看其实际阻值与标称阻值是否相符。

(1)外观检查

对于电阻器,通过目测可以看出引线是否松动、折断或电阻体烧坏等外观故障。

(2)用万用表测量阻值

通常可用万用表欧姆挡对电阻器的阻值进行粗略测量(见图3-13)。

测量阻值时应将万用表的挡位开关旋钮调整到电阻挡,预读被测电阻的阻值;估计量程,将挡位开关旋钮打到合适的量程,短接红黑表棒,调整电位器旋钮,将万用表调零(见图3-14)。注意电阻挡调零电位器在表的下侧,不能调表头中间的小旋钮,该旋钮用于表头本身的调零。调零后,用万用表测量电阻的阻值。测量不同阻值的电阻时要使用不同的挡位,每次换挡后都要调零。

为了保证测量的精度,应使指针尽可能接近标度尺的几何中心,过大或过小都会影响读数的精确性。欧姆挡的量程应视电阻器阻值的大小而定,被测电阻的阻值为以下范围,可选用相应的量程,尽量使测量读数接近欧姆中心值:几欧至几十欧时,可选用$R×1$挡;几十欧至几百欧时,可选用$R×10$挡;几百欧至几千欧时,可选用$R×100$挡;几千欧至几十千欧时,可选用 $R\times 1k$ 挡;几千欧以上时,可选用 $R\times 10k$ 挡。

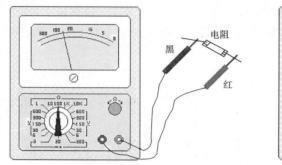
图 3-13 万用表测电阻器的阻值

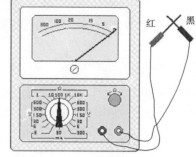
图 3-14 万用表的欧姆调零

(3) 用电桥精密测量阻值

有些设备,如电动机、变压器,需要精确地测量其绕组的电阻值,可采用专用设备电桥来进行测量。

(4) 电阻器故障查找

电阻是电器设备中数量最多的元件,但不是损坏率最高的元件。电阻损坏以开路最常见。其损坏的特点:一是低阻值(100Ω 以下)和高阻值(100kΩ 以上)的损坏率较高,中间阻值(如几百欧到几十千欧)的极少损坏;二是低阻值电阻损坏时往往是烧焦发黑,很容易发现,而高阻值电阻损坏时很少有痕迹。有的电阻烧坏时会发黑或表面爆皮、裂纹、断裂。根据以上特点,在检查电阻时可有所侧重,快速找出损坏的电阻。查找故障时,先观察一下电阻有没有烧黑的痕迹,再根据电阻损坏时绝大多数开路或阻值变大以及高阻值电阻容易损坏的特点,可以用万用表测量高阻值的电阻两端的阻值,如果测量阻值比标称阻值大,则这个电阻肯定损坏。

§3.1-5 电容元件的检测

一 电容元件

电容器是电路的基本元件之一,它是由两片接近并相互绝缘的导体制成的电极组成的储存电荷和电能的器件。任何两个彼此绝缘且相隔很近的导体(包括导线)间都可能构成一个电容器。

充电和放电是电容器的基本功能。

使电容器带电(储存电荷和电能)的过程称为充电。这时电容器的两个极板总是一个极板带正电,另一个极板带等量的负电。把电容器的一个极板接电源(如电池组)的正极,另一个极板接电源的负极,两个极板就分别带上了等量的异种电荷。充电后电容器的两极板之间就有了电场,充电过程把从电源获得的电能储存在电容器中。

使充电后的电容器失去电荷(释放电荷和电能)的过程称为放电。例如,用一根导线把电容器的两极接通,两极上的电荷互相中和,电容器就会放出电荷和电能。放电后电容器的两极板之间的电场消失,电能转化为其他形式的能。

在一般的电子电路中,常用电容器来实现旁路、耦合、滤波、振荡、相移以及波形变换等;在电力系统中,电容器可以用来提高电路的功率因数。这些作用都是其充电和放电功能的演变。

1 电容元件

电容元件是代表电路中储存电能这一物理现象的理想二端元件。电容的 SI 单位是法拉(简称法 F)。其常用的单位为微法(μF)、皮法(pF)。

$$1F(法) = 10^6 \mu F(微法) = 10^{12} pF(皮法)$$

2 电容元件的特性

当电压、电流为关联参考方向时,线性电容元件的特性方程为:

$$i = C \frac{du}{dt} \tag{3-8}$$

式中:i——电容器的充放电电流;

C——电容器的容量;

$\frac{du}{dt}$——电容器两极的电压变化率。

式(3-8)说明电容器充放电电流大小与电容量 C 及其端电压的变化率成正比。当电容元件两端加直流电压时,电压的变化率为零,则 $i = 0$,即在直流电路中,电容元件可视为开路。

式(3-8)中 C 为该电容元件的电容量。当 C 是个常数时,称作线性电容元件,其图形符号如图 3-15a)图所示。电解电容有正、负极之分,其图形符号如图 3-15b)所示。

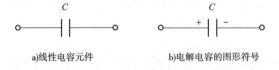

a)线性电容元件　　　　b)电解电容的图形符号

图 3-15　电容元件电容量的图形符号

二 电容器的检测方法

1 电容器(又名储电器)的分类

电容器基本上分为固定、可变、微调电容三大类。常用的电容器按其介质材料,可分为云母电容器、瓷介电容器、纸介电容器、电解电容器等(见图 3-16)。

2 电容的主要参数

电容的主要参数是指标称容量 C(E24、E12、E6、E3 系列)和允许误差(一般分为Ⅰ、Ⅱ、Ⅲ三级)、额定工作电压、绝缘电阻。

常用的固定电容工作电压有 6.3V、10V、16V、25V、50V、63V、100V、2500V、400V、500V、630V、1000V。在最低环境温度和额定环境温度下可连续加在电容器的最高直流电压,一般直接标注在电容器外壳上;如果工作电压超过电容器的耐压,电容器将击穿,造成不可修复的永久损坏。因此在交流电路中,要注意所加的交流电压最大值不能超过电容的直流工作电压值。

常用固定电容允许误差的等级,如表 3-2 所示;字母表示误差法中各字母表示的意义,如表 3-3 所示。

常用固定电容允许误差的等级　　　　　　　　　　表 3-2

允许误差	±5%	±10%	±20%	+20%~30%	+50%~20%	+100%~10%
级别	Ⅰ	Ⅱ	Ⅲ	Ⅳ	Ⅴ	Ⅵ

字母表示误差法中各字母表示的意义　　　　　　　表 3-3

字　母	F	G	J	K	L	M
误　差	±1%	±2%	±5%	±10%	±15%	±20%

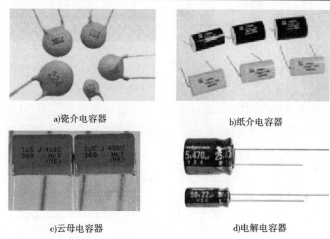

a)瓷介电容器　　　　　　b)纸介电容器

c)云母电容器　　　　　　d)电解电容器

图 3-16　常用电容元件

3　电容的规格标注方法

(1)直标法:用数字和单位符号直接标出,常用单位是 pF 和 μF,很容易辨认。

如 1μF 表示 1 微法;有些电容用"R"表示小数点,如 R56μF 表示 0.56 微法。但有的国家常用一些符号标明单位,如 3.3pF 标注为"3p3",3300μF 标注为"3m3"。

(2)文字符号法:用数字和文字符号有规律地组合来表示容量。

如"103"表示 10×10^3 pF,p10 表示 0.1pF,1p0 表示 1pF,6P8 表示 6.8pF,2μ2 表示 2.2μF。

(3)色标法:用色环或色点表示电容器的主要参数。

电容的色标法与电阻元件的色标法相同。

(4)数学计数法:有些电容器用此方法。如某瓷介电容,标值 272,容量就是 27×100 pF = 2700pF;如果标值 473,即为 47×1000 pF;标值 332,即为 33×100 pF。272、473、332 最后面的数字 2、3、2,都表示 10 的多少次方。另外,如果第三位数为 9,表示 10^{-1},而不是 10 的 9 次方,例如:479 表示 4.7pF。

4　普通电容器的检测方法

(1)外观检查

观察外表应完好无损,表面无裂口、污垢和腐蚀,标志应清晰,引出电极无折伤;对可调电容器应转动灵活,动定片间无碰、擦现象,各联间转动应同步等。

(2)测试漏电阻

用万用表欧姆挡($R \times 100$ 或 $R \times 1k$ 挡),将表笔接触电容的两引线。刚搭上时,表头指针将发生摆动,然后再逐渐返回趋向 $R = \infty$ 处,这就是电容的充放电现象(对 $0.01 \mu F$ 以下的电容器观察不到此现象)。指针的摆动越大容量越大,指针稳定后所指示的值就是漏电阻值。其值一般为几百到几千兆欧,阻值越大,电容器的绝缘性能越好。检测时,如果表头指针指到或靠近欧姆零点,说明电容器内部短路;若指针不动,始终指向 $R = \infty$ 处,则说明电容器内部开路或失效。

如果测量 $300\mu F$ 以上的电容器时,可选 $R \times 10$ 挡或 $R \times 1$ 挡;如果测量 $10 \sim 300\mu F$ 的电容器时,可选 $R \times 100$ 挡;如果测量 $0.47 \sim 10\mu F$ 以上的电容器时,可选 $R \times 1k$ 挡;如果测量 $0.01 \sim 0.47\mu F$ 以上的电容器时,可选 $R \times 10k$ 挡。

(3)电解电容器的极性检测

电解电容器的容量一般较大,正负极性不允许接错。注意观察在电解电容侧面有"-",是负极;如果电解电容上没有标明正负极,也可以根据它引脚的长短来判断,长脚为正极,短脚为负极;当极性标记无法辨认时,可根据正向连接时漏电电阻大、反向连接时漏电电阻小的特点来检测判断。交换表笔前后两次测量漏电电阻值,测出电阻值大的一次时,黑表笔接触的是正极,因为黑表笔与表内的电池的正极相接(见图3-17)。

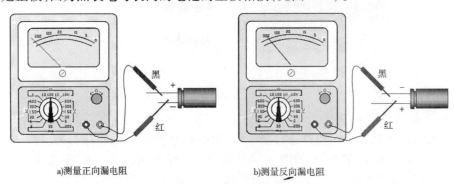

a)测量正向漏电阻   b)测量反向漏电阻

图3-17 电解电容极性测试

(4)电容量的测量

用指针式万用表只能检测容量较大的电容的好坏,粗略测量漏电阻。针对小电容,或者需要测量电容量的,有的数字式万用表带有测量电容的功能,但测量结果误差大。如果要精确测量电容量,可以使用电容电桥仪进行测量。

(5)电容器故障查找

电容损坏引发的故障在电子设备中是最高的,其中尤其以电解电容的损坏最为常见。电容损坏表现为:容量变小、完全失去容量、漏电、短路、开路。

电容的寿命与环境温度直接有关,环境温度越高,电容寿命越短。这个规律不但适用电解电容,也适用其他电容。所以在寻找故障电容时应重点检查和热源靠得比较近的电容,如散热片旁及大功率元器件旁的电容,离其越近,损坏的可能性就越大。有的大电容损坏后有油质一样的东西流出来;有的瓷片电容容易出现短路;有的电容漏电比较严重,用手指触摸时甚至会烫手,这种电容必须更换;有的电解电容长期不用或者用久了会干涸,容量变小。在检修电子产品时好时坏的故障时,排除了接触不良的可能性以外,一般大部分就是电容损坏引起的故障了。所以在碰到此类故障时,可以将电容重点检查一下,换掉电容后即可。

§3.1-6 电感元件的检测

一 电感元件

在电路中流过元件的电流发生变化时能在元件中感应出电势的性质称为电感,电感又分为自感和互感。当线圈中有电流通过时,线圈的周围就会产生磁场。当线圈中电流发生变化时,其周围的磁场也产生相应的变化,此变化的磁场可使线圈自身产生感应电动势,这就是自感;两个电感线圈相互靠近时,一个电感线圈的磁场变化将影响另一个电感线圈,这种影响就是互感。互感的大小取决于电感线圈的自感与两个电感线圈耦合的程度。

利用电感的这种特性,常见的功能有:对交流信号进行隔离、滤波或与电容器、电阻器等组成谐振电路;制造出变压器起到隔离或改变电压、传输电能的作用;制造出电动机提供设备的动力。

电感元件也称电感线圈、电感器,是一个储能元件,它以磁的形式储存电能。电感器一般由骨架、绕组、屏蔽罩、封装材料、磁芯或铁芯等组成。

1 电感元件(L)

电感元件代表电路中储存磁场能量这一物理现象的理想二端元件。电感的 SI 单位是亨利(简称亨 H)。常用的单位有毫亨(mH)、微亨(μH)。

$$1H(亨) = 10^3 mH(毫亨) = 10^6 \mu H(微亨)$$

2 电感元件的特性

当电压、电流为关联参考方向时,线性电感元件的特性方程为:

$$u = L\frac{\mathrm{d}i}{\mathrm{d}t} \tag{3-9}$$

式中:L——电感线圈的电感量,单位亨(利),符号 H;

$\frac{\mathrm{d}i}{\mathrm{d}t}$——流过电感元件的电流变化率。

如果是空芯电感,则 L 仅取决于线圈直径和匝数,如果是带有磁介质的电感,则 L 还同磁介质的磁导率成正比。对于空芯电感,L 为常数,称为线性电感元件,其图形符号如图3-18a)所示;对于铁芯(磁芯)电感,L 与磁饱和程度有关,称为非线性电感元件,其图形符号如图 3-18b)所示。

式(3-9)表明,电感元件产生的感应电压大小不止是与其自身的电感量成正比,还与

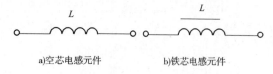

图 3-18 电感元件的图形符号

流过其电流的变化率成正比。当电感元件两端加直流电压时,电流的变化率为零,则 $u = 0$,即在直流电路中,电感元件可视为短路。

二、电感器的检测方法

1 电感线圈的分类

按结构分,有单层、多层螺旋管线圈、蜂房式线圈等;按导磁铁性质分,有空芯、铁芯、铁氧体、铜芯线圈等;按工作性质分,有天线线圈、扼流线圈、震荡线圈、偏转线圈等。常用的电感元件,如图 3-19 所示。

  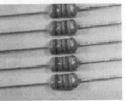

a)空芯电感线圈　　　　　　b)磁棒绕线电感　　　　　　c)色环电感

图 3-19　常用的电感元件的外形

2 电感线圈的主要参数

电感线圈的主要参数有两项:电感量 L、品质因数 Q。L 是反映线圈电感量大小的参数,Q 是反映线圈损耗的参数。

3 电感的规格标注方法

电感的规格标注方法有直标法,即将标称电感量用数字直接标注在电感线圈的外壳上。用字母表示电感线圈的额定电流,用Ⅰ、Ⅱ、Ⅲ(即 ±5%、±10%、±20%)表示允许误差。

采用这种数字与字母直接表示其参数的,多为小型固定电感。电感线圈标称电流的字母及意义,如表 3-4 所示。

电感线圈标称电流的字母及意义　　　　　表 3-4

字母	A	B	C	D	E
意义	50mA	150mA	300mA	0.7A	1.6A

如电感线圈外壳上标有:C、Ⅱ、330H,表明电感量为 330H、额定电流为 300mA、允许误差为 ±10%。

4 普通电感器的检测方法

(1)外观检查

从电感线圈外部观察其是否有破裂现象,线圈是否松动、变位的迹象,引脚线是否牢靠;查看电感器的外表上是否有电感量的标称值;还可以进一步检查磁芯是否灵活,有无松动等。

(2)用万用表检测通断情况

将万用表置于 $R \times 1$ 挡,用两支表笔分别碰接电感线圈的引线脚。当被测的电感器阻值为 0Ω 时,说明电感线圈内部短路,不能使用。如果测得电感线圈有一定阻值,说明正常。

电感线圈的阻值与电感线圈所用漆包线的粗细、圈数多少有关。判断阻值是否正常可通过相同型号电感线圈的正常值进行比较。当测得的阻值为∞时,说明电感线圈或引脚线与线圈接点处发生了断路,此时不能使用。具有金属外壳的电感器(如中周),若检测得振荡线圈的外壳(屏蔽罩)与各管脚的阻值,不是∞,有电阻值或为零,则说明该电感器存在问题。

(3)线圈参数的测量

使用电感电桥可以测量线圈的电感量 L、品质因数 Q,也可以用其他的专用测量仪器。采用具有电感挡的数字式万用表来检测电感器时,将数字式万用表量程开关拨至合适的电感挡测量。若显示的电感量与标称电感量相近,则说明该电感器正常;若显示的电感量与标称值相差,则说明该电感器有问题。另外,数字式万用表的量程选择很重要,最好选择接近标称电感量的量程去测量,否则,测试的结果将会有很大的误差。

(4)电感线圈故障查找

电感线圈常见故障有匝间短路、引出线接触不良或开路、磁芯破裂(多见于高频)等。在磁碟、数码、随身听等电子电路中,由于电感损坏,引起诸多故障。查找电感的好坏非常简单,眼看,有无破裂;手试,用手掰一下电感,看有无虚焊、断裂等;用万用表检查电感线圈的通断,便能判断其好坏。

§3.1-7　二极管的检测

一、二极管

半导体二极管是由 PN 结加上相应的电极引线和管壳做成的。其文字符号及图形符号如图 3-20 所示。

二极管为非线性半导体元件,其伏安特性曲线在直角坐标系中是一条过原点的曲线(见图 3-21)。

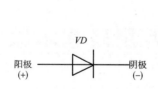

图 3-20　二极管的文字、图形符号

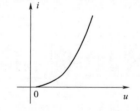

图 3-21　二极管的伏安特性

二极管具有单向导电特性,即通过二极管的电流只能从阳极(+)流向阴极(-),也就是通常所说的正向导通、反向截止。方向不断变化的交流电流向二极管时,只有一个方向的电流能通过,将交流电变成了脉动直流电,二极管的这种功能叫做整流。具有这种功能的二极管叫做整流二极管,如图 3-22 所示。

图 3-22　整流二极管

二 二极管极性的判断

用万用表欧姆挡判断二极管极性时,将红表笔插在"+",黑表笔插在"-",万用表置于 $R\times100$ 或 $R\times1k$ 挡,不能用 $R\times10k$ 或 $R\times1$ 挡。将二极管搭接在表笔两端(见图3-23),观察万用表指针的偏转情况,如果指针偏向右边,显示阻值很小,表示二极管与黑表笔连接的为阳极、与红表笔连接的为阴极(有些二极管实物可以看出,黑色的一头为阳极,白色的一头为阴极)。也就是说阻值很小时,与黑表笔搭接的是二极管的阳极;反之,如果显示阻值很大,那么与红表笔搭接的是二极管的阳极。

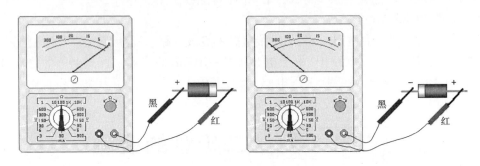

图3-23 二极管极性的判断

三 用万用表判断二极管极性的原理

用万用表判断二极管极性的原理:由于万用表测电阻时,万用表内部必须提供电源,一般是内置电池,而电池的正极与黑表棒(表盘上的 - 或 * 端子)相连,这时黑表棒相当于电池的正极;红表棒(表盘上的 + 端子)与电池的负极相连,相当于电池的负极。因此当二极管阳极与黑表棒连通,阴极与红表棒连通时,二极管两端被加上了正向电压,二极管导通,显示阻值很小。

§3.1-8 指针式万用表基本原理

一 指针式万用表的组成

万用表由表头、测量电路及转换开关等三个主要部分组成(见图3-24)。

(1)表头:它是一只高灵敏度的磁电式直流电流表,万用表的主要性能指标基本上取决于表头的性能。表头的灵敏度是指表头指针满刻度偏转时流过表头的直流电流值,这个值越小,表头的灵敏度越高。一般为微安(μA)或者毫安(mA)表头。

(2)测量线路:测量线路是用来把各种被测量转换到适合表头测量的微小直流电流的电路。如图3-24所示,测量线路中使用的元器件主要包括分压分流电阻(R_2、R_3、R_4 等)、整流元件(二极管 VD)等。R_2、R_3、R_4 等的作用是限制流过表头的电流 I_g，使其不超过表头的最大量程；二极管 VD 的作用是测量交流电压时将交流电变换成直流电后再通过直流表头；干电池 E 的作用是不带电测量时提供电源(电阻挡)。总之，测量线路能将各种大小、性质不同的被测量(如电流、电压、电阻等)经过一系列的处理(如整流、分流、分压等)，变成微小的直流电流，送入表头进行测量。

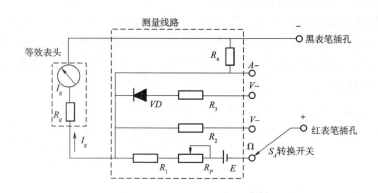

图 3-24　指针式万用表的测量原理

(3) 转换开关

转换开关的作用是把测量线路转换为所需要的测量种类和量程。其作用是用来选择各种不同的测量线路，以满足不同种类和不同量程的测量要求。万用表的转换开关一般都采用多层多刀多掷开关。图 3-25 所示为 500 型万用表的外形图。它的面板上有两只转换开关的旋钮 S_1 和 S_2，左边的 S_1 采用二层三刀十二掷开关，共十二个挡位；右边的 S_2 采用二层二刀十二掷开关，也有十二个挡位；两只转换开关分别标有不同的挡位和量程。图 3-26 所示为多层转换开关其中一层的结构示意图。它有 12 个固定触点(也叫"掷")沿圆周分布，对应 12 个测量挡位。

图 3-25　500 型万用表的外形

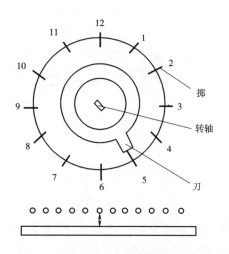

图 3-26　转换开关结构示意图

二 万用表的基本工作原理

万用表的基本工作原理是利用一只灵敏的磁电式直流电流表(微安表)做表头。当微小电流通过表头,就会有电流指示(指针偏转)。由于表头灵敏,不能通过大电流,所以,必须在表头上并联或串联一些电阻进行分流、分压。

指针式万用表测量电量的实质是测电流。将待测量转换为微小的电流通过表头内的线圈,线圈置于表头的恒定磁场里,由于通电线圈在磁场中要受到电磁力的作用,电磁力带动指针偏转,反映在表盘的刻度线上,便可以读出相关的示数。电流大,通电线圈受到的电磁力就大,指针的偏转角度便大。

1 交流电压挡(转换开关 S_A 拨至交流电压挡 V～)

万用表测交流电压原理见图3-27。测交流电压时,将红黑表笔并接在待测交流电源两端。

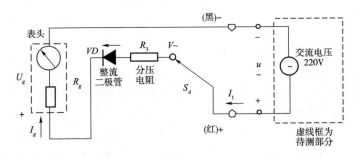

图3-27 指针式万用表测交流电压原理

2 直流电压挡(转换开关 S_A 拨至直流电压挡 V－)

万用表测直流电压原理见图3-28。测直流电压时,将红黑表笔并接在待测直流电源两端。

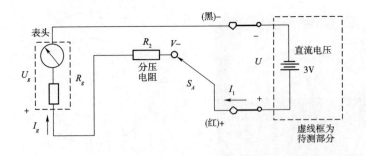

图3-28 指针式万用表测直流电压原理

3 直流电流挡(转换开关 S_A 拨至直流电流挡 A－)

万用表测直流电流原理见图3-29。测直流电流时,将红黑表笔串接在待测电路断开处,相当于串联了一个电流表。

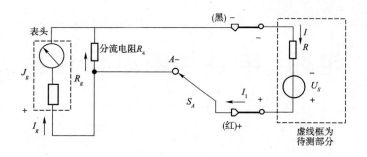

图 3-29　指针式万用表测直流电流原理

4 欧姆挡(转换开关 S_A 拨至欧姆挡 Ω)

万用表测电阻原理见图 3-30。测电阻时,外部没有电流流入,因此必须使用内部电池作为电源。从图 3-30 可知,$I = I_g = \dfrac{E}{R_P + R_1 + R_g + R_X}$,$I$ 与 R_X 成反比,是一种非线性关系,所以欧姆挡的标度尺是不均匀的,并且与电流、电压挡反向。

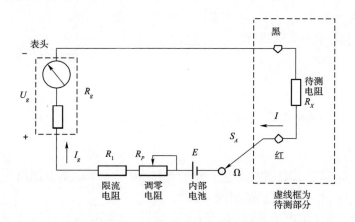

图 3-30　指针式万用表测电阻原理

3.2 电阻、电容和电感元件检测习题

一、填空题

1. 有两个电阻 R_1、R_2，已知 $R_1 = 2R_2$，把它们并联起来总电阻为 4Ω，则 $R_1 =$ ＿＿＿＿＿＿，$R_2 =$ ＿＿＿＿＿＿。

2. 图 3-31 所示电路中，已知 $U_{ab} = 6V$，$U = 2V$，则 $R =$ ＿＿＿＿＿＿＿ Ω。

3. 变阻器铭牌"20 欧姆 1 安培"字样，表示这个变阻器电阻变化范围是＿＿＿＿＿＿，允许通过的最大电流是＿＿＿＿＿＿安培。将这个变阻器接入如图 3-32 所示电路中，滑片 P 向左移动时，电路中的电流强度＿＿＿＿＿＿。

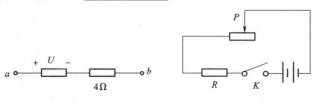

图 3-31　　　　　　　　图 3-32

4. 把 4 个电阻都是 20Ω 的电阻进行组合连接，要求 4 个电阻全部用上，可以得到不同的等效电阻＿＿＿＿＿＿种，它们的阻值分别是＿＿＿＿＿＿。

5. 把 10Ω 和 20Ω 的电阻串联，接到 6V 电源上，电阻两端的电压分别为＿＿＿＿＿＿、＿＿＿＿＿＿，消耗的功率分别为＿＿＿＿＿＿、＿＿＿＿＿＿；把这两个电阻改接成并联，流过电阻的电流分别为＿＿＿＿＿＿、＿＿＿＿＿＿，消耗的功率分别为＿＿＿＿＿＿、＿＿＿＿＿＿。

6. 图 3-33 所示电路中，$I =$ ＿＿＿＿＿＿，$U =$ ＿＿＿＿＿＿。

7. 若图 3-34 所示电路中所标功率为实际消耗功率，则 $I =$ ＿＿＿＿＿＿，$U_2 =$ ＿＿＿＿＿＿。

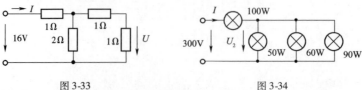

图 3-33　　　　　　　　图 3-34

8. 一电阻上标有 5k9 字样，那么该电阻标称值为＿＿＿＿＿＿千欧。

9. 电容元件是代表电路中_____这一物理现象的理想二端元件。
10. 电容的主要参数是指_____、_____、_____和_____。
11. 电容的规格标注方法有_____、_____和_____。
12. 电感元件是代表电路中_____这一物理现象的理想二端元件。
13. 电感线圈的主要参数有两项：_____和_____。
14. 电感的规格标注方法有_____。
15. 万用表由_____、_____和_____等三个主要部分组成。

二、选择题

1. 某直流电路的电压为220V,电阻为40Ω,其电流为(　　)。
   A. 5.5A　　　　B. 4.4A　　　　C. 1.8A　　　　D. 8.8A
2. 在图3-35所示电路中,$R_2 = R_4$,电压表V_1示数8V,V_2示数12V,U_{AB}为(　　)。
   A. 6V　　　　B. 20V　　　　C. 24V　　　　D. 无法确定

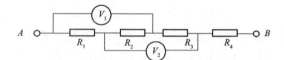

图3-35

3. 在图3-36中,电源电压是6V,三只灯泡的额定电压是6V,接法错误的是(　　)。

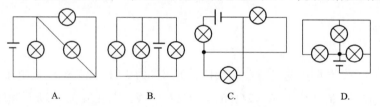

图3-36

4. 在图3-37中,电源电压是12V,4只瓦数相同的灯泡工作电压6V,要使灯泡正常工作,接法正确的是(　　)。

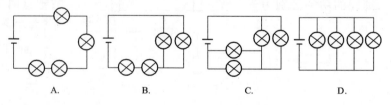

图3-37

5. 如图3-38所示电路中,当S合上时,电压表变化趋势为(　　)。
   A. 增加　　　　B. 减小　　　　C. 不变　　　　D. 不能确定
6. 图3-39为某电路的一部分,三个电阻的阻值均为R。若在AB间加上恒定电压,欲使AB间获得最大功率,应采取的措施是(　　)。

A. S_1、S_2 都断开　　　　　　　　B. S_1、S_2 都闭合
C. S_1 闭合、S_2 断开　　　　　　　D. S_1 断开、S_2 闭合

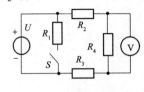
图 3-38

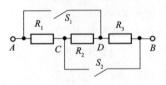
图 3-39

7. 电容的允许误差在字母表示误差法中字母 K 表示的意义是(　　)。
　　A. ±5%　　　　　B. ±10%　　　　　C. ±20%

8. 当电解电容器的极性标记无法辨认时,可根据正向连接时漏电电阻(　　)反向连接时漏电电阻的特点来检测判断。
　　A. 大于　　　　　B. 小于　　　　　　C. 等于

9. 电感线圈外壳上标有:C、Ⅱ、330H,字母的意义是表明该电感线圈的额定电流为(　　)。
　　A. 50mA　　　　B. 300mA　　　　　C. 1.6A

10. 用万用表检测普通电感器通断情况时,通常将万用表置于(　　)挡。
　　A. $R \times 1$　　　B. $R \times 10$　　　C. $R \times 100$　　　D. $R \times 1k$

11. 用万用表欧姆判断二极管极性时,万用表应置于(　　)挡。
　　A. $R \times 100$ 或 $R \times 1k$　　　　　B. $R \times 10k$ 或 $R \times 1$

三 计算题

1. 在图 3-40 中,AB 两点间电压为 20V,四个电阻都为 20Ω,求流过 R_1 的电流和电路总功率。

2. 在图 3-41 中,$R_1 = R_2 = R_3 = 2\Omega$,$R_4 = 4\Omega$,$U = 6V$,求在开关 K 断开和闭合时,分别通过电阻 R_1 的电流和电功率。

3. 如图 3-42 所示,分别求 AB、BC、BD 间的电阻 R_{AB}、R_{BC}、R_{BD}。

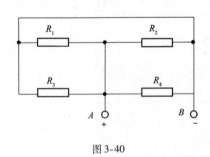
图 3-40

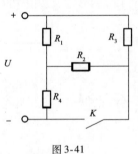
图 3-41

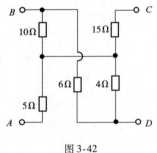
图 3-42

4. 如图 3-43 中,若把表头量程 $I_{gm} = 100\mu A$,内阻 $R_g = 1k\Omega$ 的装置,改装成量程为 3V、30V、300V 的多量程的电压表,试计算图中 R_1、R_2、R_3 的数值。

5. 图 3-44 所示,若把表头量程 $I_{gm} = 100\mu A$,内阻 $R_g = 1k\Omega$ 的装置,改装为将具有 1mA、10 mA、100 mA 的多量程毫安表,试计算图中 R_1、R_2、R_3 的数值。

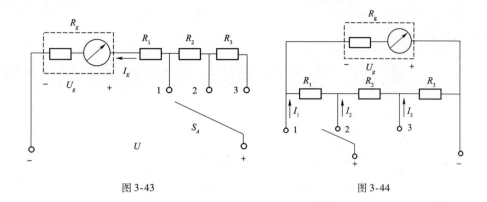

图 3-43　　　　　　　　　　　图 3-44

四　简答题

1. 根据图 3-45 的伏安特性曲线,说明线性电阻元件和非线性电阻元件有何区别?

2. 电阻器的主要参数是指什么?电阻器的规格标注方法共有几种?2M7 表示电阻器的电阻值为多少?

3. 如何用万用表测量电阻器的阻值?测量前应注意哪些问题?若在被测电阻带电的情况下用欧姆挡测量电阻,会产生什么后果?

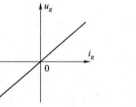 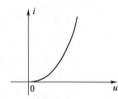

图 3-45

4. 在用万用表测量较大电阻时,有人用两手将表笔与被测电阻捏在一起,发现测量结果不很准确,这是为什么?

5. 在图 3-46 中用直线正确连接:

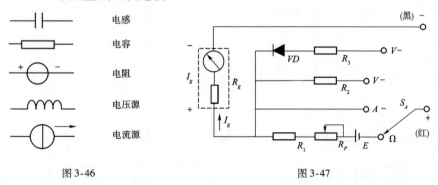

图 3-46　　　　　　　　　　　图 3-47

6. 结合图 3-47 说明万用表各挡的测量原理(工作过程)。

7. 线性电容元件的特性方程表明电容元件中的电流与电压是什么关系?在直流电路中,电容元件可用什么替代?

8. 电解电容器在接线时应注意什么?否则会产生什么后果?

9. 用万用表如何判断固定电容器、电解电容器的好坏?

10. 线性电感元件的特性方程表明电感元件的电压与电流是什么关系?在直流电路中,电感元件可用什么替代?

3.3 电阻、电容和电感元件检测同步训练

电阻、电容和电感检测项目引导文	班　级	
	姓　名	

一、项目描述

某专业因电子产品整机装配教学任务需要,购进一批用于装配 500 型万用表的电阻、电容、电感等电子元件。在装配前需要了解 500 型万用表的结构及基本工作原理,并对电阻、电容、电感等元件进行识别及检测。

要求以"电阻、电容、电感检测"为中心设计一个学习情境,完成以下几项学习任务:

1. 根据 MF500 型万用表装配元件明细表,列出所需电阻、电感、电容、二极管等元件的规格型号。
2. 请根据电路元件的外形及标注,在规定的时间内识别出不同型号规格的电阻、电容和电感元件。
3. 能够正确使用万用表电阻挡在规定的时间内完成对电阻、电容和电感元件的检测:

(1) 检测固定电阻器的实际阻值与标称阻值是否相符;
(2) 测量电解电容器的漏电电阻,判断电解电容器的极性;
(3) 对不同容量的电容器作容量大小的大致判断;
(4) 检测小型固定电感线圈的通断,测量电感线圈的直流电阻值;
*(5) 检测二极管好坏,判断二极管的极性。

二、项目资讯

1. 指针式万用表由哪几部分组成? 各部分起什么作用?

2. 万用表表盘上电压挡、电流挡和欧姆挡的标度尺都是均匀的吗? 各挡的零位是在左边还是在右边? 为什么?

3. 请分别标出下面各图中电路元件的名称,你是如何识别出这些元件的?

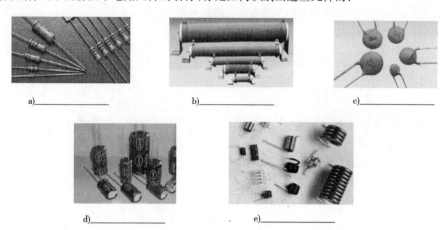

a)_____ b)_____ c)_____

d)_____ e)_____

4. 万用表中"Ω"各挡的中心电阻值如下:$R \times 1$ 10Ω;$R \times 10$ 100Ω;$R \times 100$ 1000Ω;$R \times 1k$ 10kΩ。当被测电阻分别为 10Ω~20Ω、10kΩ~20kΩ 时,各应选择哪一挡来测量?如果被测电阻为 800Ω~900Ω 时,又应选择哪一挡来测量?为什么?

5. 请识别下图色环电阻的数值:左图电阻上的色环为红、紫、绿、金,右图电阻上的色环为蓝、紫、红、银。检测它们的实际阻值时,欧姆挡应选用哪挡量程?

6. 下图是用万用表电阻挡测电解电容漏电阻的大小,哪种情况下的漏电阻比较小?请根据两种测量情况下漏电阻的大小,正确标出黑表笔对应的电解电容的管脚极性。

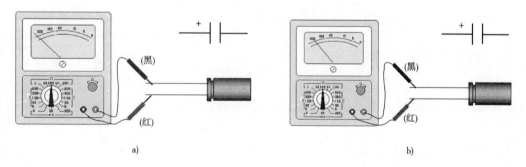

a)   b)

*7. 电感线圈外壳上标有:10μH、B、Ⅱ,请说明这些数字与字母表示的意义。

8. 下图是用万用表电阻挡判断二极管管脚极性,根据指针的偏转情况,判断哪种情况下黑表笔连接的是二极管的"＋"极？试用文字描述如何根据检测结果判别其极性。

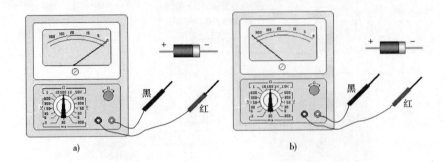

a)　　　　　　　　　　b)

三、项目计划

1. 根据电路元件检测方案,填写下表。

电阻器、电容器、电感线圈、二极管等元件清单

元 件 名 称	规 格 型 号	数量

2. 制作元件检测明细记录表。

3. 阐述用万用表检测电阻元件的步骤。

4. 阐述用万用表检测电容元件的步骤。

5. 阐述用万用表检测电感元件的步骤。

*6.阐述用万用表检测二极管的步骤。

7.制作任务实施情况检查单,包括小组各成员的任务分工、任务完成、任务检查情况的记录,以及任务执行过程中出现的问题及应急情况的处理(备注栏)等。

四、项目决策

1.分小组讨论各种元件的检测方案。
2.老师指导确定电路元件检测的最终方案。
3.每组选派一位成员阐述本组元件检测的最终方案。

五、项目实施

1.根据各固定电阻器的标称阻值,选择万用表的量程挡位,测量出的各固定电阻器的阻值,分别与其标称阻值进行比较,并计算相对误差。

规 格 型 号	标称阻值（Ω）	万用表的量程挡位	测量阻值（Ω）	相对误差（%）

2.根据电容器的标称容量,选择万用表的量程挡位,将测量出的各电解电容器的漏电电阻阻值填入下表,并分别判断各电解电容器的好坏。

规 格 型 号	标称容量	万用表的量程挡位	正向漏电电阻(Ω)	反向漏电电阻(Ω)	好、坏

3. 检测各小型固定电感线圈的通断情况,判断其电感线圈的好坏,并将结果填入下表。

规 格 型 号	万用表的量程挡位	线圈电阻阻值(Ω)	线圈通断情况

4. 记录二极管管脚极性判别方法和步骤。

5. 填写任务执行情况检查单。

六、项目检查

1. 学生填写检查单。
2. 教师填写评价表。
3. 学生提交实训心得。

七、项目评价

1. 小组讨论,自我评述本项目完成情况及发生的问题,小组共同给出提升方案和有效建议。
2. 小组准备汇报材料,每组选派一人进行汇报。
3. 老师对本项目完成情况进行评价。

学生自我总结:

指导老师评语:

项目完成人签字:　　　　　　　　　　　　日期:　　年　　月　　日
指导老师签字:　　　　　　　　　　　　　日期:　　年　　月　　日

3.4 电阻、电容和电感元件检测检查单

电阻、电容和电感元件检测项目检查单	班级	姓名	总分	日期
检 查 内 容	标准分值	自我评分 A(20%)	小组评分 B(30%)	教师评分 C(50%)
资讯、计划：				
基础知识预习、完成情况	10			
资料收集、准备情况	10			
决策：				
是否制订实施方案	5			
是否画原理图	5			
是否画安装图	5			
实施：				
操作步骤是否正确	20			
是否安全文明生产	5			
是否独立完成	5			
是否在规定的时间内完成	5			
检查：				
检查小组项目完成情况	5			
检查个人项目完成情况	5			
检查仪器设备的保养使用情况	5			
检查该项目的PPT(汇报)完成情况	5			
评估：				
请描述本项目的优点：	5			
有待改进之处及改进方法：	5			
总分(A20% + B30% + C50%)	100			

3.5 电阻、电容和电感元件检测评价表

学习领域:电气安装的规划与实施					
班级		学习情境3:电阻、电容和电感元件检测			
姓名		学习团队名称:			
组长签字		自我评分	小组评分		教师评分
评价内容		评分标准			
目标认知程度	工作目标明确,工作计划具体结合实际,具有可操作性	10			
情感态度	工作态度端正,注意力集中,能使用网络资源进行相关资料收集	10			
团队协作	积极与他人合作,共同完成工作任务	10			
专业能力要求	专业基础知识掌握程度	10			
	专业基础知识应用程度	10			
	识图绘图能力	10			
	实验、实训设备使用能力	10			
	动手操作能力	10			
	实验、实训数据分析能力	10			
	实验、实训创新能力	10			
总分					
本人在小组中的排名(填写名次)					
备注:					

学习单元 4

万用表检修

 知识技能

通过本单元的学习,使学生能够在以下方面得到巩固与提高:
1. 掌握电路中各点电位的计算方法;
2. 了解基尔霍夫定律、戴维南定理在万用表中的应用;
3. 熟悉 500 型万用表的内部结构及元器件的安装方法;
4. 能够根据万用表电路原理图和内部结构,绘制万用表内部元件安装接线图;
5. 掌握检修万用表的步骤,需要的工具、材料以及相关注意安全事项;
6. 能够对万用表的常见故障进行判断和维修。

 情感、态度、价值观

通过本单元的学习,激发学生了解万用表内部结构的兴趣,体会维修成功后的成就感,树立学生将课堂理论知识与实验实训相结合的行为意识,培养学生认真、细致、严谨踏实的电器修理人员的工作作风。

> **情境描述**

500型万用表在使用过程中,如果不能正确使用或者粗心马虎,比如误用电阻挡测量电压,很容易烧毁内部元件。学校电工实训室由于学生操作不当,有一批已经烧毁的MF500型万用表。组织学生购买适量的MF500型规格型号的电阻、电容等电子元器件,对已经损坏的这批万用表进行修理。

以"万用表检修"为中心建立一个学习情境,将万用表内部电路原理图的识读、内部电路的分析计算、电子线路的故障查找、电子元件的焊接、电烙铁的使用等知识点与基本技能结合起来。

500型的表头

4.1 万用表检修学习资料

§4.1-1 电路中各点电位的计算

电路中的每点电位相对同一参考点而言是一定的,检测电路中各点的电位是分析与维修电器故障的重要手段。要确定电路中某点电位,必须先确定零点电位点(参考点),电路中任意一点对参考点的电压就是该点电位。

一、电压正负号的确定

根据电压、电流关联参考方向的选择(即电阻上的电流由高电位流向低电位),当选定的电压参考方向与电阻中电流方向一致时,电阻上的电压为正,反之为负,如图4-1a)所示;当选定的电压参考方向是从电源正极到负极,电源电压取正值,反之取负值,如图 4-1b)所示。

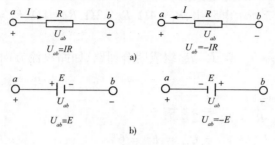

图 4-1　电压正负号的确定

二　电位分析计算

【例 4.1】　在图 4-2 所示电路中,d 为参考点,$V_d=0$,试求 a、b、c 三点的电位 V_a、V_b、V_c。

解:因为 $U_{ad} = V_a - V_d$(两点间的电压等于两点间的电位差),

所以　　　　$V_a = U_{ad} + V_d = U_{ad}$

而 a、d 两点间的电压有三条路径获得,分别是:

$$U_{ad} = E_1$$
$$U_{ad} = U_{R_1} + U_{R_3} = I_1R_1 + I_3R_3$$
$$U_{ad} = U_{R_1} + U_{R_2} - E_2 = I_1R_1 + I_2R_2 - E_2$$

显然,$U_{ad} = E_1$ 是最简捷的路径。

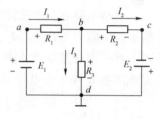

图 4-2　例 4.1 图

同理　　　　$V_b = U_{bd} + V_d = U_{bd}$

而 b、d 两点间的电压有三条路径获得,分别是:

$$U_{bd} = U_{R_3} = I_3R_3$$
$$U_{bd} = -U_{R_1} + E_1 = E_1 - I_1R_1$$
$$U_{bd} = U_{R_2} - E_2 = I_2R_2 - E_2$$

显然,$U_{bd} = U_{R_3} = I_3R_3$ 是最简捷的路径。

同理　　　　$V_c = U_{cd} + V_d = U_{cd}$

而 c、d 两点间的电压有三条路径获得,分别是:

$$U_{cd} = -E_2$$
$$U_{cd} = U_{R_3} - U_{R_2} = I_3R_3 - I_2R_2$$
$$U_{cd} = -U_{R_1} - U_{R_2} + E_1 = E_1 - I_1R_1 - I_2R_2$$

显然,$U_{cd} = -E_2$ 是最简捷的路径。

通过以上分析,可以归纳出电路中求各点电位的计算方法和步骤:

(1)确定电路中的零电位点(d 点)。通常规定大地电位为零。一般选择机壳或许多元件汇集的公共点为参考点。

(2)计算电路中某点(a 点)的电位,就是计算某点(a 点)与参考点(d 点)之间的电压(U_{ad})。在 a 和 d 点之间选择一条捷径(元件最少的简捷路径),此两点间的电压即为此路径上全部元件的电压代数和。

(3) 列出选定路径上全部电压代数和的方程,确定该点电位。

【例 4.2】 在图 4-3 所示电路中,$R_1 = 4\Omega, R_2 = 2\Omega, R_3 = 1\Omega, E_1 = 6V, E_2 = 3V$,求电路中 a、b、c 点的电位。

解: d 点接地,则 $V_d = 0$。E_2、R_2、R_3 组成闭合回路,回路电流方向如图曲线所示,电流大小为:

$$I = \frac{E_2}{R_2 + R_3} = \frac{3}{2+1} = 1A$$

$$V_c = U_{cd} + V_d = U_{cd} = E_1 = 6V$$

$$V_b = U_{bc} + V_c = I_2 R_2 + V_c = 1 \times 2 + 6 = 8V$$

$$V_a = U_{ab} + V_b = -E_2 + V_b = -3 + 8 = 5V$$

或者

$$V_a = U_{ac} + V_c = -I_3 R_3 + V_c = -1 \times 1 + 6 = 5V$$

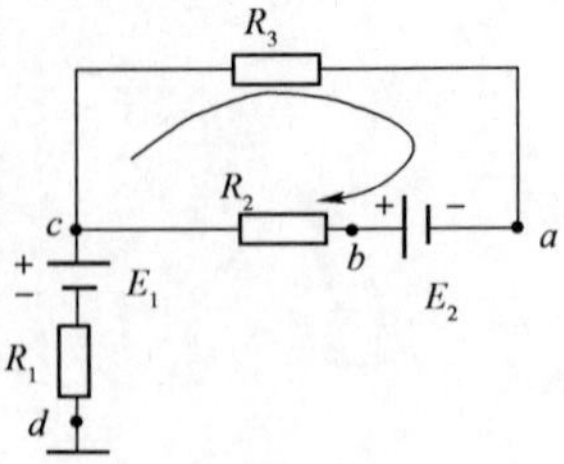

图 4-3

§4.1-2 电 桥 电 路

电桥电路在生产实际和测量技术中应用广泛。本节只介绍直流电桥,其电路如图 4-4 所示。电阻 R_1、R_2、R_3、R_4 连接成四边形闭合回路,组成电桥电路的四个"臂",叫做桥臂电阻。在一组对角顶点 A、B 间接入检流计 G,称为电桥的桥支路;另一组对角顶点 D、C 间接上直流电源 E 和可变电阻 R_P,这样就组成了最简单的电桥,也叫惠斯通电桥。

若桥支路 AB 中的电流为零($I_g = 0$),则称为电桥平衡。

电桥平衡时 $I_g = 0$,则

$$U_{AB} = 0, V_A = V_B$$

因此有:

$$U_{CA} = U_{CB} \text{ 即 } I_1 R_1 = I_3 R_3 \quad ①$$

$$U_{AD} = U_{BD} \text{ 即 } I_2 R_2 = I_4 R_4 \quad ②$$

① ÷ ② 得 $\dfrac{I_1 R_1}{I_2 R_2} = \dfrac{I_3 R_3}{I_4 R_4}$

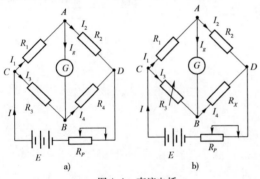

图 4-4 直流电桥

当电桥平衡时 $I_g = 0$,可得 $I_1 = I_2$,$I_3 = I_4$,所以有:

$$\frac{R_1}{R_2} = \frac{R_3}{R_4} \quad \text{或者} \quad R_1 R_4 = R_2 R_3 \tag{4-1}$$

上式说明直流电桥的平衡条件是:电桥邻臂电阻的比值相等,或者电桥对臂电阻的乘积相等。

直流电桥的重要用途之一是精确测量电阻。用平衡电桥测量电阻时,可将待测电阻 R_x 作为电桥的一个臂,如图 4-4b) 所示,R_1、R_2 的阻值是确定的,调节可变电阻 R_3 使电桥平衡,根据电桥平衡的条件公式 (4-1) 可知 R_x:

$$R_x = \frac{R_2 R_3}{R_1}$$

【例 4.3】 在图 4-5 所示电路中,已知电桥处于平衡状态,$R_1 = 10\Omega, R_2 = 5\Omega, R_3 = 20\Omega,$

$R_5 = 3Ω, R_P = 5Ω, E = 15V$。试求 R_4 的阻值及流过电路的电流 I。

解： 由于电桥处于平衡状态，所以对臂电阻的乘积相等。即

$$R_1 R_4 = R_2 R_3, \quad R_4 = \frac{R_2 R_3}{R_1} = \frac{5 \times 20}{10} = 10Ω$$

电桥平衡，流过 R_5 的电流为零，可以看做断路，则可计算 R_{CD} 为：

$$R_{CD} = \frac{(R_1 + R_2)(R_3 + R_4)}{(R_1 + R_2) + (R_3 + R_4)} = \frac{(10 + 5)(20 + 10)}{10 + 5 + 20 + 10} = 10Ω$$

$$I = \frac{E}{RP + R_{CD}} = \frac{15}{5 + 10} = 1A$$

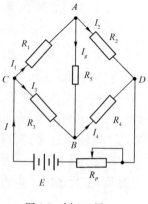

图 4-5 例 4.3 图

§4.1-3 基尔霍夫定律

基尔霍夫定律是电路中电压和电流所遵循的基本规律，是分析计算电路的基础。它包括两方面的内容：其一是基尔霍夫电流定律，简写为 KCL 定律；其二是基尔霍夫电压定律，简写为 KVL 定律。它们与构成电路的元件性质无关，仅与电路的连接方式有关。

为了叙述问题方便，在具体讨论基尔霍夫定律之前，首先以图 4-6 所示电路为例，介绍电路模型图中的一些常用术语。

(1) 支路。将两个或两个以上的二端元件依次连接称为串联。单个电路元件或若干个电路元件的串联，构成电路的一个分支，一个分支上流经的是同一个电流。电路中的每个分支都称作支路。如图 4-6 中 ab、ad、aec、bc、bd、cd 都是支路，其中 aec 是由三个电路元件串联构成的支路，ad 是由两个电路元件串联构成的支路，其余 4 个都是由单个电路元件构成的支路。

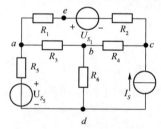

图 4-6 电路举例

(2) 节点。电路中 3 条或 3 条以上支路的连接点称为节点。如图 4-6 中 a、b、c、d 都是节点。

(3) 回路。电路中的任一闭合路径称为回路。如图 4-6 中 $abda$、$bcdb$、$abcda$、$aecda$、$aecba$ 等都是回路。

(4) 网孔。平面电路中，如果回路内部不包含其他任何支路，这样的回路称为网孔。因此，网孔一定是回路，但回路不一定是网孔。如图 4-6 中的回路 $aecba$、$abda$、$bcdb$ 都是网孔，其余的回路则不是网孔。

一 基尔霍夫电流定律

KCL 定律是描述电路中任一节点所连接的各支路电流之间的相互约束关系。KCL 定律指出：对电路中的任一节点，在任一瞬间，流出或流入该节点电流的代数和为零。即：

$$\sum i(t) = 0 \tag{4-2}$$

在直流的情况下,则有:
$$\sum I = 0 \tag{4-3}$$

通常把式(4-2)、式(4-3)称为节点电流方程,简称为 KCL 方程。

应当指出:在列写节点电流方程时,各电流变量前的正、负号取决于各电流的参考方向对该节点的关系(是"流入"还是"流出");而各电流值的正、负则反映了该电流的实际方向与参考方向的关系(是相同还是相反)。通常规定,对参考方向背离节点的电流取正号,而对参考方向指向节点的电流取负号。

例如,图 4-7 所示为某电路中的节点 a,连接在节点 a 的支路共有五条,在所选定的参考方向下有:
$$-I_1 + I_2 + I_3 - I_4 + I_5 = 0$$
即
$$I_2 + I_3 + I_5 = I_1 + I_4$$

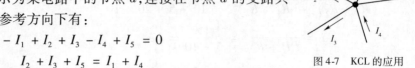

图 4-7 KCL 的应用

此式反映了流进节点的电流($I_1 + I_4$)等于流出节点的电流($I_2 + I_3 + I_5$),即流经节点的电流遵循电荷守恒原理。

【例 4.4】 已知 $I_1 = 3\text{A}, I_2 = 5\text{A}, I_3 = -18\text{A}, I_5 = 9\text{A}$,计算图 4-8 所示电路中的电流 I_6 及 I_4。

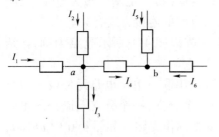

图 4-8 例 4.4 图

解:对节点 a,根据 KCL 定律可知:
$$-I_1 - I_2 + I_3 + I_4 = 0$$
则:
$$I_4 = I_1 + I_2 - I_3 = (3 + 5 + 18)\text{A} = 26\text{A}$$
对节点 b,根据 KCL 定律可知:
$$-I_4 - I_5 - I_6 = 0$$
则:
$$I_6 = -I_4 - I_5 = (-26 - 9)\text{A} = -35\text{A}$$

【例 4.5】 已知 $I_1 = 5\text{A}, I_6 = 3\text{A}, I_7 = -8\text{A}, I_5 = 9\text{A}$,试计算图 4-9 所示电路中的电流 I_8。

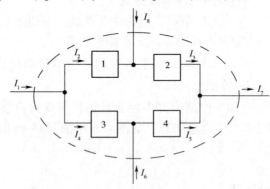

图 4-9 例 4.5 图

解:在电路中选取一个封闭面,如图中虚线所示,根据 KCL 定律可知:
$$-I_1 - I_6 + I_7 - I_8 = 0$$
则:
$$I_8 = -I_1 - I_6 + I_7 = (-5 - 3 - 8)\text{A} = -16\text{A}$$

二 基尔霍夫电压定律

KVL 定律是描述电路中组成任一回路的各支路(或各元件)电压之间的约束关系。KVL 定律指出:对电路中的任一回路,在任一瞬间,沿回路绕行方向,各段电压的代数和为零。即:

$$\sum u(t) = 0 \tag{4-4}$$

在直流的情况下,则有:

$$\sum U = 0 \tag{4-5}$$

通常把式(4-4)、式(4-5)称为回路电压方程,简称为 KVL 方程。

应当指出:在列写回路电压方程时,首先要对回路选取一个回路"绕行方向",各电压变量前的正、负号取决于各电压的参考方向与回路"绕行方向"的关系(是相同还是相反);而各电压值的正、负则反映了该电压的实际方向与参考方向的关系(是相同还是相反)。通常规定,对参考方向与回路"绕行方向"相同的电压取正号,同时对参考方向与回路"绕行方向"相反的电压取负号。回路"绕行方向"是任意选定的,通常在回路中以虚线表示。

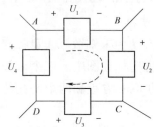

图 4-10 KVL 的应用

例如,图 4-10 所示为某电路中的一个回路 ABCDA,各支路的电压在选择的参考方向下为 U_1、U_2、U_3、U_4,因此,在选定的回路"绕行方向"下有:

$$U_1 + U_2 - U_3 - U_4 = 0$$

即 $U_1 + U_2 = U_3 + U_4$

此式反映了在一个闭合回路里,顺着绕行方向,电压降($U_1 + U_2$)等于电压升($U_3 + U_4$),即在一个闭合电路中,从某点(A 点)出发绕行一圈回到该点(A 点),电位没有发生变化,遵循电势能守恒原理。

【例 4.6】 试求图 4-11 所示电路中元件 3、4、5、6 的电压。

解:在各个回路中根据选定的回路绕行方向,分别有:

在回路 cdec 中,$-U_5 - U_9 - U_7 = 0$, $U_5 = -U_9 - U_7 = [-(-5) - 1]\text{V} = 4\text{V}$

在回路 becb 中,$U_2 - U_5 - U_3 = 0$, $U_3 = U_2 - U_5 = (3 - 4)\text{V} = -1\text{V}$

在回路 aeba 中,$U_4 - U_2 - U_1 = 0$, $U_4 = U_2 + U_1 = (4 + 3)\text{V} = 7\text{V}$

在回路 aeda 中,$U_4 + U_7 + U_6 = 0$, $U_6 = -U_4 - U_7 = (-7 - 1)\text{V} = -8\text{V}$

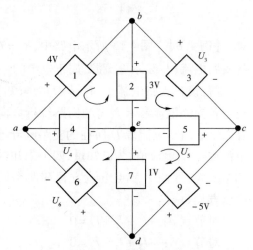

图 4-11 例 4.6 图

§4.1-4 支路电流法

如果知道各支路的电流,那么各个支路的电压、电功率可以很容易地求出。以支路电流为未知量,应用基尔霍夫定律列出节点电流方程和回路电压方程,组成方程组解出各支路电流的方法叫支路电流法,它是基尔霍夫定律的基本应用。

应用支路电流法求各个支路电流的步骤如下(n 为电路中总的节点数):

(1)将各支路电流设为未知数,任意标出各支路电流的参考方向和回路的绕行方向。

(2)根据 KCL 定律,列写出 $(n-1)$ 个节点电流方程,列出的电流方程不要有重复的。

(3)根据 KVL 定律,列写出回路电压方程。一般选择网孔来列方程,列出的回路电压方程不要有重复的。

(4)将节点电流方程和回路电压方程组成方程组,一般有几个未知数就列写几个方程,代入已知数,求解。

【例4.7】 在图 4-12 所示电路中,$U_{S_1}=130\text{V}$,$U_{S_2}=117\text{V}$,$R_1=1\Omega$,$R_2=0.6\Omega$,$R=24\Omega$,试用支路电流法求各支路电流(U_{S_1}、U_{S_2} 表示电压源,属于电源的一种。)

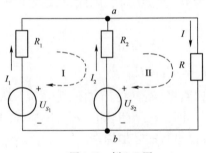

图 4-12 例 4.7 图

解:设定各支路电流 I_1、I_2、I 为未知数,选定各支路电流参考方向和回路绕行方向标在图中。三个未知数列三个方程:列一个节点的 KCL 方程和两个网孔的 KVL 方程。

对节点 a: $\quad -I_1-I_2+I=0$

对回路 I : $I_1-0.6I_2=-117+130$

对回路 II : $\quad 0.6I_2+24I=117$

解之得: $\quad I_1=10\text{A}, \quad I_2=-5\text{A}, \quad I=5\text{A}$

【例4.8】 图 4-13 所示电路中,$R_1=R_4=1\Omega$,$R_2=2\Omega$,$R_3=3\Omega$,$I_S=8\text{A}$,$U_{S_2}=10\text{V}$,计算各支路电流(I_S 表示电流源,属于电源的一种)。

解:设各支路电流 I_1、I_2、I_3、I_4 为未知数,选定各支路电流参考方向和回路绕行方向标在图中。由于电流源 I_S 所在的支路电流等于电流源 I_S 的电流值,为已知量,四个未知数列四个方程:列两个节点电流方程和两个网孔电压方程。

对节点 a: $-I_1-I_2+I_3=0$

对节点 b: $-I_3+I_4-I_S=0$

对回路 I : $I_1-2I_2=-10$

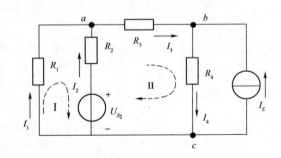

图 4-13 例 4.8 图

对回路Ⅱ：$\qquad 2I_2 + 3I_3 + I_4 = 10$

解之得：$\qquad I_1 = -4\text{A}, \quad I_2 = 3\text{A}, \quad I_3 = -1\text{A}, \quad I_4 = 7\text{A}$

*§4.1-5 叠 加 定 理

由线性元件所组成的电路，称为线性电路。

叠加定理指出：在线性电路中，当有多个独立源同时作用时，任一条支路电流或电压，等于各个独立源单独作用时在该支路中产生的电流或电压的代数和。

当某独立源单独作用时，其他独立源应该除去，称为"除源"。即令其电压源电压为零，相当于"短路"（用一根导线连接）；令其电流源电流为零，相当于"开路"（断开）。

对于叠加定理的理解，用例题举例说明。

【例4.9】 用叠加定理求图4-14a)所示电路中流过R_2的电流I。

解：图4-14a)中有电压源U_S和电流源I_S，负载为电阻，没有特别说明都看做是线性电阻。求电流I可以用前面学过的支路电流法，也可以考虑用叠加定理。

（1）电压源U_S单独作用时电路如图4-14b)所示。电流源I_S将其断开，待求电流写成I'，方向与图4-14a)同。

$$I' = \frac{U_{S_1}}{R_1 + R_2}$$

（2）电流源I_S单独作用时电路如图4-14c)所示。电压源U_S将其短接，待求电流写成I''，方向与图4-14a)同。R_1、R_2对I_S分流。

$$I'' = \frac{R_1}{R_1 + R_2} I_S$$

（3）由叠加定理，计算电压源U_{S_1}、I_S共同作用于电路时产生的电流I。因为I'、I''与I的参考方向一致。所以I'、I''取正号。

$$I = I' + I'' = \frac{U_{S_1}}{R_1 + R_2} + \frac{R_1}{R_1 + R_2} I_S$$

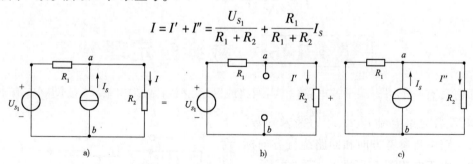

图4-14 例4.9图

在线性电路中，不仅电流可以叠加，电压也可以叠加，因为电流与电压之间是线性关系。但功率的计算不能用叠加定理，这是因为电流与功率不成正比，它们之间不是线性关系。

【例4.10】 如图4-15a)所示电路，试用叠加定理计算电压U及3Ω电阻消耗的功率。

解：(1) 计算12V电压源单独作用于电路时产生的电压U'，如图4-15b)所示。3A电流源将其断开，待求电压写成U'，方向与图4-15a)同。

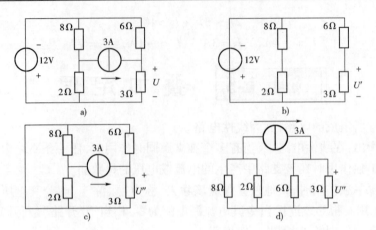

图 4-15 例 4.10 图

$$U' = -\frac{12}{6+3} \times 3\text{V} = -4\text{V}$$

(2)计算 3A 电流源单独作用时产生的电压 U'',如图 4-15c)所示。12V 电压源将其短路,待求电压写成 U'',方向与图 4-15a)同。在图 4-15c)中,找出等电位点,把电路画成图 4-15 d)所示,3A 电流经 6Ω、3Ω 电阻分流,3Ω 电阻分得电流为 $\left(3 \times \dfrac{6}{6+3}\right)$A。

$$U'' = 3 \times \frac{6}{6+3} \times 3\text{V} = 6\text{V}$$

(3)由叠加定理,计算 12V 电压源、3A 电流源共同作用于电路时产生的电压 U。

$$U = U' + U'' = (-4+6)\text{V} = 2\text{V}$$

(4)计算功率。由于功率不能叠加,在例 4.10 中步骤(1)和(2)不能先算出功率,要将其电压叠加后,最后求功率。

$$P = \frac{U^2}{R} = \frac{2^2}{3}\text{W} = \frac{4}{3}\text{W}$$

*§4.1-6 戴维宁定理

任何具有两个引出端子的电路(也叫网路或网络)都叫做二端网络。若网络中有电源叫有源二端网络,否则叫无源二端网络,如图 4-16 所示。

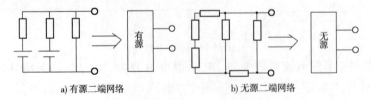

a) 有源二端网络 b) 无源二端网络

图 4-16 电路的二端网络

戴维宁定律指出:任何一个有源线性二端网络(含电源,二个端),可以用一个理想电压源 U_{OC} 和内电阻 R_i 相串联的电路模型来等效代替。如图 4-17 所示。

在图4-17a)中,以 a、b 两点分界,虚线左边是一个要等效的有源二端网络,虚线右边是一个负载电阻 R_L;在图4-17b)中虚线左边是经过等效的电压源,虚线右边是负载电阻 R_L。在图4-17a)图中确定了要等效的部分后,剩下的问题是求图4-17b)图中的 U_{OC} 和 R_i。

戴维宁定律指出:等效电源的电压 U_{OC} 等于有源二端网络 a、b 两点之间的开路电压 U_{ab},即将负载 R_L 断开后 a、b 两点之间的电压 U_{ab};内电阻 R_i 等于将负载 R_L 断开后,a、b 两点之间的等效电阻 R_{ab}。

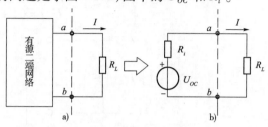

特别注意的是,求 a、b 两点之间的等效电阻 R_{ab} 时,要将有源二端网络变成无源二端

图4-17 戴维宁等效电路

网络,即将有源二端网络中所有电源置零[电压源置零时将其短路(则电压为零)、电流源置零时将其断开(则其电流为零)]。

求戴维宁等效电路的步骤如下:
(1)求出有源二端网络的开路电压 U_{OC};
(2)将有源二端网络的所有电压源短路,电流源开路,求出无源二端网络的等效电阻 R_i;
(3)画出戴维宁等效电路图。

【例4.11】 求如图4-18a)、b)所示电路的戴维宁等效电路。

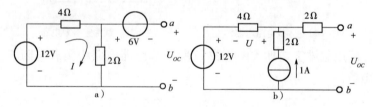

图4-18 例4.11图

解:图4-18a):(1)求有源二端网络 a、b 两点间的开路电压 U_{OC}。
设回路绕行方向是顺时针方向,则

$$I = \frac{12}{4+2}\text{A} = 2\text{A}$$

4Ω 电阻的电压 U 为:

$$U = RI = 4 \times 2\text{V} = 8\text{V}$$

$$U_{OC} = U_{ab} = [-6+(-8)+12]\text{V} = -2\text{V}$$

(2)求内电阻 R_i,将电压源短路,得图4-19所示电路。

$$R_i = \frac{4 \times 2}{4+2}\Omega = 1.33\Omega$$

戴维宁等效电路如图4-20所示,注意电压源的方向。

图4-18b):(1)求有源二端网络的开路电压 U_{OC}。
由于回路中含有电流源,所以回路的电流为1A,方向为逆时针方向。

4Ω 电阻的电压为：
$$U = RI = 4 \times 1\text{V} = 4\text{V}$$

开路电压 U_{OC} 为：
$$U_{OC} = (4 + 12)\text{V} = 16\text{V}$$

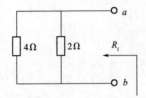
图 4-19　等效电阻电路

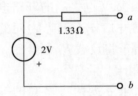
图 4-20　戴维宁等效电路

（2）求内电阻 R_i，将电压源短路，电流源开路，得如图 4-21 所示电路。
$$R_i = (2 + 4)\Omega = 6\Omega$$

戴维宁等效电路，如图 4-22 所示。

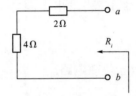
图 4-21　等效电阻电路图

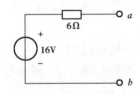
图 4-22　戴维宁等效电路

【例 4.12】　试用戴维宁定理求图 4-23a）所示分压器电路中负载电阻 R 分别为 100Ω、200Ω 的电压和电流。

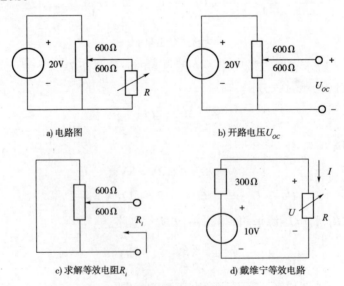

图 4-23　例 4.12 图

解：将负载电阻 R 断开，余下的电路是一个线性有源二端网络，如图 4-23b）所示。

(1) 求该二端网络的开路电压 U_{OC}。

$$U_{OC} = \frac{600}{600 + 600} \times 20\text{V} = 10\text{V}$$

(2) 求等效电源的内电阻 R_i。将电压源短路,得如图 4-23c)所示电路。

$$R_i = \frac{600 \times 600}{600 + 600}\Omega = 300\Omega$$

(3) 画出戴维宁等效电路,如图 4-23d)所示。
当 $R = 100\Omega$ 时,则

$$I = \frac{10}{300 + 100}\text{A} = 0.025\text{A}$$

$$U = RI = 100 \times 0.025\text{V} = 2.5\text{V}$$

当 $R = 200\Omega$ 时,则

$$I = \frac{10}{300 + 200}\text{A} = 0.02\text{A}$$

$$U = RI = 200 \times 0.02\text{V} = 4\text{V}$$

§4.1-7 万用表检修

熟练阅读电路图是进行万用表检修的前提。阅读电路图前,建议对照万用表实物,先画一张实体接线图(内部元件安装接线图)。

一、万用表实体接线图

万用表实体接线图(500 型万用表)的画法步骤如下:

1 观察万用表内部结构

打开 500 型万用表后盖,可见表盒的中间有一个表头。表头的左、右下方各有一个转换开关(S_2、S_1),最下方并排有四个插孔,在四个插孔的中间位置有一个可调电阻(欧姆调零旋钮),见图 4-24 所示。

2 画出转换开关 S_1、S_2 的结构示意图

转换开关一般有 2~3 层,画其结构示意图时,各层结构均以同心圆形式画出,各层上的掷按钟表法标上数字,各层同一位置上的掷用带上标的数字加以区别,如 2、2′。转换开关结构示意图,如图 4-25 所示。

3 标出元器件的位置

先将万用表电路中所有的电阻、电容和二极管,按其实际位置对应地在图中用图形符号

画出,并用文字符号标明,同种元件加数字下标加以区别,如电阻 R_1、R_2,然后将各元件的两个端点与其焊接在转换开关上的掷连接上。

图 4-24　万用表内部结构示意图

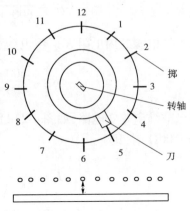

图 4-25　转换开关结构示意图

4　画连接导线

将万用表电路中所有的导线一一对应画出,可得实体接线图,如图 4-26 所示。

利用等电位的概念,由实体接线图也可自行画出万用表电路原理图,如图 4-27 所示。

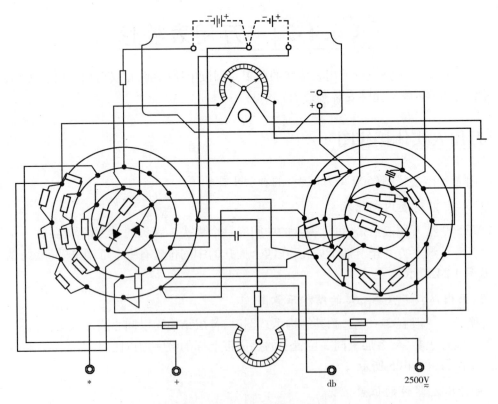

图 4-26　500 型万用表实体接线图

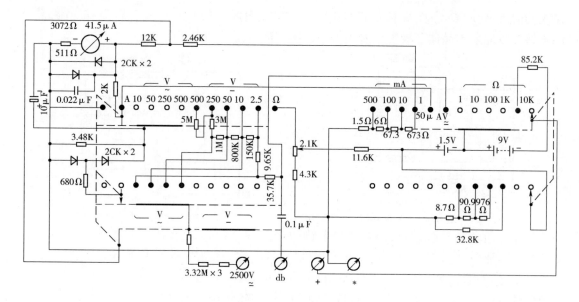

图 4-27　500 型万用表的电路原理图

二　万用表电路图阅读方法

万用表电路图阅读方法如下：

(1) 熟悉各元件的符号、作用，并能与实物对照。

(2) 熟悉转换开关与电路的连接方式，明确转换开关触点的位置，以及与之接通的挡位。

(3) 由于直流挡是万用表的基础挡，所以，阅读万用表电路时一般先阅读直流电流测量电路，然后依此阅读直流电压测量电路、交流电压测量电路、电阻测量电路……

(4) 阅读电流、电压测量电路图时，应从正表笔（红表笔）出发，经测量电路到达负表笔（黑表笔）；阅读电阻测量电路时，应从表内电池正极出发，经测量电路、被测电阻 R_x，最后回到电池的负极。电流、电压、电阻的测量原理下面分别说明：

①直流电流的测量线路。

万用表的直流电流挡，实质上是一个多量程的磁电式直流电流表，它应用分流电阻与表头并联以达到扩大测量的电流量程。根据分流电阻值越小，所得的测量量程越大的原理，配以不同的分流电阻，构成相应的测量量程。如图 4-28 所示，将转换开关置于 50mA 时，阅读路线以粗黑线示之，从（+）出发，经过两条支路回到（-）。

②直流电压的测量线路。

万用表的直流电压挡，实质上是一个多量程的直流电压表，它应用分压电阻与表头串联来扩大测量电压的量程，根据分压电阻值越大，所得的测量量程越大的原理，通过配以不同的分压电阻，构成相应的电压测量量程。测量电路如图 4-29 所示，将转换开关置于 10V 时，阅读路线以粗黑线示之，从（+）出发，串接不同的电阻回到（-）。

③交流电流、电压的测量线路。

磁电式仪表本身只能测量直流电流和电压。测量交流电压和电流时，采用整流电路将输入的交流,变成直流,实现对交流的测量。其整流电路一般有半波整流和全波整流,其整流元件一般都采用晶体二极管。万用表测量的交流电压只能是正弦波。

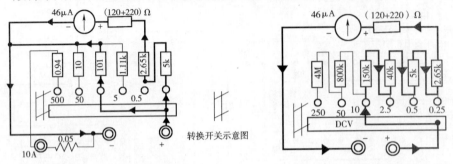

图 4-28　直流电流测量电路　　　　图 4-29　直流电压测量电路

万用表通常采用的是半波整流测量电路,如图 4-30 所示。将转换开关置于 10V 时,阅读路线分为两部分,当交流电是从(+)出发回到(-)时,称为交流电的正半周,电流流经表头,以粗黑线示之,外围的虚线框表示该线路阅读的方向;当交流电是从(-)出发回到(+)时,称为交流电的负半周,电流不流经表头,直接回到(+)极,内侧的虚线框表示该线路阅读的方向。

④电阻的测量。

万用表测量电阻电路,如图 4-31 所示。将转换开关置于 $R\times10$ 时,阅读路线以粗黑线示之,从 1.5V 电源(+)极出发,经过被测电阻 R_X 回到(-)极,9V 电源只用于 $R\times10\mathrm{k}$ 挡。

工作原理是欧姆定律:

$$I = \frac{E}{R + R_a + R_X}$$

其中:R 为串联电阻;R_X 为被测电阻;R_a 为表头等效内阻;E 为电源的电压;I 为被测电路的电流。

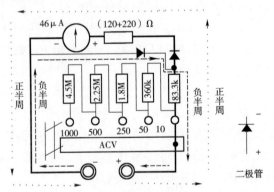
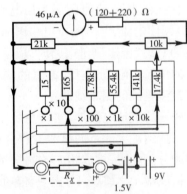

图 4-30　交流电压测量电路　　　　图 4-31　电阻测量电路

当 $R_X = 0$,电路中电流最大,指针偏转角最大,为满偏,零刻度值,一般为表头最右端。

当 $R_X = \infty$,电流为零,指针无偏转,为无穷大刻度值,一般为表头最左端。

当 R_X 为其他值时,指针在零刻度值和无穷大刻度值间偏转。

当 $R_X = R_a + R$ 时,此时的电流为最大电流的一半,指针定位于表头刻度尺中间,为欧姆挡中心值。欧姆挡的刻度分布是不均匀的,它的刻度值是自右向左递增的,右半部刻度稀疏,左半部刻度紧密。

由于电池电压值在每次使用过程后的不稳定性,一般在电路中还要设置调零电阻,通过调整阻值的大小,使指针定位在零刻度,确保测量精度。

三、万用表常见故障检查及排除

500型万用表具有量程设置合理、表盘大、准确、电池耐用、电压测量灵敏度高、电阻刻度中心值低(10Ω)、稳定可靠等优点,在生产实际中应用较广泛。

1 维修前的准备工作

(1)看懂该表电气原理图。熟悉各元件的实物结构及其在图上的符号,了解元件的作用及装配位置,明确转换开关挡位触点所处的位置。

(2)检查该表的外观。首先进行外观检查,若发现有明显的元件损坏,则应把检查重点放在相关线路和位置上。检查时先查看仪表的内外部结构,即表笔、转换开关、指针、机械调零器、欧姆调零电位器等接触是否良好,转动是否灵活;再看元器件、电路连线、接点等是否有接触不良、烧坏、脱焊或断裂现象。然后根据具体情况决定是否进行通电检查。

(3)查看各测量线路的构成。将转换开关拨到不同的挡位,弄清楚转换开关各挡位触点与哪些元件、哪些线路相连,比如哪些电阻是分流电阻,哪些电阻是分压电阻,哪些电阻是电阻挡量程用的。

2 直流电流挡的故障及排除

电流挡是所有测量电路的基础,电流挡失效,其他一切功能都将失效。因此,维修500型万用表,必须从电流挡开始。判断和校准电流挡的方法是用一个好的500型万用表或更高一级的电流表作标准表,与被测表串联。将两表量程都转到50μA挡,两表都必须水平放置。再分别串联200kΩ、10kΩ、1kΩ、10Ω(分别校验1mA、10mA、250mA、500mA)的电阻后与可调稳压电源(0~12V)连接。

(1)若故障表读数比标准表大得多,则为分流电阻开路;若故障电表在各挡都无指示,应检查表头、与表头相连的固定电阻、表头线路是否开路;也可将故障表转换开关置于直流电压最低挡(如2.5V挡),直接去测量一节新的干电池电压,若有读数且大于1.6V,则为分流电阻开路。

分流电阻常见的故障是绕线电阻开路,当分流电阻开路时,指针的阻尼明显变坏。因此,通过指针的阻尼情况也可以判断分流电路的正常与否。

排除方法:分流电阻开路,则需打开仪表后盖,逐一检查各分流电阻(一般为绕线式电阻),并将损坏的分流电阻换掉。

(2)将故障表转换开关置于直流电压最低挡(如2.5V挡),直接去测量一节新的干电池电压,若无读数,则为表头线路开路。

排除方法:应找出表头线路开路的原因。

3 电阻挡的故障及排除

电阻挡量程使用频繁,且往往在线测量,如果在有电压的电路中测量电阻或误测电压,则电阻挡的电阻很可能烧毁。

500型万用表电阻测量最小挡的中心阻值是10Ω,这意味着可对被测电路提供较大的测试电流(最大可提供150mA),因此能测量可控硅的维持电流(其他万用表却不能)。也因此如果万一误接在有电压的电路时,同样也要流过较大的电流,极易烧坏元件,如几十欧姆的小电阻(91Ω)等。电路中,$R \times 1$、$R \times 10$、$R \times 100$ 挡的电阻是相互依存的,只要其中一只损坏,将影响其他挡位的使用。

正常情况下,将转换开关置于 $R \times 1k$ 挡,两表头短路,转动欧姆调零器指针应平稳移至零欧姆处。然后将开关依此旋至 $R \times 100$、$R \times 10$、$R \times 1$ 各挡,指针应逐渐偏离零欧姆处,但最终都能调至零欧姆处。

(1)转动欧姆调零器指针调不到零处,在 $R \times 1$ 挡更甚。说明电池电压已低于1.3V。

排除方法:更换新电池。

(2)欧姆调零器失调或调零过程中指针有跳动现象,则为欧姆调零电位器有故障而起。

排除方法:更换或修理欧姆调零电位器。

(3)个别挡位读数不准。通常为该挡变值的分流电阻所致。

排除方法:更换变值的分流电阻。

(4)各挡都不准或都无读数。原因是电池线路开路、限流电阻开路或变值所引起。

排除方法:接通电池线路或更换限流电阻。

(5)某挡的测量值比实际值大了10倍、100倍、1000倍。原因是该挡的分流电阻开路所引起。

排除方法:将分流电阻线路接通。

4 直流电压挡的故障及排除

因为电流挡(50μA)是直流电压各挡的基础,如果更换了电流挡的分流元件,必须检查电压测量(含交流电压挡)的准确性。一般情况下,只要50μA挡准确,直流电压各挡元件正常,2.5级的精度是能保障的。只要直流各挡正常,交流各挡的正常就有基础。

(1)直流电压挡各挡读数都偏大。原因是万用表受潮,使分压电阻阻值变小。

排除方法:烘干万用表。

(2)各挡读数都偏小,量程越高,误差越大。原因是分压电阻变值。

排除方法:调换新电阻。

(3)低量程正常、高量程时指针不动。原因是高量程所用的分压电阻开路。

排除方法:换掉开路的分压电阻。

5 交流电压挡的故障及排除

交流电压量程所不同的是,由于使用了非线性元件(二极管),为了尽可能改善刻度的线性,必须提高二极管的工作电流。因此,电路从设计上将二极管的工作电流提高到250μA,这使得电压测量灵敏度相应下降。

(1)各挡均无读数。其原因一般为整流元件损坏或测量线路中有开路现象。

排除方法:调换损坏的二极管,查出线路中的开路部位并修复。

(2)各挡都有读数,但读数都减小一半。原因是全波整流电路的一半失效,变成半波整流电路所致。

排除方法:调换损坏的整流元件。

4.2 万用表检修习题

一、填空题

1. 节点是指汇聚_____或_____以上导线的连接点。
2. 任意两节点之间不分叉的一条电路,称为一个_____;电路中任何一个闭合路径称为一个_____。
3. 用基尔霍夫定律求解电路时,必须预先标定各条支路的_____方向和回路的_____方向。
4. 基尔霍夫第一定律又称做_____定律,其数学表达式为_____。
5. 基尔霍夫第二定律又称做_____定律,其数学表达式为_____。
6. 二端网络中有_____叫做有源二端网络,没有_____叫做无源二端网络。
7. 如图 4-32 电桥电路中,A_1 表的读数为_____,A_2 表的读数为_____。
8. 如图 4-33 所示电路中,电流 $I_1 =$_____,$I_2 =$_____。

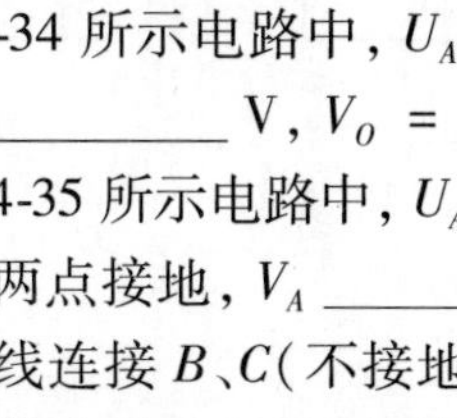

图 4-32 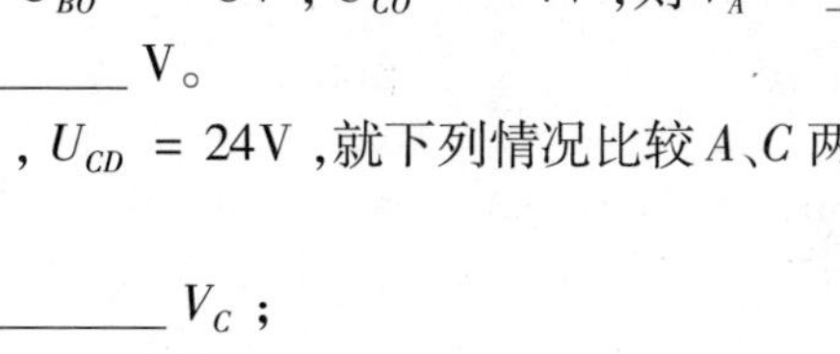　　　　　图 4-33

9. 在图 4-34 所示电路中,$U_{AO} = 6V$,$U_{BO} = -8V$,$U_{CO} = -4V$,则 $V_A =$ _____ V,$V_B =$ _____ V,$V_O =$ _____ V。
10. 在图 4-35 所示电路中,$U_{AB} = 12V$,$U_{CD} = 24V$,就下列情况比较 A、C 两点电位高低。
 (a) B、C 两点接地,V_A _____ V_C;
 (b) 用导线连接 B、C(不接地),V_A _____ V_C;
 (c) 用导线连接 A、D(不接地),V_A _____ V_C;
 (d) 用导线连接 A、C(不接地),V_A _____ V_C;
 (e) 用导线连接 B、D(不接地),V_A _____ V_C。
11. *叠加原理只适用于线性电路,并只限于计算线性电路中的_____和_____,不适用于计算电路的_____。
12. *利用戴维宁定理可将图 4-36 中虚线框内的有源二端网络等效成 $U_{OC} =$

_____ V, R_i = _____ Ω 的电压源。

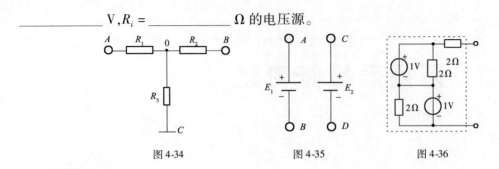

图 4-34　　　　　　　图 4-35　　　　　　　图 4-36

二、选择题

1. 图 4-37 所示电路中,通过 4V 电源的电流 I_1 为( )。
   A. 0A　　　　B. 2A　　　　C. −2A　　　　D. 4A

2. 图 4-38 所示电路中,a、b 两点开路电压 U_{ab} 为( )。
   A. 6V　　　　B. 4V　　　　C. 14V　　　　D. 12V

3. 对应图 4-39 所示电路,完全正确的一组方程是( )。

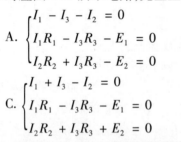

4. * 将图 4-40 所示有源两端网络等效为电压源后,U_{OC} 和 R_i 分别为( )。
   A. 0V,4Ω　　B. 2V,4Ω　　C. 4V,2Ω　　D. 2V,2Ω

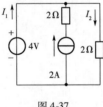 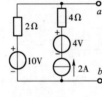 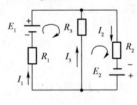 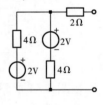

图 4-37　　　　图 4-38　　　　图 4-39　　　　图 4-40

三、计算题

1. 在图 4-41 所示电路中,用基尔霍夫电流定律对节点 a 和 b 列电流方程,用基尔霍夫电压定律对回路 1、2 及 3 列电压方程。

2. 如图 4-42 所示电路,已知电压 $U_{S_1}=4V$,$U_{S_2}=10V$,电阻 $R_1=2Ω$,$R_2=4Ω$,$R_3=R_4=R_5=8Ω$,用支路电流法求 I_1、I_2 及电压 U_{ab}。

3. 计算图 4-43 中 A 点的电位。

4. 在图 4-44 电路中,AC 是长为 1cm、粗细均匀的电阻丝,D 是滑动触头,可沿 AC 移动。

当 $R=6\Omega$，$L_{AD}=0.3\text{cm}$ 时，电桥处于平衡，流过检流计 G 的电流为 0，求 R_X。

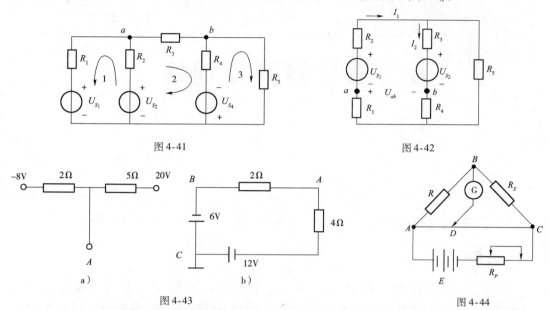

图 4-41　　　　　　　　　　图 4-42

图 4-43　　　　　　　　　　图 4-44

5. *图 4-45 所示电路中，已知电阻 $R_1=4\Omega$，$R_2=8\Omega$，$R_3=6\Omega$，$R_4=12\Omega$，电压 $U_{S_1}=1.2\text{V}$，$U_{S_2}=3\text{V}$，用叠加定理求电流 I。

6. *在图 4-46 所示电路中，已知电阻 $R_1=R_2=2\Omega$，$R_3=50\Omega$，$R_4=5\Omega$，电压 $U_{S_1}=6\text{V}$，$U_{S_3}=10\text{V}$，$I_{S_4}=1\text{A}$，求戴维宁等效电路。

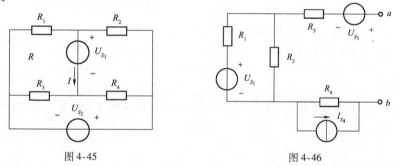

图 4-45　　　　　　　　　　图 4-46

四　简答题

1. 根据图 4-27 MF500 型万用表的电路原理图，将该款万用表以下功能的原理图单独分开画出来，并分别说明其电路原理。

(1) 直流电流挡；(2) 直流电压挡；(3) 交流电压挡；(4) 电阻挡。

2. 有一款 MF500 型万用表转动欧姆调零器指针调不到零处，在 $R\times 1$ 挡更甚。分析其故障原因。

3. MF500 型万用表直流电流挡最容易出现的故障是什么？如何准确判断和排除？

4. 打开一款 MF500 型万用表后盖，发现有些电阻明显烧焦了，对照图 4-27 MF500 型万用表的电路原理图，怎样能迅速地判断出这些电阻的功能及阻值的大小从而进行维修？

4.3 万用表检修同步训练

万用表检修项目引导文	班　级	
	姓　名	

一、项目描述

本院电工实验室常用的指针式万用表有 500 型万用表,由于学生操作不当,有一批万用表已经损坏,迫切需要修理。现学校提供实训场地,以及修理用的备件和工具设备,请同学们负责修理好这批万用表。

要求以"万用表检修"为中心设计一个学习情境,完成以下几项学习任务:

(1)阅读 500 型万用表,能够熟悉各元件的符号、作用及在万用表实物中的位置,明确转换开关各触点的位置及与之连接的元件,绘制万用表实体接线图;

(2)识懂 500 型万用表电路原理图,能够分别绘制出直流电流、直流电压、交流电压和电阻测量电路原理图;

(3)查找万用表的故障,更换元件,修理万用表;

(4)对修理好的万用表进行校验。

二、项目资讯

1.下图为万用表直流电流测量原理图,请在图中用粗实线描黑 S_A 选择量程 2 时的阅读路线,并计算分流电阻 $(R_2 + R_3)$ 的值。

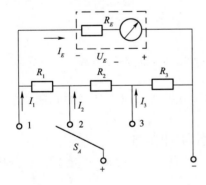

2. 下图为500型万用表直流电压测量原理图,请在图中用粗实线描黑 S_A 选择量程3时的阅读路线,并计算分压电阻 $(R_1 + R_2 + R_3)$ 的值。

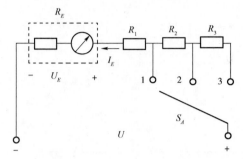

3. 下图为500万用表电阻测量原理图,请在图中用粗实线描黑 S_A 选择量程4时的阅读路线。

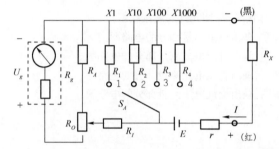

4. 下图为500型万用表直流电流测量电路。请分析:当电路分别在 a、b 处断开时,将会出现什么故障现象?应如何检查并排除其故障?

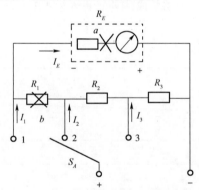

5. 下图为万用表直流电压测量电路。请分析:当电路分别在 a、b 处断开时,将会出现什么故障现象?应如何检查并排除其故障?

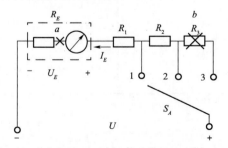

6.下图为万用表电阻测量电路。请分析:当电路分别在 a、b、c 处断开,或 R_1 变值时,将会出现什么故障现象?应如何检查并排除其故障?

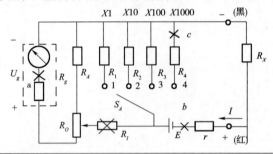

三、项目计划

1. 对照万用表电路图和实物,画出万用表实体接线图(即元件安装接线图)。
2. 根据提供的 MF500 型万用表的电路原理图,画出电阻测量部分的电路图。
3. 根据提供的 MF500 型万用表的电路原理图,画出直流电流测量部分的电路图。
4. 根据提供的 MF500 型万用表的电路原理图,画出直流电压测量部分的电路图。
5. 根据提供的 MF500 型万用表的电路原理图,画出交流电压测量部分的电路图。
6. 确定本工作任务需要使用的工具和材料,列出清单。

7. 制作任务实施情况检查单,包括小组各成员的任务分工、任务完成、任务检查情况的记录,以及任务执行过程中出现的问题及应急情况的处理(备注栏)等。

四、项目决策

1. 分小组讨论万用表检修方案。
2. 老师指导确定万用表检修的最终方案。
3. 每组选派一位成员阐述本组万用表检修的最终方案。

五、项目实施

1. 记录本组万用表的故障检修情况,认真填写下表。

故障现象	故障原因	所更换的故障元件	修理后校表的情况

2. 填写任务执行情况检查单。

六、项目检查

1. 学生填写检查单。
2. 教师填写评价表。
3. 学生提交实训心得。

七、项目评价

1. 小组讨论,自我评述本项目完成情况及发生的问题,小组共同给出提升方案和有效建议。
2. 小组准备汇报材料,每组选派一人进行汇报。
3. 老师对本项目完成情况进行评价。

学生自我总结:

指导老师评语:

项目完成人签字:　　　　　　　　　　　　　日期:　　年　　月　　日

指导老师签字:　　　　　　　　　　　　　　日期:　　年　　月　　日

4.4 万用表检修检查单

万用表检修项目检查单	班级	姓名	总分	日期
检 查 内 容	标准分值	自我评分 A(20%)	小组评分 B(30%)	教师评分 C(50%)
资讯、计划：				
基础知识预习、完成情况	10			
资料收集、准备情况	10			
决策：				
是否制订实施方案	5			
是否画原理图	5			
是否画安装图	5			
实施：				
操作步骤是否正确	20			
是否安全文明生产	5			
是否独立完成	5			
是否在规定的时间内完成	5			
检查：				
检查小组项目完成情况	5			
检查个人项目完成情况	5			
检查仪器设备的保养使用情况	5			
检查该项目的PPT(汇报)完成情况	5			
评估：				
请描述本项目的优点：	5			
有待改进之处及改进方法：	5			
总分(A20%+B30%+C50%)	100			

4.5 万用表检修评价表

学习领域：电气安装的规划与实施					
班级		学习情境4：万用表检修			
姓名		学习团队名称：			
组长签字			自我评分	小组评分	教师评分
评价内容		评分标准			
目标认知程度	工作目标明确，工作计划具体结合实际，具有可操作性	10			
情感态度	工作态度端正，注意力集中，能使用网络资源进行相关资料收集	10			
团队协作	积极与他人合作，共同完成工作任务	10			
专业能力要求	专业基础知识掌握程度	10			
	专业基础知识应用程度	10			
	识图绘图能力	10			
	实验、实训设备使用能力	10			
	动手操作能力	10			
	实验、实训数据分析能力	10			
	实验、实训创新能力	10			
总分					
本人在小组中的排名（填写名次）					
备注：					

学习单元 5

白炽灯电路安装

 知识技能

通过本单元的学习,使学生能够在以下方面得到巩固与提高:
1. 掌握常用电工工具的使用方法;
2. 掌握零、火线的判断方法;
3. 掌握有关电气照明的基本知识,能够识读简单的电工用图(主要为电气原理图和平面安装接线图);
4. 学会安装白炽灯电路,掌握室内配线的基本要求,了解室内配线的供电方式;
5. 掌握万用表排查照明电路故障的基本方法;
6. 掌握正弦交流电的三要素及正弦交流电的三种不同表示方法(解析式、波形图、相量图),掌握正弦交流电路中纯电阻电路的分析与计算。

 情感、态度、价值观

通过本单元的学习,使学生从简单的"楼梯照明灯安装"入手,激发学生了解周围用电环境的兴趣;培养学生"胆大心细"的电工实训作风;提高学生成为一名电气工作者的职业素养能力。

> **情境描述**

　　白炽灯是目前使用较为广泛的光源,它具有结构简单、使用可靠、安装维修方便、价格低廉等优点。安装一个白炽灯电路,成本不高,实训条件简单,便于学生学习内线安装的基本知识与技能。

　　以"白炽灯电路安装"为中心建立一个学习情境,将单相交流电源的特点、单相交流电路纯电阻负载的分析计算、双控开关控制楼梯照明灯的安装方法、室内配线的要求等知识点与基本技能结合起来。

5.1 白炽灯电路安装学习资料

§5.1-1 380/220V 低压供电系统

　　我国低压配电系统一般是三相四线制,即三根相线,一根零线;两根相线之间的电压是380V,就是我们所说的线电压,一根相线和一根零线之间的电压是220V,也就是我们所说的相电压;正是由于接线的不同,才形成了380V和220V两个电压等级。室内照明电路一般用220V的电压。

　　低压供电一般采用380/220V三相四线制,可采用单相两线(一根相线、一根中性线,见图5-1);或三相三线(三根相线、无中性线,见图5-2);或三相四线(三根相线、一根中性线,见图5-3)的供电方式。在图5-1、图5-2、图5-3中,U、V、W表示三根相线(俗称火线),N表示中性线(俗称零线、地线)。

　　常见的低压交流供电系统(380/220V)有三种运行方式:TN系统、TT系统、IT系统。

电气安装的规划与实施

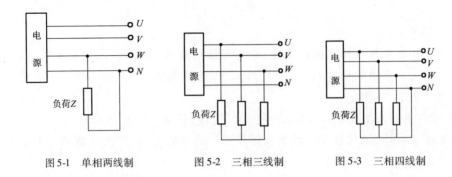

图 5-1　单相两线制　　　图 5-2　三相三线制　　　图 5-3　三相四线制

一、TN 供电系统及接地方式

TN 系统的电源中性点直接接地,从电源中性点 N' 处引出中性线 N 线、保护线 PE 线或保护中性线 PEN 线。该系统中,所有用电设备的金属外壳、构架均采用接零线(保护线)的方式,属于三相四线制供电中的保护接零系统。

TN 系统中设备发生单相碰壳漏电故障时,会形成单相短路回路,因该回路内不包含任何接地电阻,整个回路内阻抗很小,短路电流很大,足以保证在最短的时间内熔断熔丝,保护装置或自动开关跳闸,从而切除故障设备的电源,保障人身及设备安全。

TN 系统又分为:TN-C 系统、TN-S 系统和 TN-C-S 系统。

1. TN-C 供电系统及接地方式

TN-C 常称为三相四线制供电系统,该系统中性线 N 与保护接地线 PE 合二为一,即其工作零线兼作保护线,通称为 PEN 线,如图 5-4 所示。TN-C 系统不应作为通信枢纽的供电及接地方式。

2. TN-S 供电系统及接地方式

TN-S 供电系统有五根线,即三根相线 U、V、W,一根中性线 N 和一根保护接地线 PE,系统中 N 线与 PE 线全部分开,电力系统仅一点接地,用电设备的外露可导电部分(如外壳、机架等)接 PE 线,如图 5-5 所示。

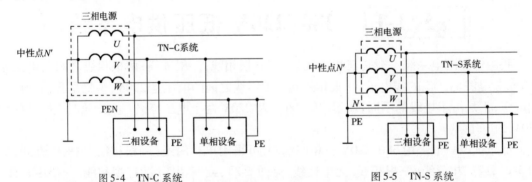

图 5-4　TN-C 系统　　　　　　　　　　　图 5-5　TN-S 系统

目前,采用这种供电系统的比较多,适用于三相负荷比较平衡且单相负荷容量较小的场所,在建筑物或军事设施内设有独立变配电所时常用该系统。同时,该系统有较强的电磁适应性,可以作为通信枢纽等优选供电及接地系统。

3　TN-C-S 供电系统及接地方式

TN-C-S 供电系统如图 5-6 所示,前部分有四根线,是 TN-C 供电系统;后部分有五根线,是 TN-S 供电系统。分界点在 N 线与 PE 线的连接点处,分开后就不允许再合并。

这种供电系统一般用在民用建筑物由区域变电所供电的场所。进户前采用 TN-C 供电系统,进户后变成了 TN-S 供电系统。

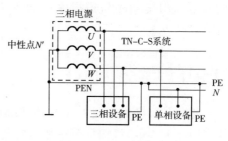

图 5-6　TN-C-S 系统

二　TT 供电系统及接地方式

把三相电源中性点 N' 直接接地,再从接地点引出中性线 N。该系统中,所有用电设备的金属外壳、构架均采用保护接地方式,如图 5-7 所示。

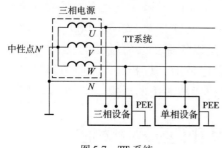

图 5-7　TT 系统

TT 供电系统属于三相四线制供电中的保护接地系统。该系统常用于设备供电来自于公用电网的地方,民用郊区较常见。

TT 供电系统的特点:中性线 N 与保护地线 PE 无电气连接,即中性点接地与 PE 线接地是分开的,因此设备的外壳与电源的接地无直接联系。即设备的外露可导电部分均与系统接地点无关,各自的接地装置单独接地。这种供电系统必须特别注意合理配置高灵敏度的过流保护装置。

保护接地适用于中性点没有接地的电源供电系统中的电气设备,对于电源中性点接地的供电电网中,TT 系统有局限性,可以采用 TN 供电系统(保护接零)。值得注意的是,在一个地区应使用同一种供电系统,不可同时混用多种供电系统,如果采用 TT(保护接地),就不要采用 TN(保护接零),以确保用电设备安全可靠运行。

三　IT 供电系统及接地方式

电源中性点 N' 不接地或经高阻抗接地。该系统中,所有用电设备的金属外壳、构架均采用保护接地方式,如图 5-8 所示。

IT 供电系统属于三相三线制供电中的保护接地系统,该系统电源中性点不接地或经高阻抗接地,无中性线 N,只有线电压(380V),无相电压(220V),电器设备保护接地线(PE 线)各自独立接地。

IT 供电系统在供电距离不长时,供电可靠性高,安全性好。一般用于不允许停电的场所,或是严格要求连续供电的地方。IT 供电系统由于没有配中性线 N,

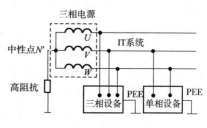

图 5-8　IT 供电系统

不适合于有单相用电的设备,只适合有特殊要求的场所,如电力炼钢、重要的手术室、重要的实验室、地下矿井或坑道指挥所、重要通信枢纽特定设备等,该供电系统对用电设备的耐压要求较高。

四 保护接零(PEN)

把电气设备的金属外壳、构架与系统中的零线 N(保护线 PE)可靠连接在一起。当电气设备发生漏电、绝缘损坏或单相电源与设备外壳、构架短路时,零线短路的较大故障电流可使线路上的保护装置动作,切断故障线路的供电,保护人身安全。保护接零应用在 TN 低压供电系统。

五 保护接地(PEE)

把电气设备的金属外壳、构架与专用接地装置可靠连接在一起。当电气设备发生漏电或单相电源对设备外壳短路时,如果流向接地体的故障电流足够大,线路上保护装置动作,切断故障线路上的供电;假如流向接地体的故障电流不足以使保护装置动作时,由于人体电阻远大于保护接地的电阻,所以,可以避免接触人员的触电危险。保护接地应用在 TT、IT 低压供电系统。在同一供电系统,不准存在保护接零和保护接地混用的现象。

§5.1-2 正弦交流电的基本概念

在 §5.1-1 中提到的 380/220V 低压供电系统,属于交流供电系统,所使用的电源是正弦交流电源。目前,发电厂所发的是交流电,工农业生产和日常生活中广泛应用的也是交流电,需要直流电的地方(如电解、电镀等行业),也可以将交流电整成直流电。

交流电与直流电的最大区别在于:直流电的方向不随时间变化,而交流电的方向随时间做周期性的变化。最典型的交流电就是正弦交流电,顾名思义,正弦交流电是指大小和方向按正弦规律变化的电源。

一 正弦交流电的三要素

正弦量的最大值(有效值)反映正弦量的大小,角频率(频率、周期)反映正弦量变化的快慢,初相角反映分析正弦量的初始值。因此,当正弦交流电的最大值(有效值)、角频率(频率、周期)和初相角确定时,正弦交流电才能被确定。也就是说这三个量是正弦交流电必不可少的要素,所以我们称其为正弦交流电的三要素。只有这三个要素确定之后,才能确定正弦量。所以频率、幅值和初相位就称为正弦交流电的三要素。

设某支路中正弦电流 i 在选定参考方向下的瞬时值表达式为:

$$i = I_m\sin(\omega t + \varphi_0) \tag{5-1}$$

从式(5-1)我们来认识正弦交流电的三要素。

1 瞬时值、最大值和有效值

(1) 瞬时值：正弦交流电随时间按正弦规律变化，某时刻的数值不一定和其他时刻的数值相同。我们把任意时刻对应的正弦交流电的数值称为瞬时值，用小写字母表示，如 $i(t)$、$u(t)$ 及 $e(t)$ 表示电流、电压及电动势的瞬时值。瞬时值有正、有负，也可能为零。

(2) 最大值：最大的瞬时值称为最大值（也叫幅值、峰值）。用带下标 m 的大写字母表示。如 I_m、U_m 及 E_m 分别表示电流、电压及电动势的最大值。最大值虽然有正有负，但习惯上最大值都以绝对值表示。

(3) 有效值：正弦电流、电压和电动势的大小往往不是用它们的幅值，而是常用有效值来计量的。某一个周期电流 i 通过电阻 R 在一个周期 T 内产生的热量，和另一个直流电流通过同样大小的电阻在相等的时间内产生的热量相等，那么这个周期性变化的电流 i 的有效值在数值上就等于这个直流 I。有效值规定都用大写字母表示，和表示直流的字母一样。

周期电流的有效值为：

$$I = \sqrt{\frac{1}{T}\int_0^T i^2 \mathrm{d}t} \quad (5\text{-}2)$$

当周期电流为正弦量时，即 $i = I_m\sin\omega t$ 时，可得有效值与最大值关系为：

$$I = \frac{I_m}{\sqrt{2}} \quad (5\text{-}3)$$

同理，正弦电压和正弦电动势有效值与最大值关系分别为：

$$U = \frac{U_m}{\sqrt{2}}, \quad E = \frac{E_m}{\sqrt{2}} \quad (5\text{-}4)$$

通常所讲的正弦电压或电流的大小，例如交流电压 380V 或者 220V，都是指它的有效值。一般交流电流表和电压表的刻度也是根据有效值来定的。

【例 5.1】 已知某交流电压为 $u = 220\sqrt{2}\sin(\omega t + 90°)$ V，这个交流电压的最大值和有效值分别为多少？当 $t=0$ 时刻，对应的 u 为多少？

解：最大值　　　　$U_m = 220\sqrt{2}\text{V} \approx 311.1\text{V}$

有效值　　　　$U = \dfrac{U_m}{\sqrt{2}} = \dfrac{220\sqrt{2}}{\sqrt{2}}\text{V} = 220\text{V}$

$t=0$ 时　　　　$u(0) = 220\sqrt{2}\sin90°\text{V} = 311.1\text{V}$

2 频率与周期

正弦量变化一次所需的时间（秒）称为周期 T，如图 5-9 所示。每秒内变化的次数称为频率 f，它的单位是赫兹（Hz）。

频率是周期的倒数，即

$$f = \frac{1}{T} \quad (5\text{-}5)$$

在我国和大多数国家都采用 50Hz 作为电力标准频

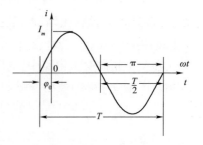

图 5-9　正弦交流电流

率,有些国家(如美国、日本等)采用60Hz。这种频率在工业上应用广泛,习惯上称为工频。通常的交流电动机和照明负载都用这种频率。

正弦量变化的快慢除用周期和频率表示外,还可用角频率ω来表示,它的单位是弧度/秒(rad/s)。角频率是指交流电在1s内变化的电角度。如果交流电在1s内变化了1次,则电角度正好变化了2πrad,也就是说该交流电的角频率ω = 2πrad/s。若交流电1s内变化了f次,则可得角频率与频率的关系式为:

$$\omega = 2\pi f = \frac{2\pi}{T} \quad (5\text{-}6)$$

角频率ω通常和时间t作为乘积项ωt,例如在$u = 220\sqrt{2}\sin(314t + 90°)$中,$\omega t = 314t$,$\omega = 314\text{rad/s}$。

式(5-5)、式(5-6)表示T、f、ω三个物理量之间的关系,只要知道其中之一,则其余均可求出。

【例5.2】 求出我国工频50Hz交流电的周期T和角频率ω。

解:

$$T = \frac{1}{f} = \frac{1}{50}\text{s} = 0.02\text{s}$$

$$\omega = 2\pi f = 2\pi \times 50\text{rad/s} = 314\text{rad/s}$$

【例5.3】 已知某正弦交流电压为$u = 311\sin314t\text{V}$,求该电压的最大值、频率、角频率和周期各为多少?

解:

$$U_m = 311\text{V}$$

$$\omega = 314\text{rad/s}$$

$$f = \frac{\omega}{2\pi} = \frac{314}{2 \times 3.14}\text{Hz} = 50\text{Hz}$$

$$T = \frac{1}{f} = \frac{1}{50}\text{s} = 0.02\text{s}$$

3 初相位

在$i = I_m\sin(\omega t + \varphi_0)$中的$(\omega t + \varphi_0)$称为正弦量的相位角或相位,它反映出正弦量变化的进程。当相位角随时间连续变化时,正弦量的瞬时值随之作连续变化。

$t = 0$时的相位角称为初相位角或初相位。上式$(\omega t + \varphi_0)$中的φ_0就是这个电流的初相。规定初相的绝对值不能超过π。例如,在$u = 220\sqrt{2}\sin(\omega t + 90°)$中,$\varphi_0 = 90°$;在$u = 311\sin314t\text{V}$中,$\varphi_0 = 0°$。

在一个正弦交流电路中,电压u和电流i的频率是相同的,但初相不一定相同,如图5-10所示。图中u和i的波形可用下式表示:

$$u = U_m\sin(\omega t + \varphi_u)$$

$$i = I_m\sin(\omega t + \varphi_i)$$

它们的初相位分别为φ_u和φ_i。

二 相位的比较

两个同频率正弦量的相位角之差或初相位角之差,称为相位差,用 $\Delta\varphi$ 表示。图 5-10 中电压 u 和电流 i 的相位差为:

$$\Delta\varphi = (\omega t + \varphi_u) - (\omega t + \varphi_i) = \varphi_u - \varphi_i \tag{5-7}$$

式(5-7)表明了两个正弦量之间在时间上的超前或滞后关系,在规定中,$\Delta\varphi$ 用绝对值小于 π 的角度来表示相位差。

很明显,当两个同频率同正弦量的计时起点改变时,它们的相位和初相位即跟着改变,但是两者之间的相位差仍保持不变。

1 超前或滞后

由图 5-10 的正弦波形可见,因为 u 和 i 的初相位不同,所以它们的变化步调是不一致的,即不是同时到达正的幅值或零值。同频率的两个正弦量之间的这种关系,一般表述为相位超前或滞后的关系。

如果 $\Delta\varphi = \varphi_u - \varphi_i > 0$,那么表示电压 u 超前电流 i 或者电流 i 滞后电压 u。假设 $\Delta\varphi = \varphi_u - \varphi_i < 0$,情况则相反。

2 同相

初相相等的两个正弦量,它们的相位差为零,这样的两个正弦量叫做同相。同相的两个正弦量同时到达零值,同时到达最大值,步调一致。如图 5-11 中的 i_1 和 i_2。

3 反相

相位差 $\Delta\varphi$ 为 180° 的两个正弦量叫做反相。如图 5-11 中的 i_1 和 i_3。

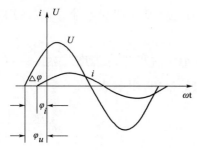

图 5-10 u 和 i 的相位不相等   图 5-11 正弦量的同相与反相

【例 5.4】 已知某正弦电压在 $t=0$ 时为 $110\sqrt{2}$ V,初相角为 30°,求其有效值。

解:此正弦电压表达式为:

$$u = U_m \sin(\omega t + 30°)$$

当 $t=0$ 时,
$$u(0) = U_m \sin 30°$$

所以
$$U_m = \frac{u(0)}{\sin 30°} = \frac{110\sqrt{2}}{0.5} \text{V} = 220\sqrt{2} \text{V}$$

其有效值为:
$$U = \frac{220\sqrt{2}}{\sqrt{2}} \text{V} = 220 \text{V}$$

【例 5.5】 已知电流、电压的解析式分别为：

$$i = 2\sin(100\pi t) \text{ A}, \quad u = 220\sin(100\pi t - \frac{\pi}{6}) \text{ V}$$

试判断两者之间的相位关系。如果以电压为参考正弦量，即电压初相位为零，重新写出它们的解析表达式。

解：改变初相，相当于改变初始计时起点，而相位差是保持不变的。

$\Delta\varphi = \varphi_i - \varphi_u = 0 - (-\frac{\pi}{6}) = \frac{\pi}{6} > 0$，相位关系为 i 超前 u，相位差为 $\frac{\pi}{6}$。

以电压为参考正弦量，解析式为：

$$i = 2\sin(100\pi t + \frac{\pi}{6}) \text{ A}, \quad u = 220\sin(100\pi t) \text{ V}$$

§5.1-3 相 量

正弦量有三种表示方法：解析式、波形图、相量。解析式就是三角函数表达式，如 $i = I_m\sin(\omega t + \varphi_i)$、$u = U_m\sin(\omega t + \varphi_u)$；波形图表达比较直观，但不方便，如图 5-11 所示；相量的基础是复数，就是用复数来表示正弦量。

因为相量法是用复数来表示正弦量，所以先复习一下复数知识。

一 复数

1 复数的实部、虚部和模

$\sqrt{-1}$ 叫虚单位，数学上用 i 来代表它，因为在电工中 i 代表电流，所以改用 j 代表虚单位，即：$j = \sqrt{-1}$。

如图 5-12 所示，复平面内，如果复数 $A = a + jb$（a 为实部，b 为虚部），则复数的模（OA 的长度）$r = \sqrt{a^2 + b^2}$；复数的幅角，用 φ 表示，$\varphi = \arctan\frac{b}{a}$，规定幅角的绝对值小于 $180°$。

2 复数的表达方式

复数的直角坐标式：$a = r\cos\varphi$；$b = r\sin\varphi$

$$A = r\cos\varphi + jr\sin\varphi \tag{5-8}$$

复数的指数形式：

$$A = re^{j\varphi} \tag{5-9}$$

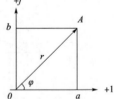

图 5-12 复数的复平面图示

复数的极坐标形式：

$$A = r\angle\varphi \tag{5-10}$$

实数和虚数可以看成复数的特例：实数是虚部为零、幅角为零或 $180°$ 的复数，虚数是实部为零、幅角为 $90°$ 或 $-90°$ 的复数。

【例 5.6】 写出下列复数的直角坐标形式。

(1) $5\angle 48°$ (2) $1\angle 90°$ (3) $5.5\angle -90°$ (4) $22\angle 180°$

解：

(1) $5\angle 48° = 5\cos 48° + j\,5\sin 48° = 3.35 + j\,3.72$

(2) $1\angle 90° = \cos 90° + j\sin 90° = j$

(3) $5.5\angle -90° = 5.5\cos(-90°) + j\,5.5\sin(-90°) = -j\,5.5$

(4) $22\angle 180° = 22\cos 180° + 22\sin 180° = 22$

【例 5.7】 写出下列复数的极坐标形式。

(1) $3 + j4$ (2) $j5$ (3) 10

解：

(1)
$$r = \sqrt{a^2 + b^2} = \sqrt{3^2 + 4^2} = 5$$
$$\varphi = \arctan\frac{4}{3} = 53.13°$$
$$3 + j4 = 5\angle 53.13°$$

(2)
$$r = 5$$
$$j5 = 5\angle 90°$$

(3)
$$r = 10$$
$$10 = 10\angle 0°$$

二、相量

1　相量法的定义

在正弦交流电路中，用复数表示正弦量，并用于正弦交流电路分析计算的方法称为相量法。如果用复数来表示正弦量的话，则复数的模表示正弦量的幅值或有效值，复数的幅角表示正弦量的初相位。

2　正弦量的相量表达式

为了与一般的复数相区别，我们把表示正弦量的复数称为相量，并在大写字母上打"·"，于是表示正弦电压 $u = U_m\sin(\omega t + \varphi)$ 的相量为：

$$\dot{U}_m = U_m(\cos\varphi + j\sin\varphi) = U_m\angle\varphi \qquad (5\text{-}11)$$

或

$$\dot{U} = U(\cos\varphi + j\sin\varphi) = U\angle\varphi \qquad (5\text{-}12)$$

$\dot{U}_m$ 是电压的最大值相量，$\dot{U}$ 是电压的有效值相量。注意，相量只是表示正弦量，而不是等于正弦量。

3　相量图

在复平面内，根据正弦量幅值、初相位画出的一段有向线段，称为相量图。有向线段的长度表示正弦量的幅值（有效值），线段与实轴（x 轴）正方向的夹角为正弦量的初相位。有向线段长度用幅值表示的，称为最大值相量；有向线段长度用有效值表示的，称为有效值相量。一般用有效值相量表示。

在相量图上能形象地看出各个正弦量的大小和相互间的相位关系。例如，对于解析式 $u=10\sin(6280t+60°)$、$i=10\sin(6280t+25°)$、$i_1=6\sin(6280t-45°)$，如用相量图表示，则如图 5-13 所示。逆时针方向看，电压相量 $\dot{U}$ 比电流相量 $\dot{I}$ 超前 35°，电流相量 $\dot{I}$ 比 $\dot{I}_1$ 超前 70°，也就是说正弦电压 u 比正弦电流 i 超前 35°、电流 i 比 i_1 超前 70°。

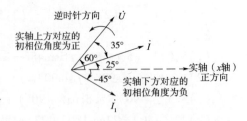

图 5-13 电压和电流的相量图

只有正弦周期量才能用相量表示，相量不能表示非正弦周期量。只有同频率的正弦量才能画在同一相量图上，不同频率的正弦量不能画在一个相量图上，否则就无法比较和计算。

【例 5.8】 试写出表示 $u_A=220\sqrt{2}\sin314t\,\text{V}$，$u_B=220\sqrt{2}\sin(314t-120°)\,\text{V}$ 和 $u_C=220\sqrt{2}\sin(314t+120°)\,\text{V}$ 的相量，并画出相量图。

解：分别用有效值相量 $\dot{U}_A$、$\dot{U}_B$ 和 $\dot{U}_C$ 表示正弦电压 u_A、u_B 和 u_C，则

$$\dot{U}_A = 220\angle 0° = 220\,\text{V}$$

$$\dot{U}_B = 220\angle -120° = 220\left(-\frac{1}{2}-j\frac{\sqrt{3}}{2}\right)\text{V}$$

$$\dot{U}_C = 220\angle 120° = 220\left(-\frac{1}{2}+j\frac{\sqrt{3}}{2}\right)\text{V}$$

相量图如图 5-14 所示。

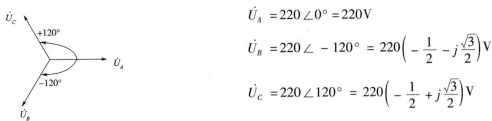

图 5-14 例 5.8 图

4 相量求和

在进行正弦量加减运算时，如果用解析式计算则比较麻烦。利用相量计算，相对简单。现在介绍利用相量图进行正弦量加减计算的基本方法。

要进行同频率正弦量加、减运算，先作出与正弦量相对应的相量图，再按平行四边形法则求和，求和后的长度表示和的最大值（有效值相量表示有效值），求和后与 x 轴正方向的夹角表示和的初相位，角频率保持不变。

通过以下例题说明相量求和的基本步骤。

【例 5.9】 已知：$i_1 = 4\sqrt{2}\sin\left(\omega t+\dfrac{\pi}{3}\right)\text{A}$，$i_2 = 4\sqrt{2}\sin\left(\omega t-\dfrac{\pi}{3}\right)\text{A}$

用向量图求 $i = i_1 + i_2$。

解：作出与 i_1、i_2 相对应的相量 $\dot{I}_1$、$\dot{I}_2$，如图 5-15 所示。应用平行四边形法则求和，即：

$$\dot{I} = \dot{I}_1 + \dot{I}_2$$

从图中可知，$\dot{I}$ 与 x 轴正方向一致，即初相角为 0，因为是等边三角形，长度为：

$$I = I_1 = I_2 = 4\text{A}，I_m = \sqrt{2}I = 4\sqrt{2}\text{A}$$

从而得到：
$$i = i_1 + i_2 = 4\sqrt{2}\sin\omega t \text{ A}$$

【例 5.10】 已知 $u_1 = 220\sqrt{2}\sin\omega t \text{ V}$，$u_2 = 220\sqrt{2}\sin\left(\omega t - \dfrac{2\pi}{3}\right)$ V。

用相量图求 $u = u_1 - u_2$。

解：作出与 u_1、u_2 相对应的相量，如图 5-16 所示。应用平行四边形法则，求相量：
$$\dot{U} = \dot{U}_1 - \dot{U}_2 = \dot{U}_1 + (-\dot{U}_2)$$

从图中可知，$\dot{U}$ 与 x 轴正方向夹角为 $\dfrac{\pi}{6}$，即初相角为 $\dfrac{\pi}{6}$，长度为：
$$U = 2U_1\cos\dfrac{\pi}{6} = \sqrt{3}U_1 = 220\sqrt{3} \text{ V}, \quad U_m = \sqrt{2}U = 220\sqrt{6} \text{ V}$$

从而得到：
$$u = u_1 - u_2 = 220\sqrt{6}\sin\left(\omega t + \dfrac{\pi}{6}\right) \text{ V}$$

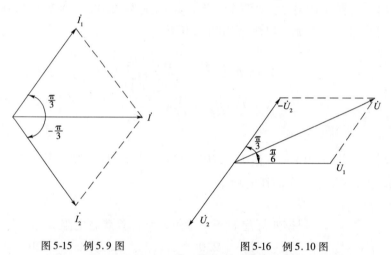

图 5-15 例 5.9 图   图 5-16 例 5.10 图

§5.1-4 白炽灯电路分析

在照明电路中，白炽灯电路是最简单的照明电路，如图 5-17 所示。

一 白炽灯电路(纯电阻电路)的电路模型

在照明电路中使用的白炽灯为纯电阻性负载，在日常生活和工作中接触到的电炉、电烙铁等，也都属于电阻性负载，它们与交流电源连接组成纯电阻电路，纯电阻电路是最简单的交流电路。图 5-17 的白炽灯电路模型，如图 5-18 所示。

在图 5-18 中，图 a）为电路模型，图 b）为电路原理图。注意：图 b）中的"＋"、"－"号表示交流电压的瞬时参考极性（不是直流电源的正负极），箭头也是表示交流电流某一瞬时的参考方向。

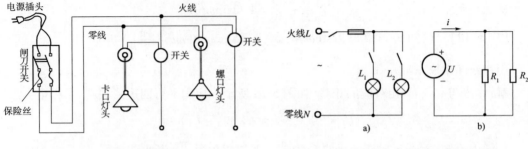

图 5-17 白炽灯电路　　　　图 5-18 白炽灯电路模型（纯电阻电路）

二 白炽灯电路的计算

1 计算流过灯泡的电流

【例 5.11】 在图 5-18 中,已知两个灯泡额定电压为"220V、100W",接在 220V 交流电路中,求流过每个灯泡的电流及电源流出的总电流。

解：

$$I_1 = I_2 = \frac{P}{U} = \frac{100}{220} = \frac{5}{11}\text{A}$$

$$I = I_1 + I_2 = \frac{10}{11}\text{A}$$

2 计算灯泡消耗的功率

【例 5.12】 在图 5-19 中,灯泡 L_1 "220V、40W"、灯泡 L_2 "220V、100W" 串联起来,接在 220V 交流电源上,求每个灯泡消耗的功率。

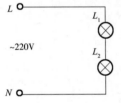

图 5-19　例 5.12 图

解：

根据两灯泡的额定参数分别计算热态电阻 R_1、R_2：

$$R_1 = \frac{U^2}{P} = \frac{220^2}{40} = 1210\Omega, \quad R_2 = \frac{U^2}{P} = \frac{220^2}{100} = 484\Omega$$

电路电流：

$$I = \frac{U}{R_1 + R_2} = \frac{220}{1210 + 484} = 0.13\text{A}$$

两灯泡消耗功率分别为：

$$P_1 = I^2 R_1 = 0.13^2 \times 1210 = 20.45\text{W}, \quad P_2 = I^2 R_2 = 0.13^2 \times 484 = 8.18\text{W}$$

3 纯电阻交流电路计算规则

通过例 5.11、例 5.12 我们可知,在进行纯电阻交流电路计算时,可采用直流电路的分析计算方法。不过,因为交流电路的电压、电流都是瞬时变化的,没有恒定值,所以计算时采用有效值计算。同时,交流测量线路中的仪器仪表读数基本上也是有效值读数,如图 5-20 所示。

（1）纯电阻交流电路中的电压、电流之间的关系服从欧姆定律。

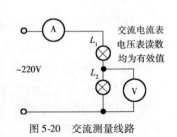

图 5-20　交流测量线路

$$I = \frac{U}{R} \quad \text{或者} \quad U = RI$$

(2)平均功率 P 等于电流有效值与电阻两端电压有效值的乘积。

$$P = UI = \frac{U^2}{R} = I^2 R$$

三 白炽灯电路中的电流、电压之间的相位关系

通过专门的设备(示波器)可以观察到在图 5-18 电路中,灯泡两端的电压及流过灯泡的电流对应的波形图符合正弦变化规律,而且两者的相位一致,如图 5-21 所示。

假设电阻两端电压为:

$$u(t) = U_m \sin\omega t$$

则

$$i(t) = \frac{u(t)}{R} = \frac{U_m}{R}\sin\omega t = I_m \sin\omega t \qquad (5\text{-}13)$$

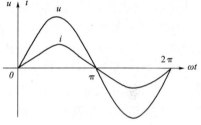

图 5-21 电阻的电压电流波形图

也就是说纯电阻电路中电压、电流对应的瞬时关系也服从欧姆定律。

§5.1-5 白炽灯电路安装

一 两只双联开关控制一盏白炽灯电路

如果用一只单联开关控制楼道口的灯,无论是装在楼上还是楼下,开灯和关灯都不方便,装在楼下,上楼时开灯方便,到楼上就无法关灯;反之,装在楼上同样不方便。因此,为了方便起见,就在楼上、楼下各装一只双联开关来同时控制楼道口的这盏灯,这就是两只双联开关控制一盏白炽灯电路,如图 5-22 所示。

1 双联开关

双联开关有三个接线桩头,其中桩头 1 为连铜片(简称连片),它就像一个活动的桥梁一样,无论怎样按动开关,连片 1 总要跟桩头 2、3 中的一个保持接触,从而达到控制电路通或断的目的,如图 5-23 所示。

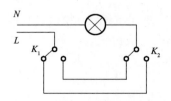 

图 5-22 双控开关电路图   图 5-23 双联开关结构示意图

2 控制电路

在图 5-24 接线图中,要注意以下几点:

(1) 两只双联开关(分别记作 SA_1、SA_2)串联后再与灯座串联。

(2) SA_1 连片 1 接相线,SA_2 连片 $1'$ 接灯座。

(3) SA_1、SA_2 桩头 2 和 $3'$;3 和 $2'$ 相连接。

3 连接步骤

双联开关,首先要找出开关的中间点。办法是,将双联开关的三个接线柱定为 1、2、3 点。用万用表测量 1 点和 2 点是否连通,如

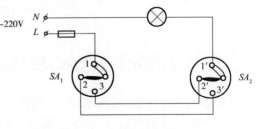

图 5-24　双控开关接线图

果连通,把开关按钮按到另一处,再测量 1 点和 3 点,如果也是连通的话,就可以得知 1 点是中间点。然后将一个双联开关的中间点 1 点接到火线,2、3 点接到另一个双联开关的 2、3 点,另一个双联开关的 1 点接到灯座,灯座的另一条线接到零线,全部线路共一条零线。一般双联开关的包装里都有线路图。

二 螺口灯座的安装

在安装灯泡、灯座时,应该注意以下方面:

(1) 按照安全规定,灯具使用螺口灯座(见图 5-25)的外螺口一定要接在零线上,避免意外接触到螺丝套而触电,也防止更换灯泡触电的危险,中间(顶部铜片)接火线(相线),将相线接成控制线(串联开关)。在接线前,必须先检查顶部的铜片是否紧固,是否歪斜。

图 5-25　螺口、卡口灯座

(2) 灯座的工作电压和工作电流与所使用插座功率不相符,长期过载,一旦温度过高便引起火灾。

(3) 平装口或螺口灯座或多眼插座配用的导线线端绝缘剥露,过长时,裸露部分造成短路;过短时,导体接触不良,接触电阻过大、过热而造成火灾。

三 插座的安装

在照明电路中,一般可用双孔插座;但在公共场所、地面具有导电性物质或电器设备有

金属壳体时,应选用三孔插座;用于动力系统中的插座应是三相四孔。其接线要求如图5-26所示,L表示火线,N表示零线。

插座安装时,应该特别注意接线插孔的极性:

(1)单相双孔插座水平安装时,左零(线)右火(线);竖直排列时,下零上火。

(2)单相三孔插座下边两孔接电源线,左零右火,上边大孔接保护接地线。

(3)三相四孔插座,下边三个较小的孔分别接三相电源的相线,上边较大的孔接保护接地线。

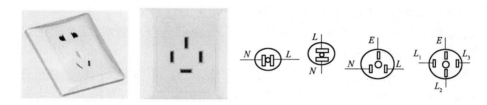

图5-26 插座插孔极性连接法

四 测电笔的使用

低压试电笔是用来检验对地电压在500V及以下的低压电气设备的,也是家庭中常用的电工安全工具。它主要由工作触头、降压电阻、氖泡、弹簧等部件组成(图5-27所示)。这种验电器是利用电流通过验电器、人体、大地形成回路,其漏电电流使氖泡起辉发光而工作。只要带电体与大地之间电位差超过一定数值(60V以上),验电器就会发出辉光,从而来判断低压电气设备是否带电。

使用注意事项如下:

(1)在使用前,首先应检查一下验电笔的完好性,四大组成部分是否缺少,氖泡是否损坏;然后在有电的地方验证一下,只有确认验电笔完好后,才可进行验电。在使

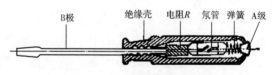

图5-27 低压试电笔结构

用时,一定要手握笔帽端金属挂钩或尾部螺钉,笔尖金属探头接触带电设备,否则,因带电体、试电笔、人体与大地没有形成回路,试电笔中的氖泡不会发光,造成误判,认为带电体不带电,这是十分危险的。在明亮的光线下测试带电体时,应特别注意氖泡是否真的发光(或不发光),必要时可用另一只手遮挡光线仔细判别。千万不要造成误判,将氖泡发光判断为不发光,而将有电判断为无电。湿手不要去验电,不要用手接触笔尖金属探头。

(2)低压验电笔除主要用来检查低压电气设备和线路外,它还可区分相线与零线,交流电与直流电以及电压的高低。通常氖泡发光者为火线,不亮者为零线;但中性点发生位移时要注意,此时,零线同样也会使氖泡发光;对于交流电通过氖泡时,氖泡两极均发光,直流电通过的,仅有一个电极(负极)附近发亮。当用来判断电压高低时,氖泡暗红轻微亮时,电压低;氖泡发黄红色亮度强时电压高。

五 室内配线的基本知识

1 线路敷设工艺要求

（1）配线长短适度，线头在接线桩上压接不得压住绝缘层，压接后裸线部分不得大于1mm。

（2）凡与有垫圈的接线柱连接，线头必须做成"羊眼圈"，且"羊眼圈"略小于垫圈。

（3）线头压接牢固，稍用力拉扯不应有松动感。

（4）走线横平竖直，分布均匀。转角圆成90°，弯曲部分自然圆滑，弧度全电路保持一致。尽量避免接头，如果有接头，尽量放在暗盒内。

（5）长线沉底，走线成束，同一平面内不允许有交叉线。必须交叉时应在交叉点架空跨越，两线间距不小于2mm。当导线互相交叉时，为避免碰线，在每根导线上应套上塑料管或绝缘管，并需将套管固定。

2 室内配线基本要求

（1）导线的耐压应大于线路工作电压峰值；导线横截面应能满足线路最大载流量和机械强度的要求；导线的绝缘性应能满足敷设方式和工作环境的要求。

（2）导线必须分色，一般红色为相线，蓝色为零线，双色线为保护地线。

（3）如遇大功率用电器，分线盒内主线达不到负荷要求时，需走专线。且线径的大小和空气开关额定电流的大小也要同时考虑。

（4）低压供电系统中，禁止用大地作零线，如三线一地制、两线一地制、一线一地制。

3 室内配线的供电方式

由于室内用电容量大小不同，我国室内配电常用220V单相制和380V三相四线制两种制式。220V单相制供电适用于小容量的场合，如家庭、小实验室、小型办公场所等。它是由一根相线（火线）和一根零线构成的单相供电回路，如图5-28所示。一般是在380V三相四线制中取出一相（火线）一零而得到220V电压。用电容量较大的场所，如车间、礼堂、机关、学校等采用380/220V三相四线制供电，如图5-28所示。在进行线路设计时，应将用电范围的负荷尽可能相等地分成三组，分别由三相电源供电，使三相负荷尽可能平衡。对于完全对称的三相负载，如三相电动机、三相电阻炉等，为节省导线，也可用三相三线制供电。

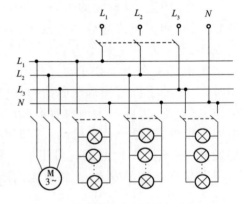

图5-28　380/220V三相四线制供电

六 室内线路导线截面的选择

室内线路导线材质有"铜"和"铝"之分。一般应使用铜导线，而且应尽量使用大截面的铜导线。如果导线截面过小,其后果是导线发热加剧,外层绝缘老化加速,易导致短路和接地故障。按照国家的有关规定,电表前铜线截面积至少应选择$10mm^2$,住宅内的一般照明及插座铜线截面使用$2.5mm^2$,而空调等大功率家用电器的铜导线截面至少应选择$4mm^2$。家用导线一般采用单芯铜线;家用电源线应采用BVV2×2.5和BVV2×1.5型号的电线。BVV是国家标准代号,为铜质护套线,2×2.5和2×1.5分别代表2芯$2.5mm^2$和2芯$1.5mm^2$。一般情况下,2×2.5做主线、干线,2×1.5做单个电器支线、开关线。单相空调专用BVV2×4,另配专用地线。

室内导线截面的选择,简约计算过程如下:
(1) 先根据功率的大小计算出单相电流:
单相负荷: 电流(A) = 设备功率(W) ÷ [额定电压(V) × cosφ]
三相负荷:线电流(A) = 设备功率(W) ÷ [$\sqrt{3}$ × 额定电压(V) × cosφ]
cosφ 是感性负载功率因素,一般综合取0.8左右。
(2) 根据计算出的电流,乘以系数1.3(主要是考虑过电流),得出要选取导线的电流值。
(3) 从《电工手册》查出要用导线的截面积;或者,按经验值估算。
一般铜线安全估算方法是:
$2.5mm^2$ 铜电源线的安全载流量 -28A。
$4mm^2$ 铜电源线的安全载流量 -35A。
$6mm^2$ 铜电源线的安全载流量 -48A。
$10mm^2$ 铜电源线的安全载流量 -65A。
$16mm^2$ 铜电源线的安全载流量 -91A。
$25mm^2$ 铜电源线的安全载流量 -120A。
如果是铝线,线径要取铜线的1.5~2倍。
如果铜线电流小于28A,按每平方毫米10A来取是肯定安全的;如果铜线电流大于120A,按每平方毫米5A来取。
(4) 如果导线长度超过500m,要适当增加导线截面积。

【例5.13】 $2.5mm^2$的硬铜线能否接5.5kW的电动机(距离有20m远)?

解:

① 计算线电流:(5.5kW的电动机多数是三相的)
$$线电流(A) = 设备功率(W) ÷ [\sqrt{3} × 额定电压(V) × cosφ]$$
$$= 5.5kW ÷ (\sqrt{3} × 380V × 0.8) ≈ 10A$$

② 距离有20m不算远,将线电流乘以1.3就可以了。
$$10A × 1.3 = 13A$$

③ 按上面提到的一般铜线安全估算方法(或者查相关电工手册)得知:$2.5mm^2$的硬铜线能接5.5kW的电动机。

5.2 白炽灯电路安装习题

一、填空题

1. 已知一正弦交流电流 $i = 10\sin(100\pi t + 60)$ A，则其有效值为_____，频率为_____，初相位为_____。

2. 已知一正弦交流电流最大值是50A，频率为50Hz，初相位为 $-90°$，则其解析式为_____。

3. 已知交流电压的解析式：$u_1 = 10\sin(100\pi t - 60°)$ V，$u_2 = 10\sin(100\pi t + 90°)$ V，则它们之间的相位关系是_____，相位差_____。

4. 已知一正弦交流电压相量为 $\dot{U} = 10\angle 45°$，该电路角频率 $\omega = 500$ rad/s，那么它的瞬时表达式为 $u = $ _____。

5. 已知一复数为 $A = 4 - j4$，其指数形式为 $A =$ _____、极坐标形式为_____、三角形式为_____。

6. 交变量在任一瞬间的数值叫做交变量的_____。

7. 表征正弦交流电振荡幅度的量是它的_____；表征正弦交流电随时间变化快慢程度的量是_____；表征正弦交流电起始位置时的量称为它的_____。三者称为正弦量的_____。

8. 使图5-29中所示的交流电通过 10Ω 的电阻 R，则 R 的发热功率为_____，用交流电流表测量，此电流表的读数为_____。

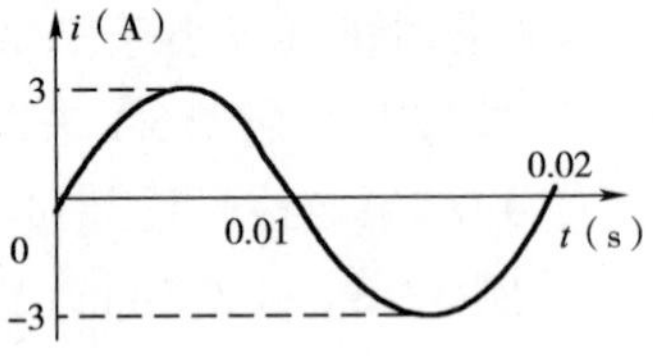

图 5-29

二、选择题

1. 下列各式写法正确的是(　　)。
   A. $\dot{U} = 10e^{-30}$ A
   B. $\dot{U} = 3 - j4$
   C. $u = 5\sin(t - 20°) = 5e^{-j20°}$ V
   D. $i = 10\angle 30°$ A

2. 电压的大小和方向都随时间改变的图形是图5-30的_____图。

3. 初相位为"正"，表示正弦波形的起始点在坐标 O 点的(　　)。

A. 左方   B. 右方   C. 上方   D. 下方

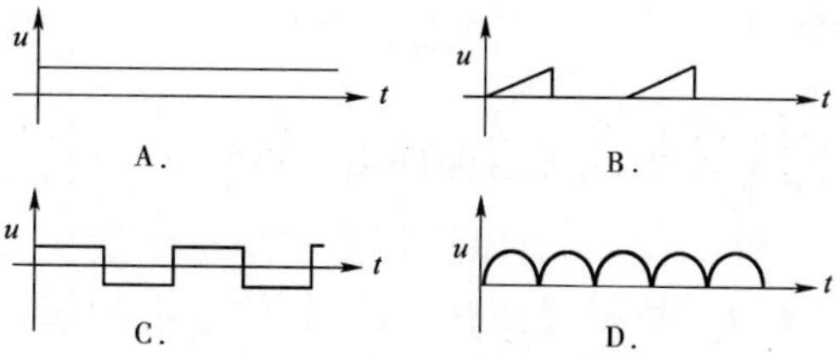

图 5-30

4. 初相位为"负",表示正弦波形的起始点在坐标 O 点的( )。

  A. 上方   B. 下方   C. 左方   D. 右方

5. 某正弦电压有效值为 380V,频率为 50Hz,计时初始数值等于 380V,其瞬时值表达式为( )。

  A. $u = 380\sin 314t$ V

  B. $u = 537\sin(314t + 45°)$ V

  C. $u = 380\sin(314t + 90°)$ V

6. 交流电流表在交流电路中的读数为( )。

  A. 瞬时值   B. 平均值   C. 最大值   D. 有效值

7. 交流电的有效值说法正确的是( )。

  A. 有效值是最大值的 $\sqrt{2}$ 倍

  B. 最大值是有效值的 2 倍

  C. 最大值为 311V 的正弦交流电压就其热效应而言,相当于一个 220V 的直流电压

  D. 最大值为 311V 的正弦交流,可以用 220V 的直流电来代替

8. 电压 u 的初相角 $\varphi_u = 30°$,电流 i 的初相角 $\varphi_i = -30°$,电压 u 与电流 i 的相位关系应为( )。

  A. 同相   B. 反相

  C. 电压超前电流 60°   D. 电压滞后电流 60°

9. 一根电阻丝接入 100V 的直流电路中,在 1min 内产生的热量为 Q,同样的电阻丝接入正弦式电流电路中在 2min 内产生的热量也为 Q,则该交流电路中的电压幅值为( )。

  A. 141.4V   B. 100V   C. 70.7V   D. 50V

10. 如图 5-31 所示的交流为 $u = 311\sin(314t + \pi/6)$ V,接在阻值 220Ω 的电阻两端,则( )。

  A. 电压表的读数为 311V

  B. 电流表读数为 1.41A

  C. 电流表读数是 1A

  D. 2s 内电阻的电热是 440J

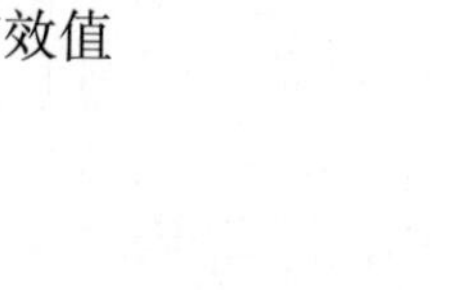

图 5-31

11. 在正弦交流电阻电路中,正确反映电流电压的关系式为( )。

  A. $i = U/R$ B. $i = U_m/R$ C. $I = U/R$ D. $I = U_m/R$

12. 某正弦交流电压的初相角中,$\varphi_u = \pi/6$,在 $t = 0$ 时,其瞬时值将( )。

  A. 小于零   B. 大于零   C. 等于零   D. 不定

三 判断题

1. 正弦量的三要素是指最大值、角频率和相位。（　　）
2. 因为正弦量可以用相量来表示,所以说相量就是正弦量。（　　）
3. 正弦量的初相角与起始时间的选择有关,而相位差则与起始时间无关。（　　）
4. 两个不同频率的正弦量可以求相位差。（　　）
5. 频率不同的正弦量可以在同一相量图中画出。（　　）
6. 人们平时所用的交流电压表、电流表所测出的数值是有效值。（　　）
7. 频率为 50Hz 的交流电,其周期是 0.02s。（　　）
8. $i = \sin(\omega t + \frac{\pi}{2})$ 的正弦交流电,用电流表测得它的数值是 707mA。（　　）
9. 纯电阻电路中,$u_R = 100\sin(100\pi t + \pi/2)$V,$i_R = 10\sin(100\pi t + \pi/2)$A,平均功率为 $P = 1000$W。（　　）
10. 初相位和相位都是相位,根本就没有加以区别的必要。（　　）
11. 电器设备铭牌标示的参数、交流仪表的指示值,一般是指正弦量的最大值,又称为峰值或幅值,是表征正弦量变化范围的物理量。（　　）

四 计算题

1. 一只标有"220V、100W"的电炉,接入 $u = 141.4\sin 314t$(V) 的电路上,问:
（1）与电炉串联的交流电流表、并联的交流电压表的读数各为多大?
（2）电炉的实际功率多大?
2. 有一电阻加在它两端的电压 $U = 282\sin 100\pi t$(V),实际消耗的电功率 200W,求通过该电阻的交变电流的有效值和瞬时值,写出瞬时值表达式。
3. 已知电源 $u_1 = 220\sin(314t)$,$u_2 = 220\sin(314t - 120°)$,$u_3 = 220\sin(314t + 120°)$,用相量作图法求 $u_1 + u_2 + u_3$。

五 简答题

1. 插座的安装有哪些安全要求?
2. 线路加不上熔断丝,一加就熔断,可能是哪些原因造成的?怎样检查?
3. 室内配线有哪些基本要求?怎样选用导线?
4. 低压测电笔由哪几部分组成?各起什么作用?
5. 测电笔使用中应注意哪些事项?
6. 当设备外壳带电、有漏电现象时,能否用验电笔检测出来?
7. 照明电路的开关装设在火线还是零线上?
8. 常见的低压交流供电系统(380/220V)有几种运行方式?各有什么特点?

5.3 白炽灯电路安装同步训练

白炽灯电路安装项目引导文	班　级	
	姓　名	

一、项目描述

请给去学校二楼自习室的楼道上安装一盏照明白炽灯，为了方便，要求在楼上、楼下都能控制其亮灭。为了在楼梯间给电瓶车充电，还请你在该电路上安装一个三孔插座。

要求以"白炽灯电路安装"为中心设计一个学习情境，完成以下几项学习任务：

1. 分别画出白炽灯电路原理图和安装布置图；
2. 准备好安装需要的元(器)件、材料和工具；
3. 正确安装白炽灯电路；
4. 对安装好的白炽灯电路进行通电检查。

二、项目资讯

1. 请写出下面这些电工工具的名称、功能。

2. 给低压测电笔的各部件填上正确的名称，了解其结构，简述其用途，以及使用时的注意事项。

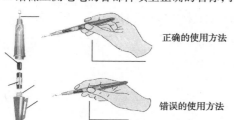

正确的使用方法

错误的使用方法

3. 试着用电气符号画出你所在教室的电气照明原理图和安装图。

4. 如下图所示,单相双孔、三孔插座中的字母 N、L、E 分别表示:_____;图 A 双孔插座水平安装时,应该_____零_____火;图 B 双孔插座竖直安装时,应该_____零_____火;图 C 三孔插座上边大孔是接_____,其作用为_____。

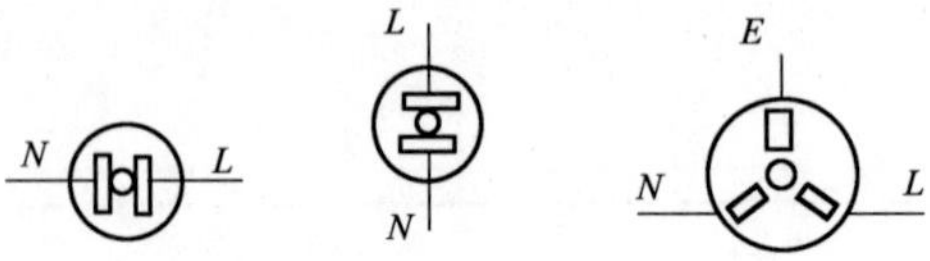

　　　　图 A　　　　　　图 B　　　　　图 C

5. 下图中,出现了几处错误?请指出来,解释原因,并改正。

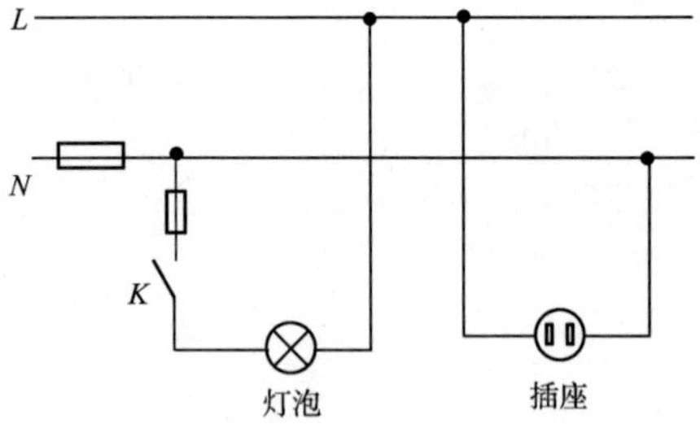

A. 错误接线图　　　　　　　　B. 改正后的接线图

6. 下图为两地控制一盏灯原理图,请问 K_1、K_2 是什么开关?在图示位置,K_1 动作,接通哪路(a 或 b)?K_2 动作呢?K_1、K_2 是如何对白炽灯实行两地控制的?

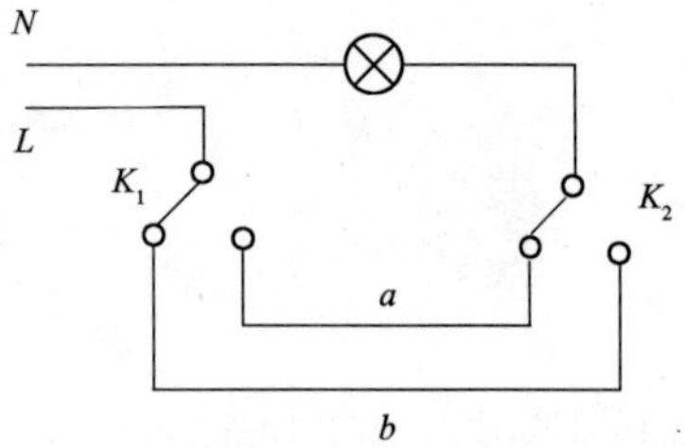

7. 下面灯座哪个为卡口,哪个为螺口?将零、火线分别填在相应的连线上。

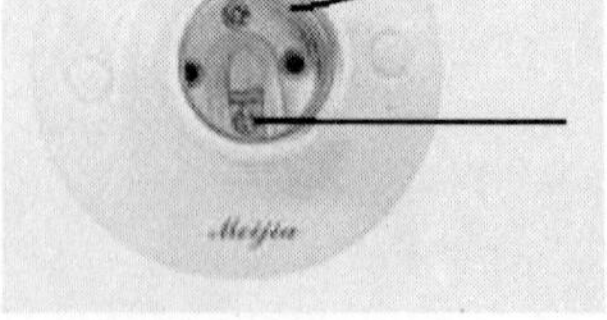

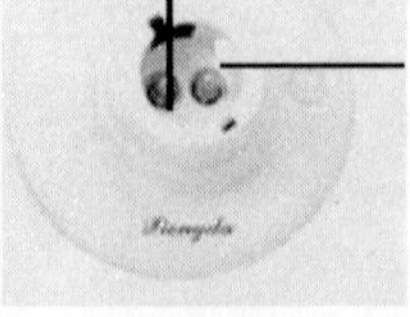

8. 请解释"220V、100W"白炽灯的额定参数(额定电压、额定电流、额定功率)的含义,并了解其他交流用电器具额定参数的含义。

额定电压:＿＿＿＿＿＿＿＿ 含义:＿＿＿＿＿＿＿＿＿＿＿＿＿＿＿＿＿＿＿＿

额定电流:＿＿＿＿＿＿＿＿ 含义:＿＿＿＿＿＿＿＿＿＿＿＿＿＿＿＿＿＿＿＿

额定功率:＿＿＿＿＿＿＿＿ 含义:＿＿＿＿＿＿＿＿＿＿＿＿＿＿＿＿＿＿＿＿

三、项目计划

1. 请画出此次安装白炽灯电路的电气原理图。

2. 请画出此次安装电路的元器件平面布置图。下图是某楼梯间的照明电路,但仅供参考。

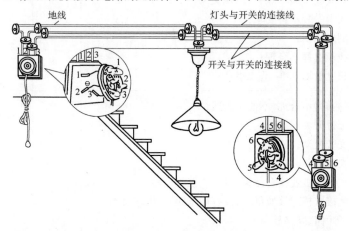

小组设计的白炽灯电路安装平面布置图(要求参照上图参考图例画出):

3. 选择确定好本项目所需要的工具、器材,列出所需要的工具、器件清单(元器件的规格、型号),要求用表格列写。

4. 制作任务实施情况检查单,包括小组各成员的任务分工、任务完成、任务检查情况的记录,以及任务执行过程中出现的问题及应急情况的处理(备注栏)等。

四、项目决策

1. 分小组讨论白炽灯电路安装方案。
2. 老师指导确定白炽灯电路安装的最终方案。
3. 每组选派一位成员阐述本组白炽灯电路安装的最终方案。

五、项目实施

1. 电路安装过程中,你是否注意到以下几点:元器件安装是否牢固、合理?敷线时敷设是否平直,转角是否成直角?接线桩线头露铜是否过长?线头与接线桩连接时有没有做"羊眼圈"?同一平面内有没有交叉导线?请详细记录如下表。

项目内容	配分	评分标准	扣分	得分
护套线配线	40	(1)护套线敷设不平直; (2)护套线转角不圆; (3)导线敷设没有横平竖直,出现交叉; (4)铝片线卡安装不符要求; (5)导线剖削损伤; (6)导线线径选择不合理; (7)配线长度估算不准,造成浪费		
器件安装	40	(1)元器件布置不合理、不便于走线; (2)相线未进开关; (3)元件安装松动; (4)元件安装歪斜,不美观; (5)针孔式接线桩连接有露铜,线头压接不牢固; (6)平压式接线桩连接质量差,没有做羊眼圈,出现反圈; (7)出现了短路、断路故障		
安全文明操作	20	(1)违反操作规程; (2)工作场地不整洁; (3)工作态度消极; (4)团队合作能力差		

2. 通电后白炽灯是否正常发光?如果不正常,请用万用表或试电笔逐点排除故障,并记录故障情况如下。

(1)灯泡不亮(　　)。
 A.灯丝断开　　　　　　B.灯泡与灯座接触不良　　　　　　C.开关接触不良
 D.线路开路　　　　　　E.其他
(2)灯泡闪烁(　　)。
 A.灯泡与灯座接触松动　B.开关接触不紧密　　　　　　　　C.电源电压松动
 D.线路接触处松动　　　E.其他
(3)接通电路立即烧断熔丝(　　)。
 A.线路或灯具内部火线与零线之间出现短路
 B.负载过大或熔丝过细

　　　　C. 胶木灯座两触头之间的胶木碳化漏电
　　　　D. 其他
　(4)灯光过暗(　　)。
　　　　A. 灯座、开关或导线对地严重漏电　　　　　　B. 灯座、开关等接触电阻太大
　　　　C. 电压太低　　　　　　　　　　　　　　　　D. 其他
　(5)灯光过亮(　　)。
　　　　A. 电源电压过高　　　　B. 接到380V 火线上　　　　C. 其他
3. 开关是否装在火线上？插座的安装是不是"左零右火"？请用试电笔检验其正确性。

4. 你认为此次实训过程是否成功？在技能训练方面还需注意哪些问题？

5. 填写任务执行情况检查单。

六、项目检查

　1. 学生填写检查单。
　2. 教师填写评价表。
　3. 学生提交实训心得。

七、项目评价

　1. 小组讨论，自我评述本项目完成情况及发生的问题，小组共同给出提升方案和有效建议。
　2. 小组准备汇报材料，每组选派一人进行汇报。
　3. 老师对本项目完成情况进行评价。

学生自我总结：

指导老师评语：

项目完成人签字：　　　　　　　　　　　　　　　日期：　　年　　月　　日

指导老师签字：　　　　　　　　　　　　　　　　日期：　　年　　月　　日

5.4 白炽灯电路安装检查单

白炽灯电路安装项目检查单	班级	姓名	总分	日期
检查内容	标准分值	自我评分 A(20%)	小组评分 B(30%)	教师评分 C(50%)
资讯、计划:				
基础知识预习、完成情况	10			
资料收集、准备情况	10			
决策:				
是否制订实施方案	5			
是否画原理图	5			
是否画安装图	5			
实施:				
操作步骤是否正确	20			
是否安全文明生产	5			
是否独立完成	5			
是否在规定的时间内完成	5			
检查:				
检查小组项目完成情况	5			
检查个人项目完成情况	5			
检查仪器设备的保养使用情况	5			
检查该项目的PPT(汇报)完成情况	5			
评估:				
请描述本项目的优点:	5			
有待改进之处及改进方法:	5			
总分(A20% + B30% + C50%)	100			

5.5 白炽灯电路安装评价表

学习领域:电气安装的规划与实施					
班级		学习情境5:白炽灯电路安装			
姓名		学习团队名称:			
组长签字		自我评分	小组评分	教师评分	
评价内容		评分标准			
目标认知程度	工作目标明确,工作计划具体结合实际,具有可操作性	10			
情感态度	工作态度端正,注意力集中,能使用网络资源进行相关资料收集	10			
团队协作	积极与他人合作,共同完成工作任务	10			
专业能力要求	专业基础知识掌握程度	10			
	专业基础知识应用程度	10			
	识图绘图能力	10			
	实验、实训设备使用能力	10			
	动手操作能力	10			
	实验、实训数据分析能力	10			
	实验、实训创新能力	10			
总分					
本人在小组中的排名(填写名次)					
备注:					

学习单元 6

日光灯电路安装

 知识技能

通过本单元的学习,使学生能够在以下方面得到巩固与提高:
1. 学会使用交流电流表、电压表、功率表;
2. 掌握电感镇流器式日光灯电路安装的基本技能;
3. 了解电感镇流器式日光灯的工作原理;
4. 掌握测量交流电路中有功功率、功率因数的试验方法;
5. 掌握单相正弦交流电路中感性、容性负载电路的分析与计算方法;
6. 了解交流电路中功率、功率因数的概念及提高功率因数的方法。

 情感、态度、价值观

通过本单元的学习,使学生对"日光灯管发光"现象有足够的认识了解,透过现象看到事物的本质(日光灯管发光原理),以此激发学生深入学习电路理论的兴趣。培养学生"认真、严谨、沟通、协作"的实验实训态度,树立科学"节电、节能"的价值观。

学习单元6　日光灯电路安装

情境描述

日光灯的发光效率高、光线柔和、节能效果好，因此备受欢迎。随着技术的发展，电子镇流器式日光灯已经普遍使用。而电感镇流器式日光灯，因为高频辐射很小、价格便宜、制造工艺简单，也一直在使用中。学校实训室有一批电感镇流器式日光灯器材，就地取材，安装一个日光灯电路，对日光灯电路的相关参数进行测量，了解日光灯(荧光灯)照明电路(低功率因数)对电网谐波的影响。

以"日光灯电路安装"为中心建立一个学习情境，将电感和电容的交流频率特性、单相交流电路电感性负载的分析计算、感性电路并联电容提高功率因数、日光灯电路的安装方法和单相交流电路功率的测量等知识点与基本技能结合起来。

6.1　日光灯电路安装学习资料

§6.1-1　交流电路中的电感线圈

一、电感线圈

线圈通常指导线一根一根绕在绝缘管上，呈环形状。导线间彼此互相绝缘，而绝缘管可以是空芯的(空芯线圈)，也可以包含铁芯或磁粉芯(铁芯线圈)。

最常见的线圈应用有：电动机、变压器内部的线圈；无线电中的扼流圈、环形天线等，如图6-1所示。

a) 电机内部线圈　　b) 变压器三相线圈　　c) 环形天线　　d) 扼流圈

图 6-1　常见电感线圈应用

一个忽略了电阻和分布电容的空心线圈,与交流电源连接组成的电路叫做纯电感电路,如图 6-2 所示。

纯电感电路是理想电路,实际的电感线圈都有一定的电阻,当电阻小到可以忽略不计时,电感线圈与交流电源连接成的电路可以视为纯电感电路。

二 感抗

如图 6-3 所示,按图连接线路,交流电源频率不变,改变电源电压的大小,从电压、电流表的读数可知,空心电感线圈两端的电压与流过线圈的电流成正比,即:

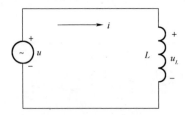　　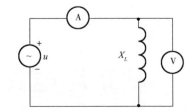

图 6-2　纯电感电路　　　　图 6-3　空心电感线圈的交流测量电路

$$U_L = X_L I \tag{6-1}$$

式中:U_L——电感线圈两端的电压有效值,单位 V;

　　　I——通过线圈的电流有效值,单位 A;

　　　X_L——电感的电抗,简称感抗,单位 Ω。

式(6-1)可以说是纯电感电路的欧姆定律。X_L(感抗)表示线圈对通过的交流电所呈现的阻碍作用,只有在交流电路中才有意义,与电阻 R 对电流的阻碍作用有着本质的区别。

理论和实验证明,感抗的大小与电源频率成正比,与线圈电感成正比。感抗的公式为:

$$X_L = 2\pi f L \tag{6-2}$$

式中:f——电源频率,单位是赫兹,符号 Hz;

　　　L——线圈的电感量,单位是亨利,符号 H;

　　　X_L——线圈的感抗,单位是欧姆,符号 Ω。

由式(6-2)可知,当交流电频率 f 越大,感抗 X_L 越大,对电路中的电流所呈现的阻碍作用越大。而对于直流电,频率 f 可看作零,感抗 X_L 也为零,因此直流电路中的电感线圈可视为短路。电感线圈的这种"通直流、阻交流;通低频、阻高频"特性广泛应用在电子技术中起平波、扼流的作用。

【例6.1】 100mH 的电感线圈接在频率 f 为 0Hz（直流）、50Hz、500Hz 的电源下，其感抗 X_L 各为多少？

解：根据感抗计算公式 $X_L = 2\pi f L$ 可得：

$$f = 0\text{Hz}, \quad X_L = 2\pi f L = 0\Omega$$

$$f = 50\text{Hz}, \quad X_L = 2\pi f L = 31.4\Omega$$

$$f = 500\text{Hz}, \quad X_L = 2\pi f L = 314\Omega$$

由例 6.1 可知，电源频率越高，电感线圈的感抗越大，对电流的阻碍作用也越大。

【例6.2】 在图 6-3 中，电流表读数为 5A，电压表读数为 220V（电流、电压表读数均为有效值），计算感抗。若电源频率 $f = 50$Hz，试计算电感量 L。

解：感抗

$$X_L = \frac{U}{I} = \frac{220}{5} = 44\Omega$$

电感量

$$L = \frac{X_L}{2\pi f} = \frac{44}{314} = 0.13\text{H}$$

三、电感线圈的移相作用

所谓的移相，是指电流通过电感线圈时，其相位发生了改变，也就是说，电感线圈两端的电压和通过线圈的电流相位不再保持一致，有了相位差。在图 6-2 的电路中，如果用专门的设备（示波器）观察电感线圈的电压、电流波形，可以得到图 6-4 所示的波形图。

从图 6-4 可知，通过纯电感的电流在相位上滞后其端电压 90°，或者说电压超前电流 90°。我们知道，电阻在交流电路中，其两端的电压和电流相位一致，没有发生相位移，而电感线圈为什么使得电流滞后电压呢？这可以从以下两方面得到解释：

（1）根据法拉第电磁感应定律可知，电感总是阻碍流过其自身电流的变化，虽然这种阻碍不是阻止，但是导致了电流的滞后性。

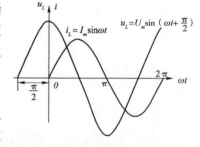

图 6-4 纯电感电路电流、电压波形图

（2）根据电感元件的特性方程（动态方程）：

$$U_L = L \frac{\Delta i}{\Delta t}$$

$\frac{\Delta i}{\Delta t}$ 表示电流的变化率，相当于对电流求导数，可得：

$$U_L = L \frac{\text{d}i}{\text{d}t}$$

设电路正弦电流为：

$$i = I_m \sin\omega t$$

在电压、电流关联参考方向下,可知电感元件两端电压为:

$$u_L = L\frac{di}{dt} = \omega L I_m \cos\omega t$$

$$= \omega L I_m \sin(\omega t + 90°) = U_m \sin(\omega t + 90°) \tag{6-3}$$

从式(6-3)可知,电感两端电压 u 和电流 i 也是同频率的正弦量,但电压的相位超前电流 $90°$,电压与电流在数值上满足关系式:

$$U_m = \omega L I_m = 2\pi f L I_m \quad (\omega = 2\pi f)$$

或

$$\frac{U_m}{I_m} = \frac{U}{I} = \omega L = 2\pi f L = X_L$$

以上数学推导,结论和式(6-1)是一致的,即纯电感元件的电压和电流服从欧姆定律。

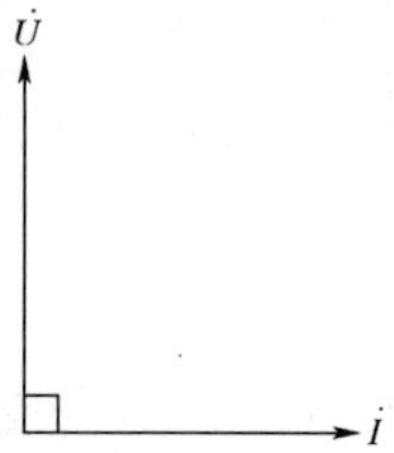

对于图6-4这种用波形图表示两者相位关系的方法,虽然直观明了,但因为画波形图不太方便,如果用相量图表示,更简洁,如图6-5所示,逆时针看,$\dot{U}$超前$\dot{I}$ $90°$。

【**例6.3**】 把一个电感量为0.35H的线圈,接到 $u = 220\sqrt{2}\sin(100\pi t + 60°)$ V 的电源上,求线圈中电流瞬时值表达式。

解:由线圈两端电压的解析式:

$$u = 220\sqrt{2}\sin(100\pi t + 60°) \text{ V}$$

图6-5 纯电感电路相量图

可以得到:

$$U = 220\text{V}, \omega = 100\pi \text{rad/s}, \varphi = 60°$$

线圈的感抗为:

$$X_L = \omega L = 100 \times 3.14 \times 0.35\Omega \approx 110\Omega$$

因此可得:

$$I = \frac{U_L}{X_L} = \frac{220}{110} = 2\text{A}$$

通过线圈的电流相位上滞后$90°$,所以瞬时值表达式为:

$$i = 2\sqrt{2}\sin(100\pi t + 60° - 90°) = 2\sqrt{2}\sin(100\pi t - 30°)$$

四 电感线圈的储能作用

电感是一种储能元件,储存的磁场能量为:

$$w_L = \frac{1}{2}Li^2 \tag{6-4}$$

由式(6-4)可知,当电感元件中的电流增大时,磁场能量增大,此过程中电能转换为磁场能,即电感元件从电源处取得能量;当电感元件中的电流减小时,磁场能量减小,此过程中磁场能转换为电能,即电感元件向电源返还能量。在图6-6中,电流按正弦规律变化一周,吸收和释放能量各两次,总的能量达到平衡。

为反映出纯电感电路中这种能量交换的规模,把单位时间内能量交换的最大值,叫做无功功率,用符合 Q_L 表示。

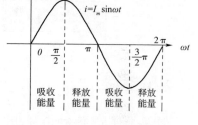

图6-6 纯电感电路能量交换过程

$$Q_L = U_L I = \frac{U_L^2}{X_L} = I^2 X_L \qquad (6-5)$$

式中:U_L——线圈两端的电压有效值,单位 V;
　　　I——通过线圈的电流,单位 A;
　　　X_L——交流线圈感抗,单位 Ω;
　　　Q_L——感性无功功率,单位 var(乏)。

必须指出,无功功率中的"无功"的含义是"交换"而不是"消耗",它是相对于"有功"功率而言的,"有功功率"是指被实实在在消耗的功率。"无功功率"不是"无用"的功率,它实质上表明电路中能量交换的最大速率。无功功率在工农业生产中占有重要地位,具有电感性质的变压器、电动机等都是依靠电磁能转换工作的。比如电动机,它利用其内部电感线圈将电能先转换为磁场能,然后再将磁场能转换为机械能,如果没有无功功率(储存和释放磁场能),电能是不能直接变为机械能的,也就是说没有电源和磁场间的能量交换,这些设备无法工作。

如果不考虑电感线圈的电阻,我们认为,纯电感线圈只是储存能量,它不消耗电能,也就是说,纯电感电路中平均功率为零,相对于无功功率,平均功率也叫有功功率,即:

$$P_L = 0 \qquad (6-6)$$

式中:P_L——有功功率(平均功率),单位 W(kW)。

【例6.4】 把一个电阻可以忽略的线圈,接到 $u = 220\sqrt{2}\sin(314t + 60°)$ V 的电源上,线圈的电感是0.35H。试求:(1)线圈的感抗;(2)电流有效值;(3)电流的瞬时值表达式;(4)电路中的有功、无功功率;(5)画出电流、电压的相位图。

解:据题,已知 $U = 220\text{V}, \omega = 314\text{rad/s}, \varphi_u = 60°$

(1)线圈的感抗　　　$X_L = \omega L = 314 \times 0.35 \approx 110\,\Omega$

(2)电流有效值　　　$I = \dfrac{U}{X_L} = \dfrac{220}{110} = 2\text{A}$

(3)纯电感电路中,电流滞后电压90°,即 $\varphi_u - \varphi_i = 90°$,则:

$$\varphi_i = \varphi_u - 90° = 60° - 90° = -30°$$

$$i = I_m \sin(\omega t + \varphi_i) = 2\sqrt{2}\sin(314t - 30°)\text{A}$$

(4)电路的有功、无功功率

$$P_L = I^2 R = 0(R = 0), Q_L = U_L I = 220 \times 2 = 440\text{var}$$

(5)电流、电压的相量图如图6-7所示。

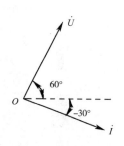

图6-7 例6.4图

§6.1-2 交流电路中的电容器

一、电容器

电容器通常简称为电容,用字母 C 表示。由两片接近并相互绝缘的导体制成的电极组成的储存电荷和电能的器件。任何两个彼此绝缘且相隔很近的导体(包括导线)间都构成一个电容器。电容在电子电路中主要用于电源滤波、信号滤波、信号耦合、谐振等方面;在电力线路中,常安装电力电容器来进行无功功率补偿,提高电路的功率因素,减少电能损耗。图 6-8 是电容器常见的几种应用。

a) 空调电容

b) 储能电解电容

c) 电力电容器

d) 滤波电容

图 6-8 电容器常见应用

把电容器接到交流电源上,如果电容器的漏电电阻和分布电感可以忽略不计,这种电路叫纯电容电路,如图 6-9 所示。

二、容抗

如图 6-10 所示,按图连接好电路,在保证电源频率一定的条件下,任意改变电源电压大小,从电流表和电压表的读数可知,电压与电流成正比,即:

$$U_C = X_C I \tag{6-7}$$

式中:U_C——电容器两端电压的有效值,单位 V;

I——电路中的电流有效值,单位 A;

X_C——电容的电抗,简称容抗,单位 Ω。

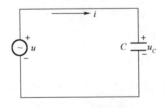

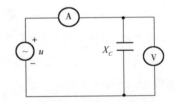

图 6-9 纯电容电路　　　　图 6-10 电容器交流测量电路

式(6-7)也可以叫做纯电容电路的欧姆定律。容抗表示电容器对通过的交流电所呈现的阻碍作用,只有在交流电路中才有意义,与电阻 R 对电流的阻碍作用有着本质的区别。

理论和实验证明,容抗的大小与电源频率成反比,与电容量成反比。容抗的公式为:

$$X_C = \frac{1}{2\pi f C} \tag{6-8}$$

式中:f——电源频率,单位 Hz(赫兹);
  C——电容器的电容,单位 F(法拉);
  X_C——电容器的容抗,单位 Ω。

显然,当频率一定时,在相同电压下,电容越大储存的电荷越多,电路中的电流越大,电容器对电流的阻碍作用越小;当外加电压和电容量一定时,电源频率越高,电容器充、放电速度越快,电路中的电流越大,电容器对电流的阻碍作用越小;对于直流电,频率为零,从式(6-8)可知,容抗趋近于无穷大,可视为断路。电容器这种"通交流、隔直流;通高频、阻低频"的性能广泛应用于电子技术中。

【例 6.5】 100μF 的电容在频率 f 为 0Hz(直流)、50Hz、500Hz 分别作用下,其容抗 X_C 各为多少?

解:根据式(6-8)分别计算容抗:

$$f = 0\text{Hz}, X_C = \frac{1}{2\pi f C} \to \infty$$

$$f = 50\text{Hz}, X_C = \frac{1}{2\pi f C} = 32\Omega$$

$$f = 500\text{Hz}, X_C = \frac{1}{2\pi f C} = 3.2\Omega$$

从例 6.5 可知,电源频率越高,容抗越小,对电流的阻碍作用也越小。

【例 6.6】 在图 6-10 中,电流表读数为 7A,电压表读数为 220V(电流、电压表读数均为有效值),计算容抗。若电源频率 $f = 50$Hz,试计算电容量 C。

解:由式(6-7)可得容抗

$$X_C = \frac{U}{I} = \frac{220}{7} = 31.4\Omega$$

由式(6-8)可得电容量

$$C = \frac{1}{2\pi f X_C} = 100\mu\text{F}$$

三 电容器的移相作用

电容器在与电源进行充放电的过程中,由于电荷的运动,在电路中形成了电流,同时,随着电容器两个极板上电荷的增加或减少,电容器两极板间的电压也发生相应变化。那么,电容器的充放电电流与其两端的电压之间相位如何呢?在图 6-9 所示的电路中,如果用专门的设备(示波器)观察电容器的电压、电流波形,就可以得到图 6-11 所示的波形图。

从图 6-11 可知,电容两端的电压在相位上滞后电流 90°,或者说电流超前电压 90°。我们知道,电阻在交流电路中,其两端的电压和电流相位一致,没有发生相位移,而电容器为什么使得电压滞后电流呢?这可以从以下两方面得到解释:

(1) 电容器是依靠它的充放电功能来工作的,未充电时,电容器的两片金属板和其他普通金属板一样是不带电的;充电时,电容器正极板上的自由电子便被电源所吸引,并推送到负极板上面。由于电容器两极板之间隔有绝缘材料,所以从正极板跑过来的自由电子便在负极板上面堆

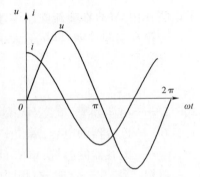

图 6-11　纯电容电路电流、电压波形图

积起来。正极板便因电子减少而带上正电,负极板便因电子逐渐增加而带上负电,电容器两个极板之间便有了电位差(电压)。也就是说,电容器两极板间电压的建立是随着充电电荷的逐步累积实现的,这便导致了电压的滞后性。

(2) 根据电容元件的特性方程(动态方程):

$$i_C = C\frac{\Delta u}{\Delta t}$$

式中,$\frac{\Delta u}{\Delta t}$ 表示电压的变化率,相当于对电压求导数,可得:

$$i_C = C\frac{du}{dt}$$

如果在电容 C 两端加一正弦电压

$$u = U_m \sin\omega t$$

则

$$i = C\frac{du}{dt} = CU_m\frac{d(\sin\omega t)}{dt}$$
$$= \omega CU_m \cos\omega t = \omega CU_m \sin(\omega t + 90°)$$
$$= I_m \sin(\omega t + 90°) \tag{6-9}$$

从式(6-9)可知,电容两端电压 u 和电流 i 都是同频率的正弦量,但电流的相位超前电压 90°,电压与电流在数值上满足关系式

$$I_m = \omega CU_m$$

或

$$\frac{U_m}{I_m} = \frac{U}{I} = \frac{1}{\omega C} = \frac{1}{2\pi fC}(\omega = 2\pi f)$$

以上数学推导,结论和式(6-7)是一致的,即纯电容元件的电压和电流服从欧姆定律。

对于图 6-11 这种用波形图表示两者相位关系的方法,虽然直观明了,但因为画波形图不太方便,如果用相量图表示,更简洁,如图 6-12 所示,逆时针看,$\dot{I}$ 超前 $\dot{U}$ 90°。

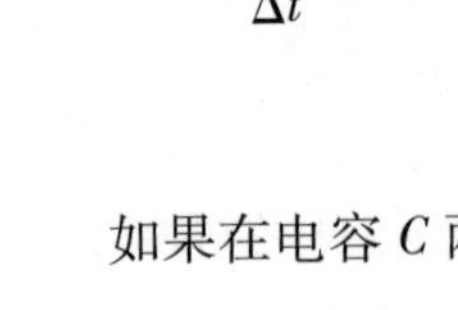

【例 6.7】 把电容量为 40μF 的电容器接到交流电源上,通过电容器的电流为 $i = 2.75 \times \sqrt{2}\sin(314t + 30°)$ A,试求电容器两端的电压瞬时值表达式。

图 6-12　纯电容电路相量图

解:由题目的已知条件,可以得到:
$$I = 2.75\text{A}, \omega = 314\text{rad/s}, \varphi = 30°$$

电容器的容抗为:
$$X_C = \frac{1}{\omega C} = \frac{1}{314 \times 40 \times 10^{-6}}\Omega \approx 80\Omega$$

电容器两端电压的有效值为:
$$U = IX_C = 2.75 \times 80 = 200\text{V}$$

因为纯电容电路电压滞后电流90°,所以电容器两端电压瞬时表达式为:
$$u = 220\sqrt{2}\sin(314t + 30° - 90°) = 220\sqrt{2}\sin(314t - 60°)\text{V}$$

四 电容器的储能

电容是储存电荷和电能的容器,电容储存的能量:
$$w_C = \frac{1}{2}Cu^2 \tag{6-10}$$

由式(6-10)可知,当电源电压升高时,电场能量增加,电容处于充电状态,从电源中取得能量储存在电容器中;当电源电压降低时,电场能量减小,电容处于放电状态,由电容器向电源返还能量。在图6-13中,电压按正弦规律变化一周,吸收和释放能量各两次,总的能量达到平衡。

为反映出纯电容电路中这种能量交换的规模,把单位时间内能量交换的最大值,叫做无功功率,用符合Q_C表示。

$$Q_C = U_C I = \frac{U_C^2}{X_C} = I^2 X_C \tag{6-11}$$

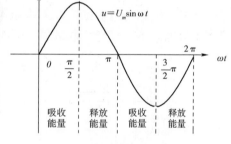

图6-13 电容电路能量交换过程

式中:U_C——电容两端的电压有效值,单位 V;

$\quad I$——电路中电流有效值,单位 A;

$\quad X_C$——电容器容抗,单位 Ω;

$\quad Q_C$——容性无功功率,单位 var(乏)。

同理,如同电感的感性无功功率不是无用的功率一样,电容的容性无功功率也有很多的用途。例如,点焊机是利用电容器中储存的电荷,在大电流放电时将金属局部熔化起焊接作用;在照相闪光灯中,利用电容储能产生高能量的瞬间放电;容量很大的电容器,即所谓的"法拉电容",有强大的储能作用,可以用在电动交通工具、便携电子设备上。

如果不考虑电容的漏电阻,我们认为,电容器只是储存电能,它不消耗电能,也就是说,纯电容电路中平均功率为零,相对于无功功率,平均功率也叫有功功率,即:
$$P_C = 0 \tag{6-12}$$

式中:P_C——有功功率(平均功率),单位 W(kW)。

【**例6.8**】 电容器的容量$C = 40\mu\text{F}$,接到$u = 220\sqrt{2}\sin(314t - 60°)\text{V}$的电源上,试求:

(1)电容的容抗;(2)电流有效值;(3)电流的瞬时值表达式;(4)电路中的有功功率、无功功率;(5)画出电流、电压的相位图。

解:据题目已知条件有:

$$U = 220V, \omega = 314 \text{rad/s}, \varphi_u = -60°$$

(1)电容的容抗　　$X_C = \dfrac{1}{\omega C} = \dfrac{1}{314 \times 40 \times 10^{-6}} \approx 80\Omega$

(2)电流的有效值　　$I = \dfrac{U}{X_C} = \dfrac{220}{80} = 2.75\text{A}$

(3)在纯电容电路中,因为电流超前电压90°,所以

$$\varphi_i = \varphi_u + 90° = -60° + 90° = 30°$$
$$i = 2.75\sqrt{2}\sin(314t + 30°)\text{A}$$

(4)电路中的有功、无功功率:

$$P_C = 0 (R=0), Q_C = UI = 220 \times 2.75 = 605\text{var}$$

(5)相量图如图6-14所示。

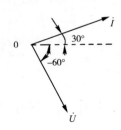

图6-14　例6.8图

§6.1-3 日光灯电路(*RL* 串联电路)分析

日光灯电路是最常见的 R、L 串联电路,它是把镇流器(电感线圈)和灯管串联起来,再接到交流电源上。日光灯电路图和原理图如图6-15所示,灯管用 R 表示,镇流器用 L 表示。

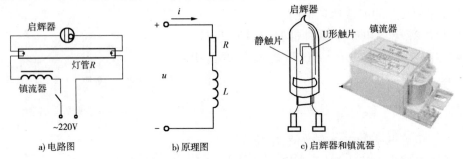

a) 电路图　　　　b) 原理图　　　　c) 启辉器和镇流器

图6-15　日光灯电路图和原理图

因为日光灯电路的电路模型就是 R、L 串联电路,对日光灯电路的分析计算就是对 R、L 串联电路的分析计算,下面针对电路的阻抗、电流、电压、功率等几方面进行分析计算。

一 日光灯电路的启辉原理

图6-15a)为电感镇流器式日光灯电路图,它主要是由灯管、镇流器和启辉器组成的。镇流器是一个带铁芯的线圈。启辉器的构造如图6-15c)所示,它是一个充有氖气的小玻璃泡,里面装上两个电极,一个固定不动的静触片和一个用双金属片制成的U形触片。灯管内充有稀薄的水银蒸气。当水银蒸气导电时,就发出紫外线,使涂在管壁上的荧光粉发出柔和的白光。由于激发水银蒸气导电所需的电压比220V的电源电压高得多,因此,日光灯在开始

点燃时需要一个高出电源电压很多的瞬时电压;在日光灯点燃后正常发光时,灯管的电阻变得很小,只允许通过不大的电流,电流过强就会烧毁灯管,这时又要使加在灯管上的电压大大低于电源电压。这两方面的要求都是利用跟灯管串联的镇流器来达到的。

当开关闭合后,电源把电压加在启辉器的两极之间,使氖气放电而发出辉光。辉光产生的热量使 U 形触片膨胀伸长,跟静触片接触而把电路接通,于是镇流器的线圈和灯管的灯丝中就有电流通过。电路接通后,启辉器中的氖气停止放电,U 形触片冷却收缩,两个触片分离,电路自动断开。在电路突然中断的瞬间,在镇流器两端产生一个瞬时高电压 $\left(u_L = L\dfrac{\mathrm{d}i}{\mathrm{d}t}\right)$,这个电压加上电源电压加在灯管两端,使灯管中的水银蒸气开始放电,于是日光灯管成为电流的通路开始发光。在日光灯正常发光时,由于交变电流不断通过镇流器的线圈,线圈中就有自感电动势,它总是阻碍电流变化的,这时镇流器起着降压限流作用,保证日光灯的正常工作。

二、R、L 串联电路的阻抗

在电阻、电感串联电路中,电阻和电感是两个不同性质的负载,不能直接相加。为了把两者统一起来,我们引入了复数的概念,用复数的实部表示电阻 R,虚部表示感抗 X_L,即:

$$z = R + jX_L \tag{6-13}$$

式中:R——电阻,单位 Ω;

X_L——电感线圈的感抗,单位 Ω;

j——复数因子;

z——复阻抗,实部表示电阻,虚部表示感抗。

一般用复数的模来表示复阻抗数值上的大小,即对式(6-13)的复阻抗求模:

$$|z| = \sqrt{R^2 + X_L^2} \quad \text{或} \quad |z|^2 = R^2 + X_L^2 \tag{6-14}$$

式中:$|z|$——电路阻抗的大小,单位 Ω。

式(6-14)表明,在 R、L 串联电路中,总阻抗与电阻、感抗之间的关系满足直角三角形斜边与两条直角边的关系,如图 6-16 所示,φ 称为阻抗角,可以利用三角函数进行计算。

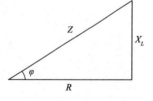

图 6-16 R、L 串联电路中的阻抗关系(阻抗三角形)

三、R、L 串联电路中的电流

在图 6-15 R、L 串联电路中,如果已知电源电压 U,电路的阻抗 $|z|$,计算电路的电流 I,仍可用欧姆定律求解,即:

$$I = \dfrac{U}{|z|} \tag{6-15}$$

注意:式(6-15)中 U、I 指的均是电压、电流的有效值。

【例 6.9】 把一个阻值为 120Ω,额定电流为 2A 的电阻,接到电压为 260V,频率为 100Hz 的电源上,要求选用一个电感线圈限流,使得电路电流为 2A,求线圈的电感。

解：线圈和电阻串联，线圈起到限流作用。根据题意，R、L 串联电路的总阻抗：

$$|z| = \frac{U}{I} = \frac{260}{2} = 130\Omega$$

由图 6-16 阻抗三角形可得，感抗：

$$X_L = \sqrt{|z|^2 - R^2} = \sqrt{130^2 - 120^2} = 50\Omega$$

线圈电感：

$$L = \frac{X_L}{2\pi f} = \frac{50}{2 \times 3.14 \times 100} = 0.08\text{H}$$

四 R、L 串联电路中的电压

在图 6-15 R、L 串联电路中，如果已知电路的电流 I，可以分别计算电阻和电感两端的电压大小，即：

$$U_R = IR, \quad U_L = IX_L$$

但是，总电压 $U \neq U_R + U_L$，这是因为：

根据式(6-15)可得总电压 $\quad U = I|z| = I\sqrt{R^2 + X_L^2}$

即 $\quad U^2 = I^2|z|^2 = I^2(R^2 + X_L^2) = (IR)^2 + (IX_L)^2$

$$U^2 = U_R^2 + U_L^2 \tag{6-16}$$

式(6-16)表明，在 R、L 串联电路中，总电压与各元件端电压的关系满足直角三角形斜边与两条直角边的关系，如图 6-17 所示。φ 称为总电压与总电流之间的相位角，因为 φ 为正值，说明感性电路中电压超前电流 φ，φ 可以利用三角函数进行计算。

【**例 6.10**】 如图 6-18 所示，已知三个电压表读数都为有效值，V_1 读数为 220V，V_2 读数为 110V，求电压表 V_3 的读数。

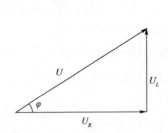

图 6-17 R、L 串联电路中的电压关系（电压三角形）

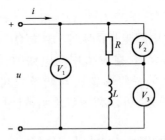

图 6-18 例 6.10 图

解：根据图 6-17 所示的电压三角形，求电感两端的电压即为 V_3 的读数：

$$U_L = \sqrt{U^2 - U_R^2} = \sqrt{220^2 - 110^2} \approx 190\text{V}$$

五 R、L 串联电路中的功率

在图 6-15 日光灯电路中，灯管是负载，将电能转化为光能和热能，灯管消耗的功率是有

功功率，即：

$$P_R = U_R I = I^2 R = \frac{U^2}{R}$$

镇流器是电感线圈，忽略其自身电阻，它只是储存磁场能量，并不消耗电能，它占用能量的规模用无功功率表示，即：

$$Q_L = U_L I = I^2 X_L = \frac{U_L^2}{X_L}$$

电源提供的容量有两方面用途：一方面是提供电能给负载做功；另一方面是提供磁场能给电感线圈储存。我们把电源提供容量的规模，称为视在功率 S。

$$S = UI \qquad (6\text{-}17)$$

式中：U、I——总电压、总电流的有效值；

S——视在功率，单位 VA（kVA）。

下面讨论 S 与 P_R、Q_L 之间的关系：

据式（6-16）、式（6-17）可得：

$$S^2 = (UI)^2 = U^2 I^2 = (U_R^2 + U_L^2) I^2$$

而

$$P_R^2 = (U_R I)^2 = U_R^2 I^2, \quad Q_L^2 = (U_L I)^2 = U_L^2 I^2$$

所以：

$$S^2 = P_R^2 + Q_L^2 \qquad (6\text{-}18)$$

式（6-18）表明，在 R、L 串联电路中，视在功率与各元件功率之间满足直角三角形斜边与两条直角边的关系，如图 6-19 所示，φ 称为功率因数角，可以用三角函数进行计算。

六 R、L 串联电路中的功率因数

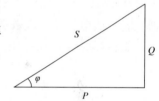

图 6-19　R、L 串联电路中的功率关系（功率三角形）

在 R、L 串联电路中，既有有功功率，又有无功功率，这样就存在电源利用率的问题。为了反映电源利用率，把有功功率占视在功率的比值，叫做功率因数。

在图 6-19 功率三角形中，有功功率 P 与视在功率 S 的比值，正好是三角函数中的 $\cos\varphi$，所以把 $\cos\varphi$ 叫做功率因数，φ 叫做功率因数角。

$$\cos\varphi = \frac{P}{S} \qquad (6\text{-}19)$$

式（6-19）表明，当视在功率一定时，有功功率越大，功率因数越高，电源利用率就越高。生产实践中，电动机、变压器都是感性负载，功率因数一般都较低。本章节提到的日光灯电路，功率因数只有 0.5 左右，要提高电源的利用率，就得提高功率因数。

【例 6.11】　将电感为 255mH，电阻为 60Ω 的线圈接到 $u = 220\sqrt{2}\sin 314t$ V 的电源上。求：(1) 线圈感抗；(2) 电路中电流有效值；(3) 电路中有功功率、无功功率、视在功率；(4) 功率因数。

解： 由题目已知条件得：$U = 220$V，$\omega = 314$rad/s

(1) 线圈的感抗　　　　$X_L = \omega L = 314 \times 255 \times 10^{-3} \approx 80\Omega$

(2)电流 $I = \dfrac{U}{|z|} = \dfrac{U}{\sqrt{R^2 + X_L^2}} = \dfrac{220}{\sqrt{60^2 + 80^2}} = \dfrac{220}{200} = 2.2\text{A}$

(3)有功功率 $P = I^2 R = 2.2^2 \times 60 = 290.4\text{W}$

无功功率 $Q = I^2 X_L = 2.2^2 \times 80 = 387.2\text{var}$

视在功率 $S = UI = 220 \times 2.2 = 484\text{VA}$

(4)功率因数 $\cos\varphi = \dfrac{P}{S} = \dfrac{290.4}{484} = 0.6$

七 提高功率因数的意义与方法

1 提高功率因数的意义

(1)提高供电设备的能量利用率

在电力系统中,功率因数是一个重要指标,从式(6-19)可得:

$$P = S\cos\varphi$$

当容量 S 一定时,功率因数 $\cos\varphi$ 越大,有功功率 P 就越大,电能利用率就越高。

【例6.12】 一台发动机额定电压为220V,输出总容量为4400kVA,如果该发动机向额定电压220V,有功功率4.4kW,功率因数为0.5的用电器供电,最多能带多少个这样的用电器?若将用电器功率因数提高到0.8,又能带多少个这样的用电器?

解: 发动机的额定输出电流为:

$$I_e = \dfrac{S}{U} = \dfrac{4400}{220} = 20\text{kA}$$

当 $\cos\varphi = 0.5$ 时,每个用电器的工作电流为:

$$I = \dfrac{P}{U\cos\varphi} = \dfrac{4.4}{220 \times 0.5} = 0.04\text{kA}$$

$$N = \dfrac{I_e}{I} = \dfrac{20}{0.04} = 500 \text{个}$$

当 $\cos\varphi = 0.8$ 时,每个用电器的工作电流为:

$$I' = \dfrac{P}{U\cos\varphi} = \dfrac{4.4}{220 \times 0.8} = 0.025\text{kA}$$

$$N' = \dfrac{I_e}{I} = \dfrac{20}{0.025} = 800 \text{个}$$

(2)减小输电线路上的能量损失

当负载电压和有功功率一定时,电路中的电流与功率因数成反比,即:

$$I = \dfrac{P}{U\cos\varphi}$$

功率因数越低,电路中的电流越大,线路上的压降越大,线路发热越严重,损失的功率也越多。这样,不仅使部分电能白白消耗在线路上,而且使得负载两端的电压降低,影响负载的正常工作。

【例6.13】 一座发动机以220kV的高压输给负载 $4.4 \times 10^5\text{kW}$ 的电力,如果输电线路总电阻为10Ω,试计算负载的功率因数由0.5提高到0.8时,输电线上一天可少损失多少电能?

解:当 $\cos\varphi = 0.5$ 时,线路电流为:

$$I_1 = \frac{P}{U\cos\varphi} = \frac{4.4 \times 10^5}{220 \times 10^3 \times 0.5} = 4\text{kA}$$

$$I_2 = \frac{P}{U\cos\varphi} = \frac{4.4 \times 10^5}{220 \times 10^3 \times 0.8} = 2.5\text{kA}$$

$$\Delta W = (I_1^2 - I_2^2)Rt = (4000^2 - 2500^2) \times 10 \times 24 = 2.34 \times 10^6 \text{kW·h}$$

2 提高功率因数的方法

在具有感性负载的电路中,功率因数都较低,异步电动机的功率因数,在额定负载时为 0.6~0.8 左右,轻载(R 减小)时,功率因数会更低。所有的感性负载(如变压器、交流电动机)在建立磁场的过程中都存在无功功率,因为励磁电流不断变化,磁场能量不断增减,电感线圈和电源之间不停地进行能量交换,交换的这部分能量就是无功功率。无功功率会增加线路损耗,增大线路压降,因此有必要提高功率因数,减少无功功率。

(1)提高用电设备自身的功率因数

例如,正确选用异步电动机和变压器容量,由于这些设备在轻载或空载时功率因数低,满载时功率因数较高,所以,选用这些设备的容量要适宜,并尽量减少轻载运行。

(2)在感性负载上并联电容器提高功率因数

并联电容器为什么能提高功率因数?我们来分析图 6-20 电路,电路中 L 和 C 相串联。

假设某一瞬时,电路中电流 i 如图 6-20 所示。因为电感和电容都有移相的作用,据前面章节分析可知,电感两端的电压 u_L 超前电流 i 90°,而电容两端的电压 u_C 滞后电流 i 90°,那么 u_L、u_C 相位上正好相差180°,这种情况属于反相。也就是说,任一瞬时,电感两端的电压与电容两端的电压极性正好相反,如图 6-21 相量所示。

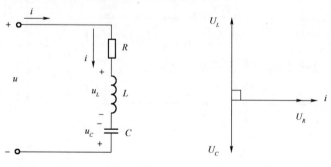

图 6-20 *RLC* 串联电路   图 6-21 (图 6-20)相量图

电感的瞬时无功功率 $Q_L = u_L i$,电容的瞬时无功功率 $Q_C = u_C i$,由于 u_L、u_C 瞬时极性相反,所以当感性无功 Q_L 为正(+)时,容性无功 Q_C 为负(-)。物理意义上的分析就是,当电感元件吸收能量时,电容元件正好释放能量;当电容元件吸收能量时,电感元件正好释放能量。所以,将它们连接在一个电路中,可以进行一定规模的能量交换,实现能量互补,这就是所谓的无功补偿。这样,电感元件的部分无功功率由电容器提供,不再需要从电源处交换,减少了输电线路上的无功电流,从而减少了线路损耗。

图 6-20 所示电路将电容器串接在感性电路中,因为电容器在交流电路中存在一定的容抗,串接在电路中会分压和限流,这样就会使得电感线圈得不到正常的工作电压,影响其正常工作状态。所以,一般是将电容器并接在感性负载两端,既不影响感性负载的工作状态,又能提高电路的功率因数,如图 6-22 所示。

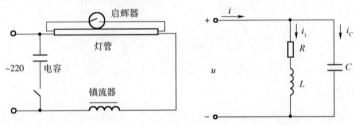

图 6-22 并联电容器提高日光灯电路功率因数

§6.1-4 日光灯电路实验

一 常用电工测量仪表

测量电流、电压、功率等电量的指示仪表,称为电工测量仪表。

1 电表分类

常用电表按测量对象不同,可分为电流表(安培表)、电压表(伏特表)、功率表(瓦特表)、电度表(千瓦时表)、欧姆表以及多用途的万用表等。常用电表的分类,如表 6-1 所示。

常用电表分类 表 6-1

被 测 量	仪表名称	符 号	测量单位
电流	电流表	Ⓐ	安培
	毫安表	ⓜA	毫安
	微安表	ⓤA	微安
电压	电压表	Ⓥ	伏特
	千伏表	ⓚV	千伏
电功率	功率表	Ⓦ	瓦
	千瓦表	ⓚW	千瓦
电能	电度表	kW·h	千瓦时

按测量电流种类的不同,可分为单相交流表、直流表、交直流两用表、三相交流表等。

直流仪表:测直流量用(用 ⎓ 或 DC 表示)。

交流仪表:测交流量用(用~或 AC 表示)。

交直流仪表:测交、直流量均可(用 ≂ 表示)。

2 交流电流的测量

(1)电流表串入电路中,如图 6-23 所示;

(2)接线柱没有"＋、-"极性之分;

(3)量程的选择:以 D26-A 型交流电流表为例,如图 6-24 所示,电流表内部测量线圈串联时,对应小量程 2.5A;内部线圈并联时,对应大量程 5A。所用量程尽量使测量时表针指向刻度线中心值以上。

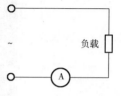

图 6-23　电流表串联

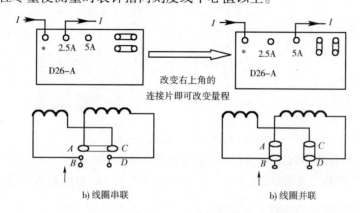

图 6-24　D-26A 电流表两种量程选择(2.5A 和 5A)

3 交流电压的测量

(1)电压表与负载电路并联,如图 6-25 所示;

(2)接线柱没有"＋、-"极性之分;

(3)量程的选择:以 D26-V 型交流电流表为例,如图 6-26 所示,所用量程尽量使测量时表针指向刻度线中心值以上。

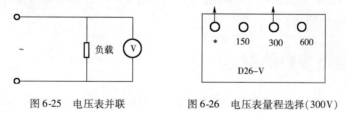

图 6-25　电压表并联　　　　图 6-26　电压表量程选择(300V)

4 有功功率的测量

功率表又叫瓦特表,用于测量交流电路的有功功率。

结构:主要由固定的电流线圈和可动的电压线圈组成,电流线圈与负载串联,电压线圈与负载并联,如图 6-27 所示。接线时,找到电流线圈的两个接线柱(*I 和 I 端子)串进电路中,电压线圈的两个接线柱(*U 和 150V\300V\600V 端子)并入电路中。

使用注意事项:

(1)功率表电流线圈串入电路中,电压线圈并入待测电压端。电流、电压线圈接线时从首端(*号端)进,末端(非*号端)出。注意:电流、电压线圈带"*"的端子接电源进线侧,另外一个端子(不带*)接负载侧,如图 6-28 所示。

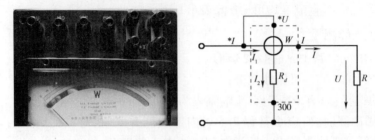

图 6-27 单相有功功率表

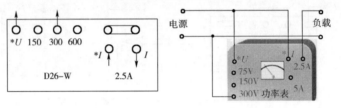

图 6-28 单相有功功率表正确接线

(2)读数时,如果功率表反偏,可以旋动表盘上面的极性端子。

(3)功率表的读数。如图 6-28 所示,电压量程选择 300V,电流量程选择 2.5A,如果满刻度为 150 格,则每格代表的读数为:$\dfrac{UI\cos\varphi}{满刻度}$。

$\cos\varphi$ 为功率因数,在表盘上有标记。如果 $\cos\varphi = 1$(如低功率因数表 $\cos\varphi = 0.2$),则

$$\frac{300 \times 2.5 \times 1}{150} = 5\text{W}/\text{格}$$

如果指针指在 100 的位置,则实测功率为:

$$100 \times 5 = 500\text{W}$$

(4)电压、电流量程的选择。待测的电流、电压不要超过仪表的量程,测量时指针尽量指到表盘刻度中心值以上。

二 日光灯电路参数的测量

用三表法测量日光灯电路参数:灯管电阻 R、整流器电感 L、电路功率因数 $\cos\varphi$。

测量电路如图 6-29 所示,其中功率表、电流表、电压表可以选择 D26-W、D26-A、D26-V 三款交流表。表 6-2、表 6-3 分别用来记录测量与分析的数据。

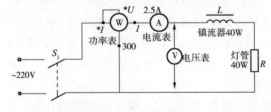

图 6-29 日光灯电路参数的测量表

日光灯电路参数实测值   表6-2

物理量	电源电压 $U(\text{V})$	灯管电压 $U_R(\text{V})$	镇流器电压 $U_L(\text{V})$	电流 $I(\text{A})$	有功功率 $P(\text{W})$
测量值					

日光灯电路参数计算值（镇流器线圈电阻 r）   表6-3

物理量	灯管电阻 $R_1(\Omega)$	线圈电阻 $r(\Omega)$	镇流器电感量 $L(\text{H})$	功率因数 $\cos\varphi$
计算值				

计算公式：电路总阻抗 $|z| = \dfrac{U}{I}$；   电路总电阻 $R = \dfrac{P}{I^2}$；

灯管电阻 $R_1 = \dfrac{U_R}{I}$；   线圈电阻 $r = R - R_1$；

镇流器感抗 $X_L = \sqrt{|z|^2 - R^2}$；   电感量 $L = \dfrac{X_L}{2\pi f}$；

电路功率因数 $\cos\varphi = \dfrac{P}{S} = \dfrac{P}{UI}$。

三 日光灯电路并联电容后功率因数的测量

在图6-30中，合上开关 S_2，改变电容量，将测量数据记录于表6-4中。可以观察到并联电容后，并没有影响日光灯的工作状态，但线路总电流变小，功率因数提高，这样可以减轻电源的负担，减小线路损耗。同时通过计算得知，并入电容的大小不同，$\cos\varphi$ 也不同。

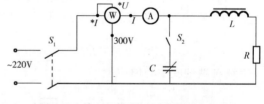

图6-30　并入电容后的日光灯测量电路

并入电容前后的功率因数（$\cos\varphi$）计算值   表6-4

测量项目		电源电压 $U(\text{V})$	灯管电压 $U_R(\text{V})$	镇流器电压 $U_L(\text{V})$	电流 $I(\text{A})$	平均功率 $P(\text{W})$	功率因数 $\cos\varphi = \dfrac{P}{UI}$
		测量值	测量值	测量值	测量值	测量值	计算值
并入电容 C 前							
并入电容 C 后	$C=1\mu\text{F}$						
	$C=2\mu\text{F}$						
	$C=4\mu\text{F}$						

*§6.1-5　RC 串联电路

在电子技术中,经常遇到阻容耦合放大电路、RC 振荡器、RC 移相电路等,这些电路都是电阻、电容串联电路。图 6-31 所示为 R、C 串联电路原理图。

一　R、C 串联电路的阻抗

在电阻、电容串联电路中,电阻和电容是两个不同性质的负载,不能直接相加,为了把两者统一起来,我们引入了复数的概念,用复数的实部表示电阻 R,负的虚部表示容抗 X_C,即:

$$z = R - jX_C \tag{6-20}$$

式中:R——电阻,单位 Ω;
　　　X_C——电容的容抗,单位 Ω;
　　　j——复数因子;
　　　z——复阻抗,实部表示电阻,负的虚部表示容抗。

式(6-20)中虚部用负值表示,是因为电容两端电压滞后电流 90°,与 RL 串联电路中的复阻抗($z = R + jX_L$)正好相反(电感两端电压超前电流 90°)。

一般用复数的模来表示复阻抗数值上的大小,即对式(6-20)的复阻抗求模:

$$|z| = \sqrt{R^2 + X_C^2} \quad \text{或} \quad |z|^2 = R^2 + X_C^2 \tag{6-21}$$

式中:|z|——电路阻抗的大小,单位 Ω。

式(6-21)表明,在 R、C 串联电路中,总阻抗与电阻、容抗之间的关系满足直角三角形斜边与两条直角边的关系,如图 6-32 所示,φ 称为阻抗角。

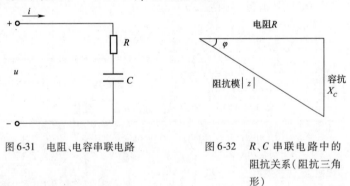

图 6-31　电阻、电容串联电路　　图 6-32　R、C 串联电路中的阻抗关系(阻抗三角形)

二　R、C 串联电路中的电流

在图 6-31 R、C 串联电路中,如果已知电源电压 U,电路的阻抗 |z|,计算电路的电流 I,仍可用欧姆定律求解,即:

$$I = \frac{U}{|z|} \tag{6-22}$$

注意：式(6-22)中 U、I 指的均是电压、电流的有效值。

三、R、C 串联电路中的电压

在图 6-31 R、C 串联电路中，如果已知电路的电流 I，可以分别计算电阻和电容两端的电压大小，即：

$$U_R = IR, \quad U_C = IX_C$$

但是，总电压 $U \neq U_R + U_C$，这是因为：

根据式(6-22)可得总电压 $\quad U = I|z| = I\sqrt{R^2 + X_C^2}$

即 $\quad U^2 = I^2|z|^2 = I^2(R^2 + X_C^2) = (IR)^2 + (IX_C)^2$

$$U^2 = U_R^2 + U_C^2 \tag{6-23}$$

式(6-23)表明，在 R、C 串联电路中，总电压与各元件端电压的关系满足直角三角形斜边与两条直角边的关系，如图 6-33 所示，φ 称为总电压与总电流之间的相位角。因为 φ 为负值，说明容性电路中总电压滞后电流 φ，或者电流超前电压 φ。

四、R、C 串联电路中的功率

有功功率 $\quad\quad\quad P_R = U_R I = I^2 R = \dfrac{U^2}{R}$

无功功率 $\quad\quad\quad Q_C = U_C I = I^2 X_C = \dfrac{U_C^2}{X_C}$

视在功率 $\quad\quad\quad S = UI$

下面讨论 S 与 P_R、Q_C 之间的关系：

据式(6-22)、式(6-23)可得：

$$S^2 = (UI)^2 = U^2 I^2 = (U_R^2 + U_C^2) I^2$$

而 $\quad\quad\quad P_R^2 = (U_R I)^2 = U_R^2 I^2, \quad Q_C^2 = (U_C I)^2 = U_C^2 I^2$

所以 $\quad\quad\quad S^2 = P_R^2 + Q_C^2 \tag{6-24}$

式(6-24)表明，在 R、C 串联电路中，视在功率(总容量)与各元件功率之间满足直角三角形斜边与两条直角边的关系，如图 6-34 所示，φ 称为功率因数角。

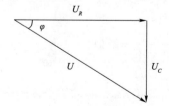

图 6-33 R、C 串联电路中的电压关系(电压三角形)

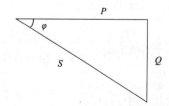

图 6-34 R、C 串联电路中的功率关系(功率三角形)

【例 6.14】 在电子技术中,常常用到如图 6-35 所示的电阻、电容串联电路,其中电容 C 为 $10\mu F$,R 为 $1.5k\Omega$,输入电压 U_i 为 $5V$,频率 f 为 $100Hz$,求电容电压 U_c 及输出电压 U_o 各为多少(有效值)?U_i 与输出电压 U_o 相位差为多少?

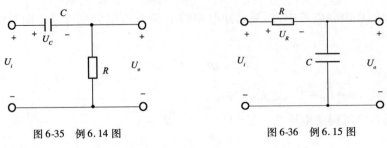

图 6-35　例 6.14 图　　　　　图 6-36　例 6.15 图

解: 电路中容抗　　$X_C = \dfrac{1}{2\pi f C} = \dfrac{1}{2 \times 3.14 \times 100 \times 10 \times 10^{-6}} \approx 159\Omega$

阻抗　　$|z| = \sqrt{R^2 + X_C^2} = \sqrt{1500^2 + 159^2} \approx 1508\Omega$

电路中电流有效值　　$I = \dfrac{U}{|z|} = \dfrac{5}{1508} \approx 3.32 \times 10^{-3} A$

电容上的压降　　$U_C = I X_C = 3.32 \times 10^{-3} \times 159 \approx 0.53 V$

输出电压　　$U_o = IR = 3.32 \times 10^{-3} \times 1500 \approx 4.98 V$

由于容性电路电流相位超前电压相位,而输出电压与电流同相(电阻不移相),所以输出电压 U_o 应该超前输入电压 U_i,超前的相位就是阻抗角:

$$\varphi = \arctan\dfrac{X_C}{R} = \arctan\dfrac{160}{1500} \approx 6.1°$$

这个例题说明接入电容后,输出信号在大小和相位上都和输入信号近似相同,但是电容起着隔直通交的作用,在电路中达到了滤波的效果。

【例 6.15】 在电子技术中,常遇到 RC 移相式振荡器。在图 6-36 所示的移相电路中,其中电容 C 为 $0.12\mu F$,输入电压 U_i 为 $1V$,频率 f 为 $100Hz$。要使输出电压 U_o 滞后输入电压 U_i $60°$,电阻 R 应为多少?输出电压 U_o 为多少?

解: 以电流 i 为参考相量,U_R 与 i 同相,U_o 滞后 i $90°$,U_i 超前 U_o $60°$,画出电流、电压的相量图,如图 6-37 所示。

从图 6-37 可知:　　　　$\varphi = 90° - 60° = 30°$

由阻抗三角形可得:

$$R = \dfrac{X_C}{\tan\varphi} = \dfrac{1}{2\pi f C \tan\varphi} = \dfrac{1}{2 \times 3.14 \times 100 \times 0.12 \times 10^{-6} \times \dfrac{1}{\sqrt{3}}} = 23k\Omega$$

输出电压大小为:

$$U_o = U_i \sin\varphi = 1 \times 0.5 = 0.5 V$$

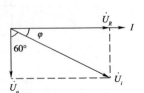

图 6-37　例 6.15 图

6.2 日光灯电路安装习题

一、填空题

1. 电阻是一种_____元件，电感和电容忽略其自身电阻，是一种_____元件。
2. 纯电容电路中，相位上_____超前_____90°。
3. 纯电感电路中，相位上_____超前_____90°。
4. 在纯电阻交流电路中，电阻元件通过的电流与它两端的电压相位_____。
5. 在 RL 串联电路中，若已知 $U_R=6V$，$U=10V$，则电压 $U_L=$_____V，相位上，总电压_____总电流，电路呈_____性。
6. 电容的频率特性是_____，在直流电路中，它可视为_____。
7. 电感的频率特性是_____，在直流电路中，它可视为_____。
8. 将电感 L 为 $0.01H$ 的纯电感线圈，接在 $50Hz$ 的交流电源上，其感抗 $X_L=$_____Ω，如电源的频率为 $500Hz$，其感抗 $X_L=$_____Ω。
9. 一个 $10\mu F$ 的电容接在 $50Hz$ 的交流电源上，其容抗 $X_C=$_____Ω，如接在 $1000Hz$ 的交流电源上，它的容抗 $X_C=$_____Ω。
10. 交流电路中的有功功率用符号_____表示，其单位是_____或_____。
11. 交流电路中的无功功率用符号_____表示，其单位是_____或_____。
12. 交流电路中的视在功率用符号_____表示，其单位是_____或_____。
13. 在 RL 串联电路中，已知电流为 $5A$，电阻为 30Ω，感抗为 40Ω，那么电路的阻抗为_____，该电路性质为_____性电路。电路中有功功率为_____，无功功率为_____。
14. 在功率三角形中，如果 S 为 $5kVA$，P 为 $4kW$，则 Q 应为_____ kvar。

二、选择题

1. 在电感为 $X_L=50\Omega$ 的纯电感电路两端加上正弦交流电压 $u=20\sin(100\omega t+30°)$ V，则通过它的瞬时电流为（　　）。

　　A. $i=20\sin(100\omega t-60°)$ A　　　　B. $i=0.4\sin(100\omega t-60°)$ A

C. $i = 0.4\sin(100\omega t + 30°)$ A   D. $i = 0.4\sin(100\omega t + 120°)$ A

2. 将电容器 C_1 "200V、20μF" 和电容器 C_2 "160V、20μF" 串联接到 350V 电压上,则( )。

A. C_1、C_2 均正常工作   B. C_1 击穿,C_2 正常工作
C. C_2 击穿,C_1 正常工作   D. C_1、C_2 均被击穿

3. 常用的理想电路元件中,耗能元件是( );储存电场能量的元件是( );储存磁场能量的元件是( )。

A. 开关   B. 电阻   C. 电容   D. 电感

4. 在纯电容电路中交流电压与交流电流之间的相位关系为( )。

A. u 超前 i $\pi/2$ B. u 滞后 i $\pi/2$ C. u 与 i 同相   D. u 与 i 反相

5. 在纯电感电路中交流电压与交流电流之间的相位关系为( )。

A. u 超前 i $\pi/2$ B. u 滞后 i $\pi/2$ C. u 与 i 同相   D. u 与 i 反相

6. 若电路中某元件的端电压为 $u = 5\sin(314t + 35°)$ V,电流 $i = 2\sin(314t + 125°)$ A,u、i 为关联方向,则该元件是( )。

A. 电阻   B. 电感   C. 电容

7. 对纯电感电路选择出正确的式子( )。

A. $I = \dfrac{U}{L}$ B. $I = \dfrac{U}{j\omega L}$ C. $I = \dfrac{U_m}{\omega L}$ D. $I = \dfrac{U}{X_L}$

8. 在 RL 单相交流电路中,如果电阻和感抗相等,那么电路中的电流与电压之间的相位差是( )。

A. π B. $\pi/2$ C. $\pi/4$ D. $\pi/3$

9. 电容元件的正弦交流电路中,电压有效值不变,频率增大时,电路中电流将( )。

A. 增大   B. 减小   C. 不变

10. 在 RL 串联电路中,$U_R = 16$V,$U_L = 12$V,则总电压为( )。

A. 28V   B. 20V   C. 4V

*11. 用下列各式表示 RC 串联电路中的电压、电流,对的是( ),错的是( )。

A. $i = \dfrac{u}{|Z|}$ B. $I = \dfrac{U}{R + X_C}$ C. $I = \dfrac{U}{|Z|}$ D. $U = U_R + U_C$

12. 日光灯是利用自感现象的用电器。在日光灯电路中,产生自感电动势的部件是( )。

A. 镇流器   B. 启辉器   C. 灯管   D. 开关

13. 关于日光灯的原理,下列说法不正确的是( )。

A. 日光灯启动,利用了镇流器中线圈的自感现象
B. 日光灯正常发光时,镇流器起着降压限流的作用
C. 日光灯正常发光后取下启辉器,日光灯仍能正常工作
D. 日光灯正常发光后取下启辉器,日光灯不能正常工作

三、计算题

1. 把电感为 10mH 的线圈接到 $u = 141\sin(314t - 30°)$ V 的电源上,试求:

(1)线圈中电流有效值;(2)写出电流瞬时值表达式;(3)电路的无功功率;(4)画出电流与电压相应的相量图。

2. 把 $C=20\mu F$ 的电容器接到 $u=141\sin(314t-30°)V$ 的电源上,试求:

(1)电流有效值;(2)写出电流瞬时值表达式;(3)电路的无功功率;(4)画出电流与电压相应的相量图。

3. 把一个电阻为 30Ω,电感为 $48mH$ 的线圈接到 $u=220\sqrt{2}\sin(314t+90°)V$ 的交流电源上,求:

(1)线圈的感抗;(2)线圈的阻抗;(3)电流有效值;(4)电阻、电感上的电压有效值;(5)线圈的有功、无功、视在功率。

4. 把一个线圈接到电压为 $20V$ 的直流电源上,测得流过线圈的电流为 $4A$,把它接到频率为 $50Hz$、电压有效值为 $65V$ 的交流电源上,测得流过线圈电流为 $0.5A$,求线圈参数电阻 R 和电感 L。

5. 在图 6-38 中,两表读数分别为 $U_1=40V$、$U_2=30V$,电流瞬时值表达式 $i=10\sin314t A$,则总电压 U 为多少? 总电压相位超前电流相位是多少? 写出总电压的瞬时值表达式。

6. 在图 6-39 所示日光灯等效电路图中,镇流器电感 $L=1.9H$,镇流器电阻 $r=120\Omega$,灯管点燃后的等效电阻 $R=530\Omega$。若电源电压有效值 $U=220V$,电压频率 $f=50Hz$,试求:

(1)流过日光灯的电流有效值 I;(2)镇流器、灯管两端电压的有效值 U_1、U_2;(3)日光灯电路的功率(P、Q、S);(4)日光灯电路的功率因数 $\cos\varphi$;(5)如图中虚线所示,在日光灯两端并联电容器,有何作用?

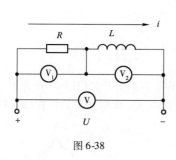

图 6-38

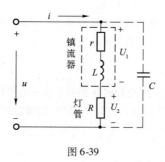

图 6-39

四 简答题

1. 试解释日光灯电路的工作原理,分别说明镇流器、启辉器、灯管的作用。
2. 日光灯电路中,是否可以串联电容提高功率因数? 为什么?
3. 交流电流、电压表使用时,在接线、读数、精度、量程选择等方面要注意些什么?
4. 单相有功功率表使用时,在接线、读数、精度、量程选择等方面要注意些什么?
5. 试画出用 D26-W 功率表测量一盏"220V,60W"白炽灯功率的电路图。
6. 日光灯管为 25W,可不可以使用 60W 的镇流器,为什么?
7. 镇流器式日光灯能接在 220V 的直流电路中吗? 为什么?

6.3 日光灯电路安装同步训练

日光灯电路安装项目引导文	班 级	
	姓 名	

一、项目描述

利用现有器材：电感式镇流器、启辉器、日光灯管、灯座等，安装一个日光灯电路。日光灯点燃后再测量电路电压、电流、功率等相关参数。

要求以"日光灯电路安装"为中心设计一个学习情境，完成以下几项学习任务：

(1) 分别画出日光灯电路原理图和安装布置图；

(2) 分别画出镇流器电感线圈参数测量（电阻和电感量）、功率因数测量（无补偿电容和有补偿电容）实验电路图；

(3) 正确安装日光灯电路；

(4) 正确连接日光灯实验线路并进行相关数据的测量；

(5) 对日光灯实验数据进行分析。

二、项目资讯

1. 在日常生活中，有很多开关都是靠手动操作的，你了解其他开关（比如声控开关、光电开关等）的知识吗？在下面这部分日光灯电路中，启辉器起了什么作用？试阐述启辉器在日光灯电路中所起的作用。

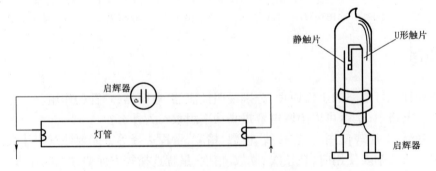

2. 了解本次实训用日光灯管的额定参数，灯管在日光灯电路中属于什么性质的负载？（电阻？电感？电容？）它的工作电压为多少？灯管点燃稳定发光后，它两端的电压有没有220V？试计算下图中镇流器两端的电压（不考虑镇流器电阻），并理解镇流器的分压限流作用。

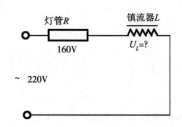

3. 列举你所见过或知道的电容元件。在 a)图电路中,功率因数为多少? 如果要提高功率因数,可以在 a、b 两点并联一个电容器,如 b)图所示,请解释其原理。请问并联的电容量 C 越大,功率因数就越高吗? 为什么?

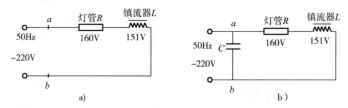

4. 请你在电工实验室了解 D26—A、D26—V、D26—W 三款电工测量仪表。
(1) 分别画出它们的盘面结构(实物)示意图,并标注名称,如下图所示。
(2) 解释表盘面各符号表示的含义。

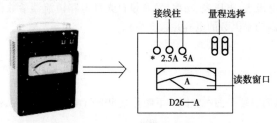

D26—A 表盘结构示意图

(3) 了解表盘面各接线柱的使用方法。
(4) 了解不同量程下,指针示值与实际值之间的换算关系。

5. D26—W 型功率表是用来测交流电路有功功率的,测量时将内部的固定线圈与负载串联,反映负载中的电流(因而固定线圈又叫电流线圈);将可动线圈与负载并联,反映负载两端电压(因而可动线圈又叫电压线圈)。请将表示电流线圈两接线端的 $*I、I$,表示电压线圈的 $*U、U$ 分别填写在下图适当的位置。

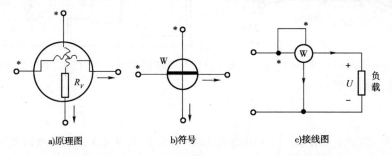

a)原理图　　　　　b)符号　　　　　c)接线图

6. 在下图中,已知电压表读数为 220V,电流表读数为 0.5A,功率表读数为 66W,请计算该电路的功率因数 $\cos\varphi$。如果你想测量日光灯电路的功率因数,能不能用此方法?

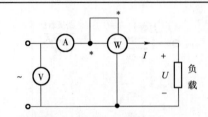

7.在这个日光灯电路中,请将各名称填入对应的元器件上方。

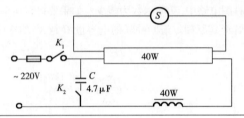

日光灯管　熔断器
电源开关　火线
电容器　　零线
启辉器　　镇流器
电容器开关

三、项目计划

1.请画出日光灯安装电路的原理图。

2.请画出用三表法(电流表、电压表、功率表)测量日光灯电路镇流器参数(R、L)及电路功率因数的试验电路图(要求带有提高功率因数的电容并联支路)。

3.请画出日光灯电路的安装平面布置图。下图是某日光灯电路的安装图,供参考。

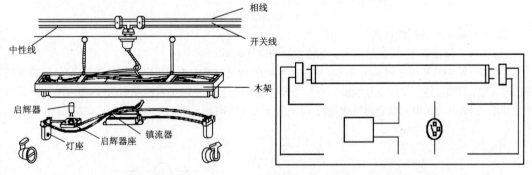

4.选择确定好本项目所需要的工具、仪表、器材,列出所需要的工具、仪表、器件清单(元器件的规格、型号),要求用表格列写。

5.制作任务实施情况检查单,包括小组各成员的任务分工、任务完成、任务检查情况的记录,以及任务执行过程中出现的问题及应急情况的处理(备注栏)等。

四、项目决策

1. 分小组讨论日光灯电路安装方案。
2. 老师指导确定日光灯电路安装的最终方案。
3. 每组选派一位成员阐述本组日光灯电路安装的最终方案。

五、项目实施

1. 电路安装之前,请用万用表的欧姆挡位检测各元器件的好坏,包括日光灯管、镇流器、启辉器等。并选择好灯管和镇流器的型号、规格,请问镇流器、灯管的功率为什么要配套使用?

  日光灯管两头灯丝:通?(　　)或断?(　　)
  镇流器线圈:通?(　　)或断?(　　)
  起辉器两管脚:通?(　　)或断?(　　)
  $2\mu F$、$4.75\mu F$ 电容:正常?(　　)击穿?(　　)断开?(　　)

2. 电路安装过程中,你是否注意到以下几点:元器件安装是否牢固、合理? 敷线时敷设是否平直,成直角? 接线桩线头露铜是否过长? 线头与接线桩连接时有没有做"羊眼圈"? 同一平面内有没有交叉导线? 请详细记录如下评分表。

项目内容	配分	评分标准	扣分	得分
护套线配线	40	(1)护套线敷设不平直; (2)护套线转角不圆; (3)导线敷设没有横平竖直,出现交叉; (4)铝片线卡安装不符要求; (5)导线剖削损伤; (6)导线线径选择不合理; (7)配线长度估算不准,造成浪费		
器件安装	40	(1)元器件布置不合理、不便于走线; (2)相线未进开关; (3)元件安装松动; (4)元件安装歪斜,不美观; (5)针孔式接线桩连接有露铜,线头压接不牢固; (6)平压式接线桩连接质量差,没有做羊眼圈,出现反圈; (7)出现了短路、断路故障		
安全文明操作	20	(1)违反操作规程; (2)工作场地不整洁; (3)工作态度消极; (4)团队合作能力差		

3. 通电后日光灯是否正常发光？如果不正常，请用万用表或试电笔逐点排除故障，并记录故障情况如下。

(1) 接通电源后，荧光灯不亮，故障原因（　　）。

①灯脚与灯座、启辉器与启辉器座接触不良；②灯丝断；③镇流器线圈断路；④新装荧光灯接线错误；⑤其他原因_____。

对应故障原因的检修方法：①转动灯管或启辉器，找出接触不良处并修复；②用万用表电阻挡检查灯管两端的灯丝是否断，可换新灯管；③修理或调换镇流器；④找出接线错误处。

(2) 荧光灯光闪动或只有两头发光，故障原因（　　）。

①启器氖泡内的动、静触片不能开或电容器被击穿短路；②镇流器配用规格不合适；③灯脚松动或镇流器接头松动；④灯管陈旧；⑤电源电压太低；⑥其他原因_____

对应故障原因的检修方法：①更换启辉器；②调换与荧光灯功率适配的镇流器；③修复接触不良处；④换新灯管；⑤如有条件采取稳压措施。

(3) 光在灯管内滚动或灯光闪烁，故障原因（　　）。

①新管暂时现象；②灯管质量不好；③镇流器配用规格不合适或接线松动；④启辉器接触不良或损坏；⑤其他原因_____。

对应故障原因的检修方法：①开用几次可消除故障现象；②换灯管试一下；③调换合适的镇流器或加固接线；④修复接触不良处或调换启辉器。

(4) 镇流器过热或冒烟，故障原因（　　）。

①镇流器内部线圈短路；②电源电压过高；③灯管闪烁时间过长；

④其他原因_____。

对应故障原因的检修方法：①调换镇流器；②检查电源；③调换灯管。

4. 日光灯电路安装成功后，断开电源，选择合适量程的交流电流、电压、功率表，按照画好的实验电路图接线，测量日光灯电路镇流器参数（r、L）、灯管电阻 R、电路功率因数 $\cos\varphi$。数据记录参考表格如下。

	测量值					计算值			
	U	U_R	U_L	I	P	$\cos\varphi$	r	R	L
并入电容 C 前									
$C=2\mu F$									
$C=4.75\mu F$									

5. 日光灯电路并联电容以后，U、I、P 三个物理量的变化是：电压 U 保持 220V 基本不变；有功功率_____（变大\变小\不变）；电流 I _____（变大\变小\不变）；所以造成功率因数_____（变大\变小\不变）。

6. 日光灯点燃后，启辉器能不能去掉？请验证你的结论。日光灯启辉时，如果是启辉器损坏（或丢失），有什么简易办法点燃日光灯吗？请记录你的操作方法。

7. 日光灯启辉时,启动电流很大,为防止过大启动电流损坏电流表,你采用了什么办法?

8. 如果把电容器与日光灯电路串联起来能否改善负载功率因数?为什么?串联电容,日光灯能正常工作吗?试解释原因并用实验验证你的结论。

9. 你认为此次实训过程是否成功?在安装、测量方面还需注意哪些问题?

10. 填写任务执行情况检查单。

六、项目检查
1. 学生填写检查单。 2. 教师填写评价表。 3. 学生提交实训心得。
七、项目评价
1. 小组讨论,自我评述本项目完成情况及发生的问题,小组共同给出提升方案和有效建议。 2. 小组准备汇报材料,每组选派一人进行汇报。 3. 老师对本项目完成情况进行评价。
学生自我总结:
指导老师评语:
项目完成人签字:　　　　　　　　　　　　　日期:　　年　　月　　日 指导老师签字:　　　　　　　　　　　　　　日期:　　年　　月　　日

6.4 日光灯电路安装检查单

日光灯电路安装项目检查单		班级	姓名	总分	日期
检 查 内 容	标准分值	自我评分 A(20%)	小组评分 B(30%)	教师评分 C(50%)	
资讯、计划：					
基础知识预习、完成情况	10				
资料收集、准备情况	10				
决策：					
是否制订实施方案	5				
是否画原理图	5				
是否画安装图	5				
实施：					
操作步骤是否正确	20				
是否安全文明生产	5				
是否独立完成	5				
是否在规定的时间内完成	5				
检查：					
检查小组项目完成情况	5				
检查个人项目完成情况	5				
检查仪器设备的保养使用情况	5				
检查该项目的PPT(汇报)完成情况	5				
评估：					
请描述本项目的优点：	5				
有待改进之处及改进方法：	5				
总分(A20% + B30% + C50%)	100				

6.5 日光灯电路安装评价表

学习领域:电气安装的规划与实施					
班级		学习情境6:日光灯电路安装			
姓名		学习团队名称:			
组长签字		自我评分	小组评分	教师评分	
	评价内容	评分标准			
目标认知程度	工作目标明确,工作计划具体结合实际,具有可操作性	10			
情感态度	工作态度端正,注意力集中,能使用网络资源进行相关资料收集	10			
团队协作	积极与他人合作,共同完成工作任务	10			
专业能力要求	专业基础知识掌握程度	10			
	专业基础知识应用程度	10			
	识图绘图能力	10			
	实验、实训设备使用能力	10			
	动手操作能力	10			
	实验、实训数据分析能力	10			
	实验、实训创新能力	10			
总分					
本人在小组中的排名(填写名次)					
备注:					

学习单元 7

单相配电板安装

知识技能

通过本单元的学习,使学生能够在以下方面得到巩固与提高:

1. 掌握单相交流感应式电度表的正确接线方法,了解其结构和工作原理,学会用电度表进行计能;

2. 掌握小型低压断路器(空气开关)、电流型漏电保护器的接线方法,了解其结构和工作原理;

3. 学会画单相配电板的电气原理图和安装平面布置图;

4. 掌握家用小型配电板的配线、接线、安装方法;

5. 进一步掌握正弦交流电路中电能、功率的概念及其分析计算方法。

情感、态度、价值观

通过本单元的学习,使学生对"家庭照明电路"有更全面的认识,对低压照明电器有更进一步的了解;训练学生从事照明线路"内线安装"的专业技能,培养学生"不惧电、了解电"的职业素养,树立"安全、合理、节约"用电的价值观念。

情境描述

低压配电板、配电箱是连接电源与用电设备的中间装置,它除了分配电能外,还具有对用电设备进行控制、测量、指示及保护等功能。将测量仪表和控制、保护、信号等器件按一定规律安装在板上,便制成配电板。电工实训室有20mm厚的木板、单相电度表、空气开关、漏电保护、熔断器等一批元器件,制作一块简易家用配电板。

以"单相配电板安装"为中心建立一个学习情境,将电能计量、短路、失压(欠压)保护、漏电保护等配电的基本常识与空气开关、断路器、电度表的安装等基本技能结合起来。

7.1 单相配电板安装学习资料

§7.1-1 感应式单相电度表

一 常用电度表的分类

电度表按其使用的电路可分为直流电度表和交流电度表,家庭用的电源是交流电,因此是交流电度表。交流电度表按其电路进表相线又可分为:单相电度表、三相三线电度表和三相四线电度表。一般家庭使用的是单相电度表,但别墅和大用电住户也有使用三相四线电度表,工业用户使用三相三线和三相四线电度表。

电度表按其工作原理可分为电气机械式电度表和电子式电度表。在20世纪90年代以前,我们使用的一般是电气机械式电度表又称为感应式电度表或机械式电度表,随着电子技术的发展,电子式电度表的应用越来越多,有逐步取代机械式电度表的趋势。

电度表按其用途可分为有功电度表、无功电度表、标准电度表、复费率分时电度表、预付费电度表、多功能电度表等。家庭常用的是有功电度表,但预付费电度表的使用也越来越普及,现在有的发达地区为了节电也在推广复费率分时电度表。

电度表按准确度等级可分为普通安装式电度表《0.2、0.5、1.0、2.0、3.0级》和携带式精密电度表《0.01、0.02、0.05、0.1、0.2》等。

二 电度表的铭牌

电度表上标有"220V、10A"的字样表示:额定电压是220V,额定电流是10A,可以用在最大功率为220V×10A=2200W的家庭电路中。电度表上的"1500r/kWh"字样表示消耗每千瓦时(一度电)的电能,电度表转动1500r。

【例题7.1】 某电器单独工作20min的过程中,该电度表的转盘转了500r,该电表的电度常数为$C=1500\text{r/kW}\cdot\text{h}$,则该电器的功率应为多少?

解:1kW·h对应电表转1500r(圈),20min内电表转了500r,用电器对应的功率:

$$P = \frac{1000 \times 500 \times 60}{1500 \times 20} = 1000\text{W}$$

三 单相感应电度表工作原理

电度表是利用电压和电流线圈在铝盘上产生的涡流与交变磁通相互作用产生电磁力,使铝盘转动,同时引入制动力矩,使铝盘转速与负载功率成正比,通过轴向齿轮传动,由计度器积算出转盘转数而测定出电能。常用的电能单位是"度"(千瓦时),从电能单位的定义可知,要累计某段时间耗费了多少电能,必须把电流的安数、电压的伏数、时间的小时数全都测出来,然后把三者相乘,才能得到瓦时数。这看起来挺复杂,但就是安在各家墙上的电度表轻松地完成了上述计算功能。

四 单相电度表的基本结构

电度表主要结构是由电压线圈、电流线圈、转盘、转轴、制动磁铁、齿轮、计度器等组成,如图7-1所示。

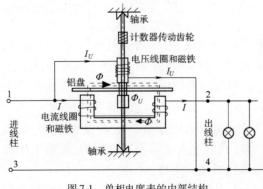

图7-1 单相电度表的内部结构

从外表看,电度表上除了有类似燃气表的滚轮计数器之外,最突出的特点是有个圆形的铝盘,能绕着竖轴转动。盘边上还画了一道红油漆,用电时铝盘一转就看到红漆记号向右边动。用电越多(电流大)那红道就动得越快。

(1)驱动部件:由电流元件和电压元件组成。电流元件由铁芯和绕在铁芯上的电流线圈组成。电流线圈的导线较粗,匝数较少,与负载串联,故又称串联电磁铁。电压元件也由铁芯和电压线圈组成。电压线圈的导线较细而匝数较多,与负载并联,故又称并联电磁铁。

（2）转动部分:由铝质的转动圆盘、固定转动圆盘的转轴构成,转轴支承在上下轴承中。电度表工作时,电流元件和电压元件产生的交变磁场使铝盘感应出的涡流与该交变磁场相互作用,驱使圆盘产生转动。

（3）制动部分:由永久磁铁构成,它是用来在铝盘转动时产生制动力矩的,使铝盘的转速和被测功率成正比,以便用铝盘的转数来反映被测电能的大小。

（4）积算机构:用来计算铝盘在一定时间内的转数,以便达到累计电能的目的。

五 单相电度表的使用方法

1 合理选择电度表

首先,根据任务选择单相或三相电度表。其次,根据额定电压、电流的选择,必须使负载电压、电流等于或小于其额定值。

2 正确接线

要根据说明书的要求和接线图把进线和出线依次对号接在电度表的出线头上,家用电表第1孔进火线,第2孔出火线接负荷,零线从3进4出,如图7-2所示。如果误将1、2接反了,电能表倒转;如果误将两根电源线接在1、2或3、4上,就会短路,烧毁电表。

3 正确的读数

当电度表不经互感器而直接接入电路时,可以从电度表上直接读出实际电度数;如果电度表利用电流互感器或电压互感器扩大量程时,实际消耗电能应为电度表的读数乘以电流变比或电压变比。

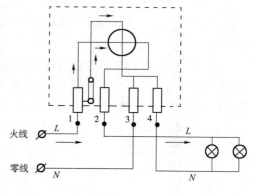

图7-2 单相电表接线示意图

§7.1-2 照明电路的保护

一 短路和过载现象

过载与短路都是指电流增大,超过了正常的电流值。当负载超过线路所能承载的电流,或所能承载的最大容量,则视为过载。而短路是一种严重过载,即将不应该连接的两点连接在一起了,因电路总阻抗剧减,导致电流远远超过供电设备的最大承载能力,瞬间就可能导致线路以及供电设备的损坏。

用电设备的增多,负荷的加大会引起载流元件的过载,过载电流是一点一点增加的,一般短时间不会引起设备烧损；而短路会使电流突然增加，短路电流有时会是额定电流的几十甚至几百倍，较大的短路电流会瞬间使设备烧损，因此需快速切断电源，防止出现事故或事故扩大。在使用中，电气设备应该在额定电流，或轻过载时长期稳定运行，在短路电流瞬时作用下，不至损坏。也就是在电气设备的选择上，"按额定电流进行选择，按短路电流进行校验"。但我们往往后一句做得不够，使许多设备在短路后自身抵抗能力不够而烧毁。

二 漏电现象

照明电路的漏电是由于用电器外壳和市电火线间由于某种原因连通后和地之间有一定的电位差产生的。造成漏电的原因如下：

（1）由于有些用电器的电路有问题，采用开关电源的电器（如电脑，电视机等），多属这一种情况。如有些老式彩电，人一摸到天线就会有手麻的感觉，这就是天线和电路板相连产生的漏电。这种漏电一般使接触的人体产生发麻、刺痛的感觉。

（2）由于有些用电器设备的制造或安装问题，如电动机的带电部分碰到外壳，或者安装设备（插座）时应该可靠接地而没有接地。这种漏电有可能使接触的人体产生触电事故。

（3）电视机、电脑这些家电产品，即便是用电器的电路板本身没问题，但由于某些元件漏电（尤其是电容）或是由于电路板受潮、灰尘太多，也会出现漏电的现象，如有一些用电器外壳一开始不带电，但用了一段时间后又带电了，多属这种情况。

为了避免漏电现象的发生，除了应该将用电设备正确可靠地接地外，还应该在供电线路上装设漏电保护装置。一旦线路有较大漏电电流时，漏电保护装置动作，切断电源，从而避免人体接触带电体，造成触电事故。

三 熔断器保护

熔断器其实就是一种短路保护器，广泛用于配电系统和控制系统，主要进行短路保护或严重过载保护。工作时，熔断器串联在被保护的电路中。当电路发生短路或严重过载时，熔断器中的熔断体将自动熔断，起到保护作用，最常见的就是保险丝。

低压熔断器做线路短路保护时，熔断器熔体额定电流根据被保护对象的不同，主要有：

（1）当负载为白炽灯、电热炉等电阻性负载时，熔体额定电流等于或稍大于电路的工作电流即可。

（2）当负载为单台电动机时，考虑到电动机起动时起动电流比较大，熔断器不会因为电动机起动而熔断，熔体的额定电流大于电动机额定电流的（1.5~2）倍即可。

（3）当负载为多台电动机时，先将容量最大的电动机的额定电流乘以（1.5~2）倍系数，再加上其余多台电动机的总的额定电流，就是熔体所选取的额定电流值。

图 7-3 所示是一种最简单的瓷插式熔断器。根据被保护对象的等级和规模的不同，熔断器也相应有不同的型号和规格。

a) 熔断器

b) 熔丝

图 7-3　低压熔断器实物及符号

四 低压断路器（空气开关）保护

低压断路器（空气开关）主要用在交直流低压电网中，既能带负荷通断电路，又能在失压、欠压、短路和过负载时自动跳闸，保护线路和电气设备。

低压断路器通过电流的磁效应（电磁脱扣器）实现短路保护，通过电流的热效应（热脱扣器）实现过载保护。当电路中的电流突然加大，超过断路器的负荷时，会自动断开，它是对电路一个瞬间电流加大的保护，例如当漏电很大时，或短路时，或瞬间电流很大时的一种保护。当查明原因，可以合闸继续使用。只要电流超过其设定值就会跳闸，它是低压配电常用的元件。其常见实物与符号如图 7-4 所示。

图 7-4　低压断路器实物及符号

1 低压断路器的结构和基本工作原理

低压断路器的内部结构示意图如图 7-5 所示，它的基本结构和工作原理如下：

（1）结构

低压断路器的基本结构由触点（用于通断主电路）、灭弧装置（灭弧栅片灭弧）、脱扣器、操作机构等组成。

（2）工作原理

低压断路器的工作原理，即正常状态通/断电路：由操作机构手动、电动（分励脱扣器）合/分闸。

（3）保护功能

低压断路器的保护功能有如下几个方面：

①短路（过流）保护——过电流脱扣器（12）

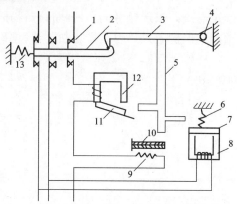

图 7-5　三极低压断路器内部结构示意图
1-触点；2-锁键；3-搭钩；4-转轴；5-杠杆；6-弹簧；7-衔铁；8-欠压（失压）脱扣器；9-加热电阻丝；10-热脱扣器双金属片；11-衔铁；12-过电流脱扣器；13-弹簧

短路电流→过流脱扣器线圈→过电流脱扣器(12)的衔铁吸合→自由脱扣机构搭钩(3)上移→触点动作

②失压(欠压)保护——失压脱扣器(8)

失压→失压脱扣器线圈失电→失压脱扣器(8)的衔铁释放→自由脱扣机构搭钩(3)上移→触点动作

③过载保护——热脱扣器双金属片(10)

过载→热脱扣器双金属片(10)受热向上弯曲→自由脱扣机构搭钩(3)上移→触点动作

④脱扣器——包括失压脱扣器、过流脱扣器、过载脱扣器、分励脱扣器,并非每种类型的断路器均具有上述四种脱扣器,要根据断路器使用场合而定。

2 低压断路器主要技术参数

额定电压:断路器长期工作的允许电压,通常,等于或大于电路的额定电压。

额定电流:指断路器在电路中长期工作时的允许持续电流。

通断能力:断路器在规定的电压、频率以及规定的线路参数(交流电路为功率因数,直流电路为时间常数)下,所能接通和分断的短路电流值。

分断时间:指切断故障电流所需的时间,包括固有断开时间和燃弧时间。

3 低压断路器(自动空气开关)的一般选用原则

(1)自动空气开关的额定工作电压≥线路额定电压;

(2)自动空气开关的额定电流≥线路负载电流;

(3)热脱扣器的整定电流=所控制负载的额定电流;

(4)电磁脱扣器的瞬时脱扣整定电流>负载电路正常工作时的峰值电流;

(5)自动空气开关欠电压脱扣器的额定电压=线路额定电压。

断路器在家庭供电中作总电源保护开关或分支线路保护开关用。当住宅线路或家用电器发生短路或过载时,它能自动跳闸,切断电源,从而有效地保护这些设备免受损坏或防止事故扩大。家庭一般用二极(2P)断路器作总电源保护,用单极(1P)作分支保护。断路器的额定电流如果选择得偏小,则断路器易频繁跳闸,引起不必要的停电;如选择过大,则达不到预期的保护效果。因此家装断路器,正确选择额定容量电流大小很重要。

一般小型断路器规格主要以额定电流区分6A、10A、16A、20A、25A、32A、40A、50A、63A、80A、100A等。那么,一般家庭如何选择或验算总负荷电流的总值呢?

(1)首先计算各分支电流的值

①纯电阻性负载,如灯泡、电热器等用注明功率直接除以电压即可求得相关电流,其计算公式:

$$I = \frac{P}{U} = \frac{P}{220}$$

例如,20W 的灯泡,分支电流 $I = \frac{20}{220} = 0.09A$。

电风扇、电熨斗、电热毯、电热水器、电暖器、电饭锅、电炒锅、吸尘器、空调等为阻性负载。

②感性负载,如荧光灯,电视机,洗衣机,电冰箱等计算稍微复杂,要考虑消耗功率,具体

计算还要考虑功率因数等。为便于估算,在此给出一个简单的计算方法,即一般感性负载,根据其注明负载计算出来的功率再翻一倍即可,例如注明 20W 的日光灯的分支电流 $I=\dfrac{20}{220}=0.09\text{A}$,翻倍为 $0.09\times 2=0.18\text{A}$(比精确计算值 0.15A,多 0.03A)。

(2)总负荷电流即为各分支电流之和

知道了分支电流和总电流,就可以选择分支断路器及总闸断路器、总保险丝、总电表以及各支路电线的规格,或者验算已设计的这些电气部件的规格是否符合安全要求。

为了确保安全可靠,电气部件的额定工作电流一般应大于 2 倍所需的最大负荷电流。此外,在设计、选择电气部件时,还要考虑到以后用电负荷增加的可能性,为以后需求留有余量。表 7-1 给出了几种常见住宅的计算负荷及主开关的额定电流。

几种常见住宅的计算负荷及主开关的额定电流　　　　表 7-1

住宅类别	计算负荷 (kW)	计算电流 (A)	主开关额定电流 (A)	电度表容量 (A)	进户线规格
复式楼	8	43	90	20(80)	BV-3″25mm²
高级住宅	6.7	36	70	15(60)	BV-3″16mm²
120m² 以上住宅	5.7	31	50	15(60)	BV-3″16mm²
80~120m² 住宅	3	16	32	10(40)	BV-3″10mm²

注:当实际用电容量大于 8kW 时,应考虑三相五线制配电

4　DZ47—60 高分断小型断路器

DZ47—60 小型断路器,适用于照明配电系统(C 型)或电动机的配电系统(D 型)。外形美观小巧、重量轻,性能优良可靠,分断能力较强,脱扣迅速。主要用于交流 50Hz/60Hz,单极 230V,二、三、四极 400V,电流至 60A 的线路中起过载、短路保护,同时也可以在正常情况下不频繁地通断电器装置和照明线路。图 7-6 为此型号常见外形图。

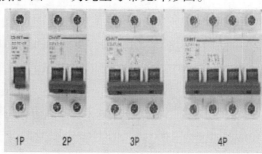

图 7-6　DZ47—60 型空气开关

五 漏电保护器保护

漏电保护器俗称漏电开关,是用于在电路或电器绝缘受损发生对地短路时防人身触电和电气火灾的保护电器,一般安装于每户配电箱的插座回路上和全楼总配电箱的电源进线上,后者专用于防电气火灾。

低压配电系统中装设漏电保护器是防止人身触电事故的有效措施之一,也是防止因漏电引起电气火灾和电气设备损坏事故的技术措施。但安装漏电保护器后并不等于绝对安

全,运行中仍应以预防为主,并应同时采取其他防止触电和电气设备损坏事故的技术措施。

1 漏电保护器的工作原理

图 7-7 所示为三相四线制漏电保护开关工作原理、接线图。漏电保护装置由主触头、零序电流互感器、脱扣器、放大器、试验按钮(*SB*)等几部分组成。被保护线路设备正常时,通过零序电流互感器的电流和为零,零序电流互感器无信号输出,开关不动作,线路正常运行。当被保护线路、设备出现漏电时,或其他原因,使通过零序电流互感器的电流和不为零,此使零序电流互感器有信号输出经放大器放大后,输送给脱扣器,脱扣器动作使开关掉闸,分断电路起到保护作用。

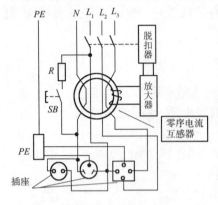

图 7-7 漏电保护开关工作原理、接线图

2 DZ47—63C 型漏电断路器

DZ47—63 系列高分断小型断路器具有结构先进、性能可靠、分断能力高、外形美观小巧等特点,适用于交流 50Hz 或 60Hz,额定工作电压至 400V,额定电流为 63A 及以下的场所。主要用于办公楼、住宅和类似建筑物的照明、配电线路及设备的过载、短路保护,也可在正常情况下,作为线路不频繁的转换之用。

DZ47—63C 型漏电断路器为电流动作型电子式快速漏电断路器。由高导磁材料制作的零序电流互感器、电子组件板、漏电脱扣器和 DZ47—63 开关组成。当被保护电路有漏电或者人身触电时,经过零序电流互感器的电流矢量和不为零,互感器二次线圈的二次侧产生感应电压并经集成电路放大,当达到整定值时,通过漏电脱扣器,切断电源电路。当被保护的电路发生短路或者过载时,漏电断路器中的 DZ47—63 开关自动跳闸,切断电源。图 7-8 为此型号常见外形图。

 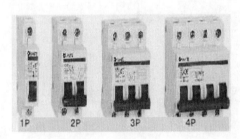

图 7-8 DZ47—63C 型带漏电保护的空气开关

3 漏电保护器主要技术参数

额定电压:指漏电保护器的使用电压。规定为 220V 或者 380V。

额定电流:被保护电路允许通过的最大电流。

额定动作电流:在规定条件下,必须动作的漏电电流值。当漏电电流等于此值时,漏电保护器必须动作。

额定不动作电流:指在规定条件下,不动作的漏电电流值。当漏电电流小于或者等于此值时,保护器不应动作。此电流值一般为额定动作电流的一半。

动作时间:指从漏电发生到保护器动作断开的时间。快速型在0.2s以下,延时型一般为0.2~2s之间。

  4 漏电保护器的选用

  通俗点说,漏电保护主要作用是解决漏电问题(相线流出多少电流,中性线就要回来多少电流,一旦有电流缺失,比如人体触电,电流通过人体流到地上的时候,一般超过30mA,漏电保护器就会工作,切断电源,从而杜绝了电流对人体伤害)。

  现在的家庭电路基本配置为:入户总开关用双联(有些住房用的是三相五线制的话就是三联)空气开关,单联空气开关用到照明线路,漏电保护用在插座电路上。这是因为插座是我们接触频繁的电路终端,插座电路用漏电保护开关的话,最大限度地保证了人体安全。而且插座线路都分几路走线,一旦一路有问题,其他电路上的插座都还可以正常工作;照明线路一旦有问题的话,我们接在插座上的台灯或落地灯,都还能正常工作,不会让屋里漆黑一片,同时能给照明电路的检修提供方便。

  家庭照明电路安装时,一般应该注意以下几点:

  (1)不要用漏电开关做总开关,一旦因某处漏电断开,家里就会漆黑一片,不利于检修和照明。

  (2)不要让照明线路和插座线路混接,这样就不会发生不明真相的跳闸。

  (3)合理布置线路的负载,并合理配置适当的空气开关及带空气开关的漏电保护开关。

§7.1-3 配电盘安装要求

  配电盘安装要求如下:

  (1)配电箱(盘)配线排列整齐,并绑扎成束,在活动部位应固定。盘面引出及引进的导线应留有适当余度,以便于检修。

  (2)线剥削处不应伤线芯或线芯过长,导线压头应牢固可靠,多股导线不应盘圈压接,应加装压线端子(有压线孔者除外)。如必须穿孔用顶丝压接时,多股线应涮锡后再压接,不得减少导线股数。

  (3)(盘)的盘面上安装的各种刀闸及自动开关等,当处于断路状态时,刀片可动部分均不应带电(特殊情况除外)。

  (4)装设的刀闸及熔断器等电器上端接电源,下端接负荷。横装者左侧(面对盘面)接电源,右侧接负荷。

  (5)照明配电箱(板)内装设的螺旋熔断器,其电源线应接在中间触点的端子,负荷线应接在螺纹的端子上。

  (6)配电箱(盘)上的母线,其相线应涂颜色标出:A 相(L_1)应涂黄色;B 相(L_2)应涂绿色;C 相(L_3)应涂红色;中性线 N 相应涂淡蓝色;保护地线(PE 线)应涂黄、绿相间双色。

  (7)配电箱(盘)上电具,仪表应牢固、平正、整洁、间距均匀、铜端子无松动、启闭灵活,零部件齐全。

  (8)绝缘摇测:配电箱(盘)全部电器安装完毕后,用500V兆欧表对线路进行绝缘摇测。摇测项目包括相线与相线之间,相线与中性线之间,相线与保护地线之间,中性线与保护地线之间。

7.2 单相配电板安装习题

一、填空题

1. 在功率三角形中,功率因数角所对的直角边是_____。
2. 在功率三角形中,如果 S 为 5kVA,P 为 4kW,则 Q 应为_____。
3. 单相交流电流流过某一器件 $u = 220\sin(3.14t + 30°)$ V,$i = 5\sin(3.14t + 60°)$ A,则电压_____电流_____度,该器件复阻抗为 $Z =$ _____,该器件消耗的有功功率 $P =$ _____,无功率 $Q =$ _____,视在功率 $S =$ _____;功率因数角 $\varphi =$ _____。
4. 在感性负载两端并联上电容以后,线路上的总电流将_____,负载电流将_____,线路上的功率因数将_____,有功功率将_____。
5. 提高功率因数的意义在于_____和_____。
6. 电网的功率因数越高,电源的利用率就越_____,无功功率就越_____。
7. 纯电阻负载的功率因数为_____,而纯电感和纯电容负载的功率因数为_____,当电源电压和负载有功功率一定时,功率因数越低,电源提供的电流越_____,线路的电压降越_____。
8. 提高功率因数常用的方法是_____,功率因数最大等于_____。
9. 正弦交流电路中有功功率表达式为_____,无功功率表达式为_____。
10. 一度电可供"220V/100W"的灯泡正常发光_____小时。

二、选择题

1. 提高供电电路的功率因数,下列说法正确的是(　　)。
   A. 减少了用电设备中无用的无功功率
   B. 减少了用电设备的有功功率,提高了电源设备的容量
   C. 可以节省电能
   D. 可提高电源设备的利用率并减小输电线路中的功率损耗
2. 正弦交流电路的视在功率是表征该电路的(　　)。
   A. 电压有效值与电流有效值乘积　　　B. 平均功率

C. 瞬时功率最大值

3. 为提高功率因数,常在感性负载两端(　　)。
   A. 串联一个电感　　　　　　　　B. 并联一个电感
   C. 并联一个适当电容器　　　　　D. 串联一个电容器

4. 在交流纯电容电路中,电路的(　　)。
   A. 有功率等于零　　B. 无功率等于零　　C. 视在功率等于零

5. 视在功率的单位是(　　)。
   A. 瓦　　　　　　B. 伏安　　　　　　C. 乏

6. 电气设备的额定容量是指(　　)。
   A. 有功功率　　　B. 无功功率　　　　C. 视在功率

7. 通常我们讲白炽灯的功率是40W,电动机的功率为10kW 等,都指的是(　　)的大小。
   A. 平均功率　　　B. 瞬时功率　　　　C. 无功功率　　　D. 最大功率

8. 在电阻、电感串联电路中,如果把 U 和 I 直接相乘,我们把这个乘积称(　　)。
   A. 有功功率　　　B. 无功功率　　　　C. 视在功率　　　D. 最大功率

9. (　　)是有功功率 P 和视在功率 S 的比值。
   A. $\tan\phi$　　　B. $\cot\phi$　　　　C. $\sin\phi$　　　D. $\cos\phi$

10. 在感性负载的两端并联电容可以(　　)。
    A. 提高负载的功率因数　　　　B. 提高线路的功率因数
    C. 减小负载电流　　　　　　　D. 减小负载的有功功率

11. 纯电感电路中无功功率用来反映电路中(　　)。
    A. 纯电感不消耗电能的情况　　B. 消耗功率的多少
    C. 能量交换的规模　　　　　　D. 无用功的多少

12. 在 R、L 串联电路中,下列计算功率因数公式中,错误的是(　　)。
    A. $\cos\varphi = U_R/U$　　B. $\cos\varphi = P/S$　　C. $\cos\varphi = R/|Z|$　　D. $\cos\varphi = S/P$

三 计算题

1. 在图7-9 所示正弦交流电路中,求:(1)未知电压、电流表的读数;(2)有功功率;(3)无功功率;(4)视在功率。

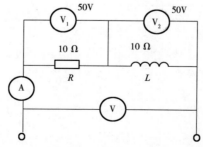

图 7-9

2. 一个无源二端网络 $\dot{U}=10\angle 30\text{V}$，$\dot{I}=2\angle 90\text{A}$，求该二端网络的：(1) 复阻抗；(2) 有功功率；(3) 无功功率；(4) 视在功率；(5) 说明该二端网络的性质。

四 简答题

1. 试画出你家里从入户到房间照明等用电设施的电路安装图。
2. 单相电度表的内部结构主要由哪些部件组成？各起什么作用？
3. 根据图 7-10 结构原理图，指出图中低压断路器各部件名称，并简述其各种保护原理。

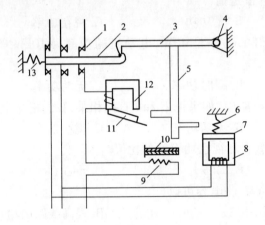

图 7-10

4. 漏电保护器主要起什么作用？
5. 配电板上元器件安装有哪些工艺要求？

7.3 单相配电板安装同步训练

单相配电板安装项目引导文	班 级	
	姓 名	

一、项目描述

电工实训室有 20mm 厚的木板、单相电度表、空气开关、漏电保护、熔断器等一批元器件,制作一块简易家用配电板。

要求以"单相配电板安装"为中心设计一个学习情境,完成以下几项学习任务:
(1)分别画出配电板电路原理图和安装布置图;
(2)正确安装配电板电路;
(3)将单元 5 的白炽灯电路、单元 6 的日光灯电路连接到配电板上。

二、项目资讯

1. 请看清楚右边这个电度表的表面标牌,指出表面(符号)所代表的含义。

DD862—4 型:_____

kW·h:_____

220V:_____

10(40)A:_____

50Hz:_____

360r/kW·h:_____

GB/T 15283—1994:_____

2. 在下面这个单相电度表原理图中,线圈 5、6、7、8 各表示是什么线圈?把它们接在电路中分别应遵循什么接线原则?如果线圈 5、6 断,灯泡是否亮?如果线圈 7、8 断,灯泡是否能亮?为什么?

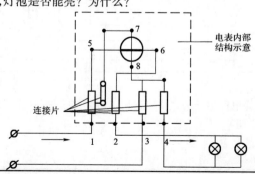

3. 电度表上除了有类似燃气表的滚轮计数器之外,最突出的特点是有个圆形的铝盘,能绕着竖轴转动。盘边上还画了一道红油漆,用电时铝盘一转就看到红漆记号向右边动。用电越多(电流大)那道就动得越快。请问,单相电表的铝盘为何会转动?画出其内部结构原理图,指出各部件的名称、作用,并根据内部结构解释其工作原理。

4. 宿舍房间用电总量约为 3500W,应该选择什么样的电表呢?

答:因为 3500W/220 = 16A,就是说至少要选用_____A 的电表,或者直接选用_____A 的电表。国内居民用电的电表都是_____级精度的。

5. 塑壳式断路器具有短路、失压(欠压)、过载、漏电等多种保护功能,你打算使用吗?如果使用的话,请选择好一种规格型号,并解释各参数的意义。

如:塑壳式断路器中 60AF、15A、220V、5kA 的含义为:

60AF 是这种断路器的壳架电流,也就是说这种安装尺寸的断路器的最大工作电流是 60A 的,15A 是断路器的额定工作电流,220V 是断路器的额定电压,5kA 是额定断路器的分断能力。

6. 请在下图这个空气开关的原理图上(对应的数字部分)标上各部件的名称。

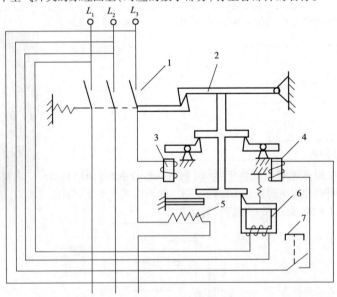

7. 请列举本次实训用的漏电保护开关规格、型号,了解其接线规则,并说明该漏电保护开关的动作原理(画出结构原理图进行说明)。

三、项目计划

  1. 请画出本次配电板安装的电气原理图。

  2. 请画出此次安装电路的元器件平面布置图。下图是某配电板电路的安装平面图,供参考。

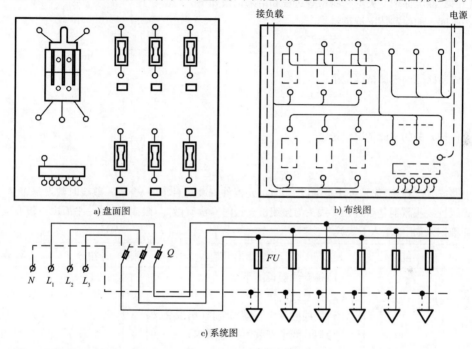

小组设计的安装平面布置图(要求参照上图参考图例画出)

  3. 选择确定好本项目所需要的工具、仪表、器材,列出所需要的工具、仪表、器件清单(元器件的规格、型号),要求用表格列写。

  4. 制作任务实施情况检查单,包括小组各成员的任务分工、任务完成、任务检查情况的记录,以及任务执行过程中出现的问题及应急情况的处理(备注栏)等。

四、项目决策

1. 分小组讨论单相配电板安装方案。
2. 老师指导确定单相配电板安装的最终方案。
3. 每组选派一位成员阐述本组单相配电板安装的最终方案。

五、项目实施

1. 请在安装配电板之前,对本次所使用的设备、器件的性能和质量进行简单的检测和判断(比如电表、空气开关、漏电保护开关等),将检查过程和结果记录如下。

单相电度表的检测情况记录:

塑壳式断路器的检测情况记录:

漏电保护开关的检测情况记录:

2. 电路安装过程中,你是否注意到以下几点:元器件安装是否牢固、合理?敷线时敷设是否平直,成直角?接线桩头露铜是否过长?线头与接线桩连接时有没有做"羊眼圈"?同一平面内有没有交叉导线?请详细记录如下(填入下表)。

项目内容	配分	评分标准	扣分	得分
护套线配线	40	(1)护套线敷设不平直; (2)护套线转角不圆; (3)导线敷设没有横平竖直,出现交叉; (4)铝片线卡安装不符合要求; (5)导线剖削损伤; (6)导线线径选择不合理; (7)配线长度估算不准,造成浪费		
器件安装	40	(1)元器件布置不合理、不便于走线; (2)相线未进开关; (3)元件安装松动; (4)元件安装歪斜,不美观; (5)针孔式接线桩连接有露铜,线头压接不牢固; (6)平压式接线桩连接质量差,没有做"羊眼圈",出现反圈; (7)出现了短路、断路故障		
安全文明操作	20	(1)违反操作规程; (2)工作场地不整洁; (3)工作态度消极; (4)团队合作能力差		

3.通电检测线路,是否出现了不正常情况?如果没有,试着人为制造短路、过载、漏电故障,观察自动空气开关和漏电保护开关的保护作用,将你的操作过程记录如下。

4.配电板检查正常后,接上功率大小不同的负载,观察电度表的转速的快慢。如果要使电度表反转,你是怎样实现的?记录其实施过程。

5.填写任务执行情况检查单。

六、项目检查

1.学生填写检查单。
2.教师填写评价表。
3.学生提交实训心得。

七、项目评价

1.小组讨论,自我评述本项目完成情况及发生的问题,小组共同给出提升方案和有效建议。
2.小组准备汇报材料,每组选派一人进行汇报。
3.老师对本项目完成情况进行评价。

学生自我总结:

指导老师评语:

项目完成人签字: 日期: 年 月 日

指导老师签字: 日期: 年 月 日

7.4 单相配电板安装检查单

单相配电板安装项目检查单		班级	姓名	总分	日期
检 查 内 容	标准分值	自我评分 A(20%)	小组评分 B(30%)	教师评分 C(50%)	
资讯、计划:					
基础知识预习、完成情况	10				
资料收集、准备情况	10				
决策:					
是否制订实施方案	5				
是否画原理图	5				
是否画安装图	5				
实施:					
操作步骤是否正确	20				
是否安全文明生产	5				
是否独立完成	5				
是否在规定的时间内完成	5				
检查:					
检查小组项目完成情况	5				
检查个人项目完成情况	5				
检查仪器设备的保养使用情况	5				
检查该项目的PPT(汇报)完成情况	5				
评估:					
请描述本项目的优点:	5				
有待改进之处及改进方法:	5				
总分(A20% + B30% + C50%)	100				

7.5 单相配电板安装评价表

学习领域:电气安装的规划与实施					
班级			学习情境7:单相配电板安装		
姓名			学习团队名称:		
组长签字			自我评分	小组评分	教师评分
评价内容		评分标准			
目标认知程度	工作目标明确,工作计划具体结合实际,具有可操作性	10			
情感态度	工作态度端正,注意力集中,能使用网络资源进行相关资料收集	10			
团队协作	积极与他人合作,共同完成工作任务	10			
专业能力要求	专业基础知识掌握程度	10			
	专业基础知识应用程度	10			
	识图绘图能力	10			
	实验、实训设备使用能力	10			
	动手操作能力	10			
	实验、实训数据分析能力	10			
	实验、实训创新能力	10			
总分					
本人在小组中的排名(填写名次)					
备注:					

学习单元 8

变压器绕组极性判别

 知识技能

通过本单元的学习,使学生能够在以下方面得到巩固与提高:

1. 掌握磁场及基本物理量、电磁感应定律、磁路及基本定律、电感线圈等知识点;
2. 了解变压器基本结构与原理;
3. 掌握变压器(＊电动机)的绝缘检测方法;
4. 掌握变压器(＊电动机)绕组极性判别的方法。

 情感、态度、价值观

通过本单元的学习,使学生能够了解电磁感应现象的具体应用,理解"磁"作为一种传递能量的中间媒介的重要意义;增强学生对电磁学理论知识的好奇心与求知欲,激发学生更进一步了解电动机产品的兴趣,树立科学使用电动机产品的价值观。

情境描述

在电力系统中,变压器是重要的电气设备。变压器除了有变压、变流、变阻抗的功能外,还起着电气隔离的作用。在使用电源变压器时,有时为了得到所需要的次级电压,可将两个或多个次级绕组串联起来使用。参加串联的各绕组的同名端必须正确连接,不能搞错,否则,变压器不能正常工作。实训室有自制的一批 50VA 的电源变压器,有两个 6V 输出端子,现在需要使用 12V 电压,可以把这两个 6V 的输出串联成为 12V 输出。为了防止连接错误,首先得判断出不同线圈的同极性端子(同名端)。

以"变压器绕组极性判别"为中心建立一个学习情境,将磁与电磁、磁路及基本定律、变压器的基本结构与原理等知识点与变压器电气绝缘检测、变压器绕组极性判别等基本技能结合起来。

8.1 变压器绕组极性判别学习资料

§8.1-1 磁场及其基本物理量

一 磁场

1 磁体与磁感线

将一根磁铁放在另一根磁铁的附近,两根磁铁的磁极之间会产生互相作用的磁力,同名

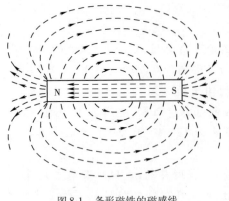

图8-1 条形磁铁的磁感线

磁极互相排斥,异名磁极互相吸引。磁极之间相互作用的磁力,是通过磁极周围的磁场传递的。磁极在自己周围空间里产生的磁场,对处在它里面的磁极均产生磁场力的作用。

磁场可以用磁感线来表示,磁感线存在于磁极之间的空间中。在一般情况下,磁感线不能被阻挡或隔绝,它可以穿过任何物质,可以穿过磁铁及其周围空间形成闭合环路,磁感线的方向从北极出来,进入南极,磁感线在磁极处密集,并在该处产生最大磁场强度,离磁极越远,磁感线越疏。条形磁铁的磁感线,如图8-1所示。

2 磁场与磁场方向判定

磁铁在自己周围的空间产生磁场,通电导体在其周围的空间也产生磁场。

通电直导线产生的磁场,如图8-2所示。磁感线(磁场)方向可用安培定则(也叫右手螺旋法则)来判定:用右手握住导线,让伸直的大拇指所指的方向跟电流方向一致,那么弯曲的四指所指的方向就是磁感线的环绕方向。

通电线圈产生的磁场,如图8-3所示。磁感线是一些围绕线圈的闭合曲线,其方向也可用安培定则来判定:让右手弯曲的四指和线圈电流的方向一致,那么伸直的拇指所指的方向就是线圈中心轴线上磁感线的方向。

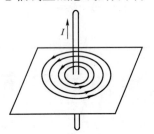
图8-2 通电直导线产生的磁场

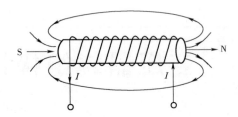
图8-3 通电线圈产生的磁场

二 磁场中的基本物理量

1 磁感应强度 B

磁感应强度 B 是表征磁场中某点的磁场强弱和方向的物理量。可用磁感线的疏密程度来表示,磁感线的密集度称为磁通密度。在磁感线密的地方磁感应强度大,在磁感线疏的地方磁感应强度小。磁感应强度也可用通以单位电流的导线的电流方向与磁场垂直时,导线所受的磁场力的大小来表示。B 是矢量,其方向与产生它的电流方向之间成右螺旋关系,其大小定义为:

$$B = \frac{F}{Il} \tag{8-1}$$

式中：B——磁感应强度，单位为特斯拉（T），工程上常采用高斯（Gs），$1\text{Gs} = 10^{-4}\text{T}$；

F——导线所受的力，单位牛顿米（N·m）；

l——导线的长度，单位米（m）；

I——导线中通过的电流，单位安培（A）。

磁感应强度 B 可用专门的仪器来测量，如高斯计。

2. 磁通量 Φ

磁通可以用通过与磁感线相垂直的某一截面 A 的磁感线总数来表示。若磁场中各点的磁感应强度相等（大小与方向都相同），则为匀强磁场。磁感应强度 B 与垂直于磁场方向的面积 A 的乘积，称为通过该面积的磁通量 Φ，即

$$\Phi = BA \tag{8-2}$$

式中：Φ——磁通量，单位为韦伯（Wb），工程上有时用麦克斯韦（Mx），$1\text{Mx} = 10^{-8}\text{Wb}$；

A——面积，单位平方米（m²）；

B——磁感应强度，单位为特斯拉（T）。

3. 磁导率 μ

实验进一步表明通电线圈产生的磁场强弱程度除了与电流大小及线圈匝数（磁通势）有关外，还与线圈中的介质（即线圈内所放入的物质）有关。如线圈内放入铜、铝、木材或空气等物质时，则线圈产生的磁场基本不变，如放入铁、镍、钴等物质时，线圈中的磁场在外磁场的作用下显著增强。

工程上用磁导率 μ 来表示各种不同材料导磁能力的强弱。磁导率单位为 H/m（亨/米）。真空中的磁导率是一个常数，用 μ_0 表示，即

$$\mu_0 = 4\pi \times 10^{-7} \text{H/m}$$

空气、木材、玻璃、铜、铝等物质的磁导率与真空的磁导率非常接近。其他任一媒质的磁导率与真空的磁导率的比值称为相对磁导率，用 μ_r 表示，即

$$\mu_r = \frac{\mu}{\mu_0}$$

或

$$\mu = \mu_r \mu_0 \tag{8-3}$$

相对磁导率 μ_r 无量纲，不同材料的相对磁导率 μ_r 相差很大，如表 8-1 所示。由表中可见铸钢、硅钢片、铁氧磁体及坡莫合金等磁性材料的相对磁导率比非磁性材料要高 $10^2 \sim 10^6$ 倍，因而在电动机、变压器、电器及电子技术领域中均被广泛采用。

4. 磁场强度 H

磁场中各点磁感应强度的大小与媒质的性质有关，因此使磁场的计算显得比较复杂。为了简化计算，便引入磁场强度 H，一个与周围介质无关的物理量。在磁场中，各点磁场强度的大小只与电流的大小和导体的形状有关，而与媒质的性质无关。H 的方向与 B 相同，在数值上

$$B = \mu H \tag{8-4}$$

式中：H 的单位为安/米（A/m）。

不同材料的相对磁导率　　　　　　　　　　表 8-1

材料名称	μ_r
空气、木材、铜、铝、橡胶、塑料等	1
铸铁	200～400
铸钢	500～2200
硅钢片	6000～7000
铁氧磁体	几千
坡莫合金	约十万

§8.1-2　电磁感应

一、电磁感应现象

在如图 8-4a)所示的匀强磁场中,放置一根导线 AB,导线 AB 的两端分别与灵敏电流计的两个接线柱相连接,形成闭合回路。当导线 AB 在磁场中垂直磁感线方向运动时,电流计指针发生偏转,表明由感应电动势产生了电流。

如图 8-4b)所示,将磁铁插入线圈,或从线圈抽出时,同样也会产生感应电流。

也就是说,只要与导线或线圈交链的磁通发生变化(包括方向、大小的变化),就会在导线或线圈中感应电动势,当感应电动势与外电路相接,形成闭合回路时,回路中就有电流通过。这种现象称为电磁感应。

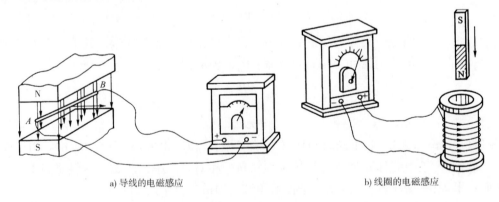

a) 导线的电磁感应　　　　　　　　b) 线圈的电磁感应

图 8-4　电磁感应实验

二、感应电动势

如果导线在磁场中,做切割磁感线运动时,就会在导线中感应电动势。其感应电动势的大小与磁感应强度 B、导线长度 l 及导线切割磁感线运动的速度 v 有关,其大小为:

$$E = Blv \tag{8-5}$$

当导线运动方向与导线本身垂直,而与磁感线方向成 θ 角时,导线切割磁感线产生的感应电动势的大小为:

$$E = Blv\sin\theta \tag{8-6}$$

感应电动势的方向可用右手定则判定:伸开右手,让拇指与其余四指垂直,让磁感线垂直穿过手心,拇指指向导体的运动方向,四指所指的就是感应电动势的方向。如图 8-5a)所示。

将磁铁插入线圈,或从线圈抽出时,导致磁通的大小发生变化,根据法拉第定律:当与线圈交链的磁场发生变化时,线圈中将产生感应电动势,感应电动势的大小与线圈交链的磁通变化率成正比。感应电动势的大小为:

$$e = -\frac{\Delta\phi}{\Delta t} \tag{8-7}$$

式中:ϕ ——磁通量,单位为韦伯(Wb);

$\dfrac{\Delta\phi}{\Delta t}$ ——与线圈交链的磁通变化率;

e ——感应电动势,单位为伏特(V)。

如果线圈有 N 匝,而且磁通全部穿过 N 匝线圈,则与线圈相交链的总磁通为 $N\Phi$,称为磁链,用"Ψ"表示,单位还是 Wb。则线圈的感应电动势为:

$$e = -\frac{\Delta\psi}{\Delta t} = -\frac{\Delta N\Phi}{\Delta t} = -N\frac{\Delta\Phi}{\Delta t} \tag{8-8}$$

式(8-8)中的负号表示感应电动势的方向,总是与原磁通变化方向相反,与其产生的感应电流方向相同。

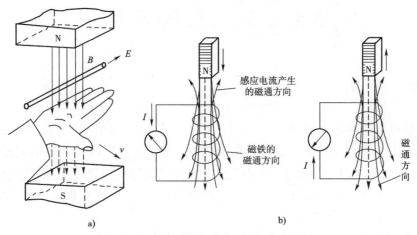

图 8-5 感应电动势、感应电流方向的判断

三 感应电流

当导体在磁场中切割磁感线运动时,在导体中产生感应电动势,如果导体与外电路形成闭合回路,就会在闭合回路中产生感应电流,感应电流的方向与感应电动势的方向相同,也可用右手定则来判定:感应电流产生的磁通总是阻碍原磁通的变化。如图 8-4b)所示,将磁铁插

入线圈,或从线圈抽出时,线圈中将产生感应电流,而感应电流产生的磁通总是阻碍线圈中原磁通的变化。

【例8.1】 在一个 $B=0.01\text{T}$ 的强磁场里,放一个面积为 0.001m^2 的线圈,其匝数为500匝。在 0.1s 内,把线圈从平行于磁感线的方向转过 $90°$,变成与磁感线方向垂直。求感应电动势的平均值。

解: 在时间 0.1s 里,线圈转过 $90°$,穿过它的磁通是从 0 变成:

$$\Phi = BS = 0.01 \times 0.001 \text{Wb} = 1 \times 10^{-5} \text{Wb}$$

在这段时间内,磁通量的平均变化率:

$$\frac{\Delta \phi}{\Delta t} = \frac{\phi - 0}{\Delta t} = \frac{1 \times 10^{-5} - 0}{0.1} \text{Wb/s} = 1 \times 10^{-4} \text{Wb/s}$$

根据电磁感应定律:

$$e = N\frac{\Delta \phi}{\Delta t} = 500 \times 1 \times 10^{-4} \text{V} = 0.05 \text{V}$$

【例8.2】 如果将一个线圈按图8-6所示,放置在磁铁中,让其在磁场中作切割磁力线运动,试判断线圈中产生的感应电动势的方向。并分析由此可以得出什么结论?

解: 根据右手定则判断感应电动势的方向,如图示。若将线圈中的感应电动势从线圈两端引出,我们便获得了一个交变的电压,这就是发动机的原理。

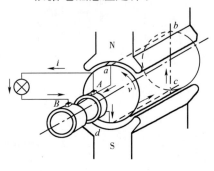

图8-6 例8.2图

§8.1-3 自感与互感

一 自感

1 自感现象与自感电动势

自感现象是电磁感应现象中的一种特殊情形。如果流过导线或线圈的电流发生变化,电流所产生的磁通也发生变化,于是在导线或线圈中因交链的磁通变化而产生感应电动势。这种由于流过线圈本身电流变化引起感应电动势的现象,称为自感现象。这个感应电动势称为自感电动势。

当电流流过回路时,在回路内要产生磁通,此磁通称为自感磁通,用符号 Φ_L 表示。当电流流过匝数为 N 的线圈时,线圈的每一匝都有自感磁通穿过,如果穿过线圈每一匝的磁通都一样,那么,这个线圈的自感磁链为:

$$\psi_L = N\Phi_L$$

当同一电流 I 通过不同的线圈时,所产生的自感磁链 ψ_L 各不相同。为了表明各个线圈产生自感磁链的能力,将线圈的自感磁链与电流的比值叫做线圈(或回路)的自感系数(或叫自感量),简称电感,用符号 L 表示,即:

$$L = \frac{\Psi_L}{I}$$

L 表示一个线圈通过单位电流所产生的磁链。

根据法拉第电磁感应定律,可以写出自感电动势的表达式为:

$$e_L = \frac{\Delta \psi}{\Delta t}$$

将 $\psi_L = LI$ 代入,得

$$e_L = \frac{\Psi_{L_2} - \Psi_{L_1}}{\Delta t} = \frac{LI_2 - LI_1}{\Delta t}$$

即

$$e_L = L\frac{\Delta I}{\Delta t} \tag{8-9}$$

2 自感现象的应用与危害

自感现象在各种电器设备和无线电技术中有广泛的应用,前面分析的用镇流器产生瞬时感应高压点燃日光灯管的电路就是利用线圈自感现象的一个例子。

自感现象的危害,集中表现在大功率电感电路中。例如,在大型电动机的定子绕组中,定子绕组的自感系数很大,而且定子绕组中流过的电流又很强,当电路被切断的瞬间,由于电流在很短的时间内发生很大的变化,会产生很高的自感电动势,在断开处形成电弧,这不仅会烧坏开关,甚至危及工作人员的安全。因此,切断这类电路时必须采用特制的灭弧开关。

二 互感

1 互感现象

如前所述,由变压器一次绕组电流 i_1 所产生的穿过二次绕组的那部分磁通 Φ_{21},称为互感磁通,由它所产生的磁链 ψ_{21},称为互感磁链。这种由于一个线圈流过电流所产生的磁通,穿过另一个线圈的现象,叫磁耦合。当 i_1 随时间变化,磁链 ψ_{21} 也随时间变化,并在二次绕组中产生感应电动势,这种现象叫互感现象。产生的感应电动势叫互感电动势。

当二次绕组接负载后,二次绕组形成闭合回路,在互感电动势的作用下,在二次绕组回路中有电流 i_2 流过,它所产生的磁通 Φ_{22},也会有一部分 Φ_{12} 穿过一次绕组,产生互感磁链 ψ_{12}($\psi_{12} = N_1 \Phi_{12}$)。当电流 i_2 随时间变化时,也会在一次绕组中产生互感电动势。

2 互感系数

在两个有磁耦合的线圈中,互感磁链与产生此磁链的电流比值,叫做这两个线圈的互感系数(或互感量),简称互感,用符号 M 表示,即:

$$M = \frac{\Psi_{21}}{i_1} = \frac{\Psi_{12}}{i_2} \tag{8-10}$$

由式(8-10)可知,两个线圈中,当其中一个线圈通有 1A 电流时,在另一线圈中产生的互感磁链数,就是这两个线圈之间的互感系数。互感系数的单位和自感系数一样,也是 H。

互感系数 M 取决于两个耦合线圈的几何尺寸、匝数、相对位置和磁介质。当磁介质为非铁磁性物质时，M 是常数。

工程上常用耦合系数 k 表示两个线圈磁耦合的紧密程度，耦合系数定义为：

$$k = \frac{M}{\sqrt{L_1 L_2}}$$

显然，$k \leq 1$。当 k 近似为 1 时，为强耦合，如两个线圈的中心轴重合时；当 k 接近于零时，为弱耦合，如两个线圈的中心轴互相垂直时；当 $k=1$ 时，称两个线圈为全耦合，此时自感磁通全部为互感磁通。

3 互感电动势

在图 8-7a) 中，当线圈 I 中的电流变化时，在线圈 II 中产生变化的互感磁链 ψ_{21}，而 ψ_{21} 的变化将在线圈 II 中产生互感电动势 e_{M_2}。如果选择电流 i_1 与 ψ_{21} 的参考方向以及 e_{M_2} 与 ψ_{21} 的参考方向都符合右手螺旋定则时，根据电磁感应定律，得：

$$e_{M_2} = \frac{\Delta \psi_{21}}{\Delta t} = M \frac{\Delta i_1}{\Delta t} \tag{8-11}$$

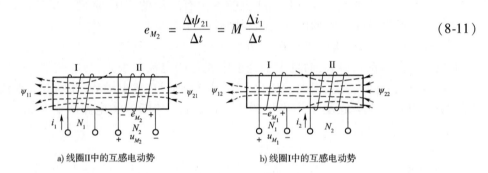

a) 线圈II中的互感电动势　　　　b) 线圈I中的互感电动势

图 8-7　线圈中的互感电动势

同理，在图 8-7b) 中，当线圈 II 中的电流 i_2 变化时，在线圈 I 中也会产生互感电动势 e_{M_1}，当 i_2 与 ψ_{12} 以及 ψ_{12} 与 e_{M_1} 的参考方向均符合右手螺旋定则，则有：

$$e_{M_1} = \frac{\Delta \psi_{12}}{\Delta t} = M \frac{\Delta i_2}{\Delta t} \tag{8-12}$$

§8.1-4　磁路及磁路欧姆定律

一 磁路的概念

1 主磁通

在图 8-8 中，当线圈中通以电流后，沿铁芯、衔铁和工作气隙构成回路的这部分磁通称为主磁通，占总磁通的绝大部分。

2 漏磁通

指没有经过工作气隙和衔铁，而经空气自成回路的这部分磁通称为漏磁通。

3 磁路

磁通经过的闭合路径称为磁路。磁路也像电路一样,分为有分支磁路(见图8-9)和无分支磁路(见图8-8)。在无分支磁路中,通过每一个横截面的磁通都相等。变压器、直流电动机及电器铁芯构成的磁路如图8-10所示。ϕ 表示主磁通。

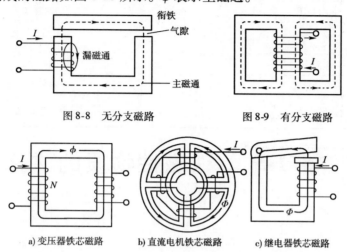

图8-8 无分支磁路　　图8-9 有分支磁路

a) 变压器铁芯磁路　b) 直流电机铁芯磁路　c) 继电器铁芯磁路

图8-10 铁芯构成的磁路图

二、磁路的欧姆定律

磁路中也有类似电路欧姆定律的基本关系式:

$$\Phi = \frac{NI}{R_m} = \frac{F}{R_m} \tag{8-13}$$

式中:Φ——磁通(对应于电流),单位韦伯(Wb);
　　NI——磁通势(对应于电动势),单位安(A),用 F 表示;
　　R_m——磁阻(对应于电阻),单位(亨)$^{-1}$(1/H)。

而磁阻在计算时也有类似电阻计算的关系式:

$$R_m = \frac{l}{\mu A} \tag{8-14}$$

式中:l——磁路长度,单位米(m);
　　A——磁路截面积,单位平方米(m^2);
　　μ——铁磁材料的磁导率,单位亨/米(H/m);
　　R_m——磁阻(对应于电阻),单位(亨)$^{-1}$(1/H)。

磁通势(磁动势)F,实验表明通电线圈产生的磁场强弱与线圈内通入电流 I 的大小及线圈的匝数 N 成正比,把 I 与 N 的乘积称为磁通势,即:

$$F = NI \tag{8-15}$$

从上面的分析可知,磁路中的某些物理量与电路中的某些物理量有对应关系,同时磁路中某些物理量之间与电路中某些物理量之间也有相似的关系。表8-2列出了磁路与电路对应的物理量及其关系式。

磁路与电路对应的物理量及其关系式　　　　　表8-2

电　　路	磁　　路
电流 I	磁通 Φ
电阻 $R = \rho \dfrac{l}{A}$	磁阻 $R_m = \dfrac{l}{\mu A}$
电阻率 ρ	磁导率 μ
电动势 E	磁通势 $F = NI$
电路欧姆定律 $I = \dfrac{E}{R}$	磁路欧姆定律 $\Phi = \dfrac{F}{R_m}$

§8.1-5　铁磁性物质的磁化

一、概述

本来不具磁性的物质，由于受磁场的作用而具有磁性的现象称为该物质被磁化。只有铁磁性物质才能被磁化，而非铁磁性物质是不能被磁化的。

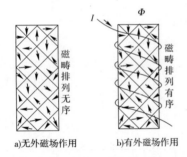

图8-11　磁畴取向示意图
a)无外磁场作用　　b)有外磁场作用

铁磁性物质能够被磁化的原因，是因为铁磁性物质是由许多被称为磁畴的磁性小区域所组成，每一个磁畴相当于一个小磁铁，在无外磁场作用时，磁畴排列杂乱无章，如图8-11a)所示，磁性互相抵消，对外不显磁性。但在外磁场的作用下，磁畴就会沿着磁场的方向做取向排列，形成附加磁场，从而使磁场显著增强，如图8-11b)所示。有些铁磁性物质在去掉外磁场以后，磁畴的大部分仍然保持取向一致，对外仍显示磁性，这就成了永久磁铁。

铁磁性物质被磁化的性能，广泛地应用于电子和电气设备中。例如，变压器、继电器、电动机等，采用相对磁导率高的铁磁性物质作为绕组的铁芯，可使同样容量的变压器、继电器和电动机的体积大大缩小，重量大大减轻；半导体收音机的天线线圈绕在铁氧体磁棒上，可以提高收音机的灵敏度。

各种铁磁性物质，由于其内部结构不同，磁化后的磁性各有差异，下面通过分析磁化曲线来了解各种铁磁性物质的特性。

二、磁化曲线

铁磁物质的 B 随 H 而变化的曲线称为磁化曲线，又称 B-H 曲线。

图8-12a)示出了测定磁化曲线的实验电路。将待测的铁磁物质制成圆环形，线圈密绕于环上。励磁电流由电流表测得，磁通由磁通表测得。

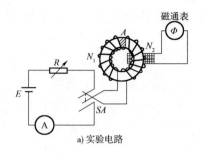
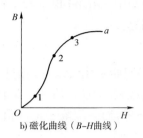

a) 实验电路　　　　　　b) 磁化曲线（B-H 曲线）

图 8-12　磁化曲线的实验测定

实验前，待测的铁芯是去磁的（即当 $H=0$ 时，$B=0$）。实验开始，接通电路，使电流 I 由零逐渐增加，即 H 由零逐渐增加，B 随之变化。以 H 为横坐标、B 为纵坐标，将多组 B-H 对应值逐点描出，就是磁化曲线，如图 8-12b) 所示。由图可见，B 与 H 的关系是非线性的，即 $\mu = \dfrac{B}{H}$ 不是常数。

B-H 曲线分为三段：

（1）起始磁化段（曲线的 0～1 段）

曲线上升缓慢，这是由于磁畴的惯性，当 H 从零值开始增大时，B 增加较慢。

（2）直线段（曲线的 1～2 段）

随着 H 的增大，B 几乎是直线上升，这是由于磁畴在外磁场作用下大部分都趋向 H 的方向，B 增加很快，曲线较陡。

（3）饱和段（曲线的 2～3 段）

随着 H 的增加，B 的上升又比较缓慢了，这是由于大部分磁畴方向已转向 H 方向，随着 H 的增加只有少数磁畴继续转向，B 的增加变慢。到达 3 点以后，磁畴几乎全部转到外磁场方向，再增大 H 值，也几乎没有磁畴可以转向了，曲线变得平坦，这时的磁感应强度叫饱和磁感应强度。不同的铁磁性物质，B 的饱和值是不同的，但对每一种材料，B 的饱和值却是一定的。对于电动机和变压器，通常都是工作在曲线的 2～3 段（即接近饱和的地方）。

由于磁化曲线表示了媒质中磁感应强度 B 和磁场强度 H 的函数关系，所以，若已知 H 值，就可以通过磁化曲线查出对应的 B 值。因此，在计算媒质中的磁场问题时，磁化曲线是一个很重要的依据。图 8-13 所表示的是几种不同铁磁性物质的磁化曲线。从曲线上可以看出，在相同的磁场强度 H 下，硅钢片的 B 值最大，铸铁的 B 值最小，说明硅钢片比铸铁的导磁性能好得多。

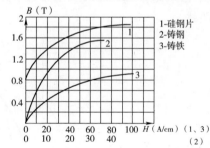

图 8-13　不同铁磁性物质的磁化曲线

三 磁滞回线

上面讨论的磁化曲线，只是反映了铁磁性物质在外磁场由零逐渐增强时的磁化过程。

但在很多实际应用中,铁磁性物质是工作在交变磁场中的,所以,有必要研究铁磁性物质反复交变磁化的问题。

1 剩磁

当 B 随 H 沿起始磁化曲线达到饱和值以后,逐渐减小 H 的数值,实验表明,这时 B 并不是沿起始磁化曲线减小,而是沿另一条在它上面的曲线 ab 下降,如图 8-14 所示。当 H 减至零时,B 值不等于零,而是保留一定的值称为剩磁,用 B_r 表示,永久磁铁就是利用剩磁很大的铁磁性物质制成的。

2 矫顽磁力

为了消除剩磁,必须外加反方向的磁场,随着反方向磁场的增强,铁磁性物质逐渐退磁,当反向磁场增大到一定的值时,B 值变为零,剩磁完全消失,bc 这一段曲线叫退磁曲线。这时的 H 值是为克服剩磁所加的磁场强度,称为矫顽磁力,用 H_c 表示。矫顽磁力的大小反映了铁磁性物质保存剩磁的能力。

3 磁滞现象

当反向磁场继续增大时,B 值就从零起改变方向,并沿曲线 cd 变化,铁磁性物质的反向磁化同样能达到饱和点 d。此时,若使反向磁场减弱到零,B-H 曲线将沿 de 变化,在 e 点 $H=0$。再逐渐增大正向磁场,B-H 曲线将沿 efa 变化而完成一个循环。从整个过程看,B 的变化总是落后于 H 的变化,这种现象称为磁滞现象。经过多次循环,可以得到一个封闭的对称于原点的闭合曲线($abcdefa$),叫做磁滞回线。

如果在线圈中改变交变电流幅值的大小,那么交变磁场强度 H 的幅值也将随之改变。在反复交变磁化中,可相应得到一系列大小不一的磁滞回线,连接各条对称的磁滞回线的顶点,得到的一条曲线叫基本磁化曲线,如图 8-15 所示。由于大多数铁磁性物质是工作在交变磁场的情况下,所以,基本磁化曲线很重要。一般资料中的磁化曲线都是指基本磁化曲线。

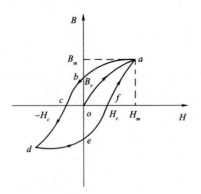

图 8-14 磁滞回线

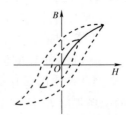

图 8-15 基本磁化曲线

4 磁滞损耗

铁磁性物质的反复交变磁化,会损耗一定的能量,这是由于在交变磁化时,磁畴要来回翻转,在这个过程中,产生了能量损耗,这种损耗称为磁滞损耗。磁滞回线包围的面积越大,磁滞损耗就越大。所以,剩磁和矫顽磁力越大的铁磁性物质,磁滞损耗就越大。因此,磁滞回线的形状经常被用来判断铁磁性物质的性质和作为选择材料的依据。

四 铁磁材料分类

不同的铁磁材料具有不同的磁滞回线,剩磁和矫顽磁力也不相同。因此,它们的用途也有区别,一般将磁性材料分为三类。

1 硬磁材料

硬磁材料的特点是需要较强的外磁场的作用,才能使其磁化,而且不易退磁,剩磁较强。磁滞回线较宽,所需矫顽磁力很大,如图8-16a)所示。其典型材料有钴镍、碳钢等。因其剩磁强,不易退磁,常用来制造各种形状的永久磁铁。

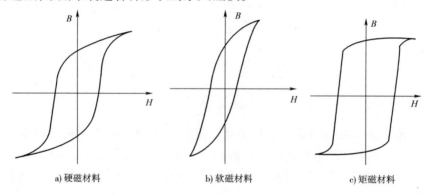

a) 硬磁材料　　　　b) 软磁材料　　　　c) 矩磁材料

图 8-16　三类铁磁材料的磁滞回线

2 软磁材料

软磁材料的特点是磁导率很大,而剩磁和矫顽磁力都很小,易被磁化也易去磁,如图8-16b)所示。典型的软磁材料有硅钢片、铸铁、坡莫合金等。硅钢片主要用作电动机和变压器的铁芯;坡莫合金用来制作小型变压器、高精度交流仪表的铁芯等。

3 矩磁材料

矩磁材料的特点是在很弱的外磁场下就能被磁化,并达到磁饱和。当撤掉外磁场后,磁性仍然保持与磁饱和时的状态相同,如图8-16c)所示。矩磁材料主要用于制造计算机中存储元件的环形磁芯。

§8.1-6　交流铁芯线圈

我们知道,铁磁性物质在交变磁化时,不仅有磁饱和现象,还有磁滞现象。此外,交变磁通还会在铁芯中引起涡流,而磁饱和、磁滞和涡流对交变磁通磁路和铁芯线圈电路都会产生影响。

交流电工设备,如铁芯变压器、异步电动机等,通常是在正弦电压作用下工作。其中的电流和磁通都是交变的。

一、交流铁芯线圈中电压与磁通的关系

如图 8-17 所示的铁芯线圈电路,在带铁芯的线圈上加正弦交流电压 u,线圈中的电流便在铁芯中产生磁通 Φ。

电压 u 与磁通 Φ 之间的关系为:

$$u = N\frac{d\Phi}{dt} \tag{8-16}$$

图 8-17 铁芯线圈

设 $\Phi = \Phi_m \sin\omega t$,则有:

$$u = N\frac{d\Phi}{dt} = N\Phi_m\omega\cos\omega t = U_m\sin(\omega t + 90°)$$

式中:

$$U_m = N\Phi_m\omega = N\Phi \cdot 2\pi f$$

$$U = \frac{N\Phi_m\omega}{\sqrt{2}} = \frac{N\Phi_m \cdot 2\pi f}{\sqrt{2}} = 4.44fN\Phi_m$$

所以
$$U = 4.44fN\Phi_m \tag{8-17}$$

从以上推导可知,当铁芯线圈上加以正弦交流电压时,铁芯线圈中的磁通也是按正弦规律变化,在相位上,电压超前于磁通 90°,在数值上,端电压有效值 $U = 4.44fN\Phi_m$。

式(8-17)这个公式很重要,在电动机、变压器理论分析上经常用到。当电源频率 f 一定、线圈匝数 N 一定时,主磁通 Φ_m 由电源电压的大小决定,且与电压成正比。

二、交流铁芯线圈中磁通与电流的关系

当铁芯线圈加正弦电压时,铁芯中的磁通也按正弦规律变化,线圈中的电流 i 怎样变化呢?由于 Φ 与 B 成正比,i 与 H 成正比,所以 Φ-i 曲线也为非线性关系。我们由铁磁物质的基本磁化曲线图 8-18a)可得到图 8-18b)所示的 Φ-i 曲线。当 $\Phi = \Phi_m$ 时,由于 Φ-i 曲线为非线性关系,故电流 i 不是按正弦规律变化,电流波形可由 Φ-i 曲线通过作图法得到。

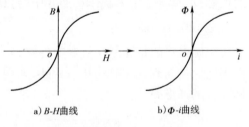

a) B-H 曲线   b) Φ-i 曲线

图 8-18 B-H 曲线与 Φ-i 曲线

三、交流铁芯线圈中的铁芯损耗

在交变磁通作用下,铁芯中有能量损耗,称为铁损。铁损主要由两部分组成:

1 涡流损耗

铁芯中的交变磁通 $\Phi(t)$,在铁芯中感应出电压,由于铁芯也是导体,便在铁芯体内产生

一圈圈的电流,称为涡流。涡流在铁芯内流动时,在所经回路的导体电阻上产生的能量损耗,称为涡流损耗。涡流损耗与感应电压(或感应电流)的平方成正比,由式(8-17)可知,感应电压 u 又与交变磁通的频率 f 和磁感应强度的最大值 B_m(即 Φ_m/S)有关,因此,涡流损耗与 f 及 B_m 的平方成正比。

减少涡流损耗的途径有两种:一是减小铁片厚度,通常采用表面有绝缘层的薄钢片叠装成铁芯;二是提高铁芯材料的电阻率,通常采用掺杂的方法来提高材料的电阻率,如在铁中加入少量的硅能使其电阻率大大提高。因此大部分交流电气设备(如电动机、变压器电器等)的铁芯均用硅钢片叠成。

2 磁滞损耗

铁磁性物质在反复磁化时,磁畴反复变化,磁滞损耗是在克服各种阻滞作用而消耗的那部分能量。磁滞损耗的能量转换为热能而使铁磁材料发热。如同摩擦生热一样。磁滞损耗的大小取决于材料性质、材料体积、最大磁感应强度和磁化场的变化频率。

减少磁滞损耗有两条途径:一是提高材料的起始磁导率 μ_1;二是减小剩磁 B_b。

通常把磁滞损耗和涡流损耗的总和称为铁损。

§8.1-7 变 压 器

一 变压器的分类

变压器是一种能够改变交流电压的常见的电气设备。除了用于变换电压之外,变压器还用于变换交流电流、变换阻抗以及改变相位等,在电力系统和电子线路中广泛应用。图8-19列举了常用变压器外形图。

1 按其用途分类

变压器的种类很多,分类方法也很多,按用途可以把变压器分为:

(1)电力变压器。主要有:升压变压器,将电源电压升高;降压变压器,将电源电压降低;配电变压器,用于配电网络,以满足生产和日常生活的要求。低压侧电压为400V(单相为230V)的变压器称为配电变压器,一般高压侧电压为6~10kV。

(2)仪用变压器。主要有:电流互感器,将电路中的大电流变成小电流,对电路电流进行测量、监测、保护;电压互感器,将电路中的高电压变成低电压,对电路电压进行测量、监测、保护。

(3)电炉变压器。主要有炼钢炉变压器、电压炉变压器、感应炉变压器等。

(4)试验变压器。用于高、低压试验场所所需的电源变压器。

(5)整流变压器。用于整流电路中的专用特种变压器。

(6)调压变压器。用于输出电压能够在一定范围内连续可调的变压器。

(7)矿用变压器(防爆变压器)。用在煤矿、矿井等易燃易爆场所的一种干式变压器。

(8)电源变压器。几乎在所有的电子产品中都要用到电源变压器,主要起着功率传送、电压变换和绝缘隔离的作用。

2 按其相数分类

按相数可以把变压器分为：

(1) 单相变压器。用于单相负载或三相变压器组。比如单相照明电路中的220V电源。

(2) 三相变压器。用于三相负载，接在三相电源上。

图8-19 常用变压器外形图

二 变压器的结构

变压器主要由铁芯和绕组两个基本部分组成。

铁芯是变压器的磁路部分。为了减少铁芯损耗，铁芯通常用厚度为0.35mm或0.5mm两面涂有绝缘漆的硅钢片叠压而成。

线圈是变压器的电路部分，为了降低电阻值，线圈多用导电性能良好的铜线绕制而成。

线圈套在铁芯上，彼此绝缘，构成了变压器的基本结构。图8-20为一台三相变压器结构示意图。

三 变压器的工作原理

图8-21为单相变压器的原理图，与电源相连的称为一次绕组（又称原边绕组），与负载相连的称为二次绕组（又称副边绕组）。一次绕组、二次绕组的匝数分别为N_1和N_2。

当变压器的一次绕组接上交流电压U_1时，一次绕组中便有电流i_1通过。电流i_1在铁芯中产生闭合磁通Φ，磁通Φ随i_1的变化而变化，从而在二次绕组中产生感应电动势。如果二次绕组接有负载，在二次绕组和负载组成回路中有负载电流i_2产生。

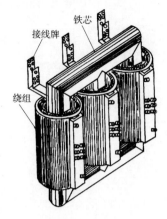

图 8-20 三相变压器结构示意图

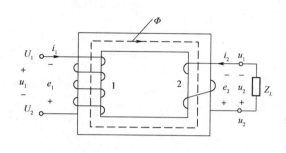

图 8-21 单相变压器的工作原理

1 变压器的变压比

变压器中一、二次绕组的电压之比为：

$$\frac{U_1}{U_2} = \frac{N_1}{N_2} = K \tag{8-18}$$

式中：N_1、N_2——变压器输入、输出边的线圈匝数；

K——变压器的变比（匝数比）；

U_1、U_2——变压器输入、输出边的电压有效值。

当电源电压 U_1 一定时，只要改变匝数比，就可得到不同输出电压 U_2。$K>1$，为降压变压器；$K<1$，为升压变压器。

电压比在变压器的铭牌上注明，它表示一、二次绕组的额定电压之比，例如"10000/400" V。这表示一次绕组的额定电压 $U_{1N}=10000\text{V}$，二次绕组的额定电压 $U_{2N}=400\text{V}$。

2 变压器的变流比

变压器把电能由输入边传递到输出边时，如果忽略其自身的损耗（铁芯损耗和铜线损耗），认为输入边的功率等于输出边的功率，即：

$$U_1 I_1 = U_2 I_2$$

所以，变压器中一、二次绕组的电流之比为：

$$\frac{I_1}{I_2} \approx \frac{N_2}{N_1} = \frac{1}{K} \tag{8-19}$$

即变压器一、二次绕组的电流与绕组的匝数成反比。

3 变压器的阻抗变换

变压器负载运行时，负载阻抗 Z_L 决定电流 I_2 的大小，电流 I_2 的大小又决定一次绕组电流 I_1 的大小。设想一次绕组电路存在一个等效阻抗 Z'，它的作用是将二次绕组阻抗 Z_L 折算到一次绕组电路中去。在如图 8-22a）所示电路中，负载阻抗 Z_L 与变压器二次绕组连接，虚线框内部分 Z_L 为折算到一次绕组的等效阻抗 Z'，如图 8-22b）所示。

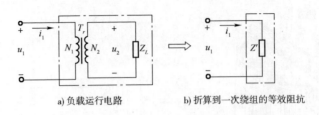

a) 负载运行电路　　　　b) 折算到一次绕组的等效阻抗

图 8-22　变压器的阻抗变换

由图 a) 可得：

$$Z_L = \frac{U_2}{I_2}$$

由图 b) 可得：

$$Z' = \frac{U_1}{I_1}$$

将上述两式相比，可得：

$$\frac{Z'}{Z_L} = \frac{\dfrac{U_1}{I_1}}{\dfrac{U_2}{I_2}} = \frac{U_1}{U_2} \times \frac{I_2}{I_1} = K^2$$

即：

$$Z' = K^2 Z_L \tag{8-20}$$

这表明变压器的副边接上负载 Z_L 后，对电源而言，相当于接上阻抗为 $K^2 Z_L$ 的负载。当变压器负载一定时，改变变压器原、副边匝数，可获得所需的阻抗。

【**例 8.3**】　有一台电压为 220/36V 的降压变压器，副边接一盏"36V 40W"的灯泡，试求：(1) 若变压器的原边绕组 $N_1 = 1100$ 匝，副边绕组匝数应是多少？(2) 灯泡点亮后，原、副边的电流各为多少？

解：(1) 由变压比的公式可以求出副边的匝数 N_2 为：

$$N_2 = \frac{U_2}{U_1} N_1 = \frac{36}{220} \times 1100 = 180 \text{ 匝}$$

(2) 由有功功率公式 $P_2 = U_2 I \cos\varphi$，灯泡是纯电阻负载，$\cos\varphi = 1$，可求得副边电流为：

$$I_2 = \frac{P_2}{U_2} = \frac{40}{36} \text{A} \approx 1.11 \text{A}$$

由变流公式，可求得原边电流为：

$$I_1 = I_2 \frac{N_2}{N_1} = 1.11 \times \frac{180}{1100} \text{A} \approx 0.18 \text{A}$$

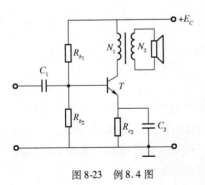

图 8-23　例 8.4 图

【**例 8.4**】　在如图 8-23 所示的晶体管收音机输出电路中，晶体管所需的最佳负载电阻 $R' = 600\Omega$，而变压器副边所接扬声器的阻抗 $R_L = 16\Omega$。试求变压器的匝数比。

解：根据题意，要求副边电阻等效到原边后的电阻刚好等于晶体管所需最佳负载电阻。以实现阻抗匹配，输出最大功率。

因此根据变压器阻抗变换公式：

$$\frac{R'}{R_L} = K^2 = \left(\frac{N_1}{N_2}\right)^2$$

$$K^2 = \frac{N_1}{N_2} = \sqrt{\frac{R'}{R_L}} = \sqrt{\frac{600}{16}} \approx 6$$

即原边的匝数应为副边匝数的 6 倍。

四 几种常用变压器的电路符号

1 自耦变压器

自耦变压器的铁芯上只有一个绕组，原、副边绕组是公用的，副绕组是从原绕组直接由抽头引出，如图 8-24 所示。自耦变压器可以输出连续可调的交流电压。

2 小型电源变压器

小型电源变压器广泛应用在电子仪器中。它一般有 1～2 个原边绕组和几个不同的副边绕组，可以根据实际需要连接组合，以获得不同的输出电压，如图 8-25 所示。可以获得 3V、6V、9V、12V、15V、21V 及 24V 等不同数值的电压。值得注意的是，连接时要注意同名端。

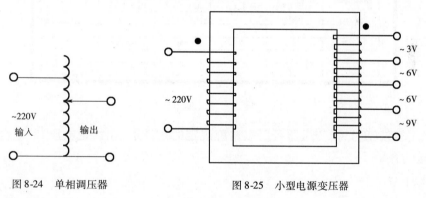

图 8-24 单相调压器　　　　图 8-25 小型电源变压器

3 互感器

电压互感器[见图 8-26a)]：电压互感器与普通双绕组变压器相同。它将被测电网或电气设备的高压降为低压，然后用仪表测出副边绕组的低压。通常副边绕组的低压额定值为 100V。使用电压互感器时，必须将其铁壳和副边绕组的一端接地，而且副边绕组不能短路（短接）。

电流互感器[见图 8-26b)]：电流互感器将被测的大电流变成小电流，然后用仪表测出副边电流。通常副边绕组电流额定值为 5A（或者 1A）。使用电流互感器时，必须将其铁壳和副边绕组的一端接地，而且副边绕组不能开路（断开）。

钳形电流表是将电流互感器和电流表组装成一体的便携式仪表。副绕组与电流表组成闭合回路，铁芯是可以张合的。测量时，先张开铁芯，套进被测电流的导线（导线即原边绕组），闭合铁芯后即可测出电流，使用非常方便。

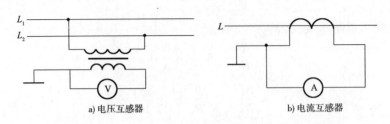

图 8-26 互感器

五 变压器的铭牌数据

对于任何一台电气设备,我们要养成看说明书和铭牌的习惯。对于一台变压器的铭牌,如图 8-27 所示,它上面有很重要的使用参数,分别代表不同的含义。

	S11-M-630/6		
产品型号:S11-M-630/6		标准代号:GB1094.1-5-96	
额定容量:630kVA		产品代号:1ZB710215	
额定电压:6000±2×2.5%/400V		出厂序号:SH09083911 SH09083910	
额定频率:50Hz		相数:3 联结组标号:Yyn0	
器身吊重:1152kg		油重:361kg 总重:2087kg 冷却方式:ONAN	
绝缘水平:LI 60AC 25/LI AC25			

分接位置	高压		低压		阻抗电压
	电压(V)	电流(A)	电压(V)	电流(A)	%
1	6300				
2	6150				
3	6000	60.6	400	909.3	4.5
4	5850				
5	5700				

图 8-27 变压器铭牌

(1)额定容量(S_N):指变压器在厂家铭牌规定的条件下,在额定电压、额定电流连续运行时所输送的容量。

单相变压器:$S_N = U_N I_N$

三相变压器:$S_N = \sqrt{3} U_N I_N$

(2)额定电压(U_N):指变压器长时间运行时,所能承受的工作电压(铭牌上的 U_N 为变压器分接开关中间分接头的额定电压值)。

(3)额定电流(I_N):指变压器在额定容量下,允许长期通过的电流。

(4)电压比(变比):指变压器各侧额定电压之比。

$$K = \frac{U_{1N}}{U_{2N}}$$

(5)短路损耗(铜损):指变压器原、副边绕组流过额定电流时,在绕组电阻上所消耗的功率之和。

(6)空载损耗(铁损):指变压器在额定电压下(副边开路),铁芯中消耗的功率,包括激磁损耗和涡流损耗。

(7) 短路阻抗(短路电压):指变压器副边短路,原边施加电压并慢慢使电压加大,当副边产生的短路电流等于额定电流时,原边所施加的电压。

$$U_K = (短路电压/额定电压) \times 100\%$$

§8.1-8 单相变压器同名端判别

一 变压器的基本检测

1 检测变压器同一绕组的两个接线端子

如图8-28所示,选用万用表欧姆挡 $R \times 10$(或 $R \times 1$)挡位,对变压器四个接线端子(1)、(2)、(3)、(4)两两测量,若指针偏转,有稳定的读数(小容量一般为几欧到几十欧),则所测端子为同一绕组的首尾端[如(1)和(2)];若电阻为无穷大,指针无偏转,则说明所测端子不是同一绕组的首尾端[如(1)和(3)];或虽然是同一绕组,但该绕组已经断开。

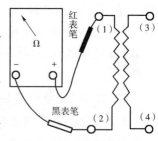

图8-28 用万用表检测变压器同一绕组端子

2 变压器高压绕组和低压绕组的判定

民用通用变压器一般为降压使用。

(1)查看标识:有些变压器外表会标注引脚序号和绕组电压,仔细查看便可明了。这样使用比较稳妥。

(2)外观判断:可根据绕组用漆包线的粗细判断低电压或高电压绕组,通常细线、圈数多的为高压绕组;粗线、圈数少的为低压绕组。

(3)阻值判断:用万用表 $R \times 10$(或 $R \times 1$)挡测变压器的绕组,高压绕组阻值较大;低压绕组阻值较小。但这还是属于定性分析,还需要实际经验作为基础。

(4)引脚判断:一般变压器为了减小高、低压绕组之间的干扰,会在高、低压绕组之间加一层屏蔽,并引出一根接地线。用万用表测量这根线与初、次极绕组之间是不通的。

3 变压器绝缘电阻的测试

变压器在使用之前和使用期间,应对其受潮、绝缘老化等情况进行定期检查,其反映指标为绝缘电阻。绝缘电阻测试是检查变压器绝缘状况的通用办法。一般对变压器绝缘受潮、绝缘老化及局部缺陷(如瓷件破裂)均能有效地查出。

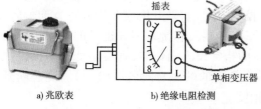

a) 兆欧表　　　　b) 绝缘电阻检测

图8-29 兆欧表检测变压器绕组对地绝缘

选用相应等级的兆欧表对变压器进行绝缘检测,分别测量高压、低压绕组的对地绝缘电阻及高压、低压绕组与铁芯的绝缘电阻。如图8-29所示,用一台500V兆欧表检测单相变压器绕组对壳的绝缘电阻,其中,L 接线路,E 接地(或外壳)。

二 变压器绕组极性的判别

变压器绕组的极性是指变压器原、副绕组在同一磁通的作用下所产生的感应电势之间的相位关系。

同极性端(同名端):在同一磁通的作用下,任何瞬间,两绕组中电势极性相同的两个端钮。用符号星号“ * ”或黑点“. ”表示。

如图 8-30 所示,1、2 为高压绕组的首尾端,3、4 为低压绕组的首尾端。a)图中两个线圈的绕向相同,当电流从 1、3 端流入时,它们所产生的磁通方向相同,因此 1、3 端是同名端,同样 2、4 端也是同名端,1、4 互为异名端;b)图中两个线圈的绕向相反,当电流从 1、4 端流入时,它们所产生的磁通方向相同,则 1、4 是同名端,1、3 为异名端。

变压器的绕组用于串联和并联,或构成多绕组与多相变压器时,其绕组间的相对极性(即同名端)应该首先判断出来,然后才能正确连线。判断同名端的方法有交流法和直流法两种。

1 交流法(电压表法)

如图 8-31 所示,将 2 和 4 点连起来。在它的高压绕组上加适当大小的交流电压 u_{12},低压绕组开路。从安全角度考虑,可采用36V 照明变压器输出的36V 交流电压进行测试,用电压表(或万用表)分别测出高压侧电压 U_{12}、低压侧电压 U_{34} 和 1、3 两端电压 U_{13}。若 $U_{13}=U_{12}-U_{34}$ 时,则串起来的两个端子是同名端,这种连接称为反串[见图 8-31a)];

a) 两个线圈的绕向相同　b) 两个线圈的绕向相反

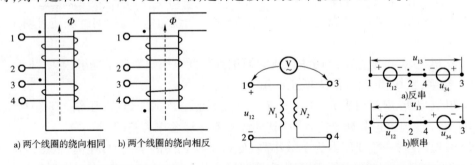

图 8-30　变压器绕组的同名端

图 8-31　交流法判别变压器绕组同名端示意图

若 $U_{13}=U_{12}+U_{34}$ 时,则串起来的两个端子是异名端,这种连接称为顺串[见图 8-31b)]。

2 直流法(干电池法)

干电池一节,指针式万用表一块,接成如图 8-32 所示。将万用表挡位打在直流电压最低量程挡或者直流电流的 mA 挡。接通开关 S,在通电瞬间,注意观察万用表指针的偏转方向,如果万用表的指针正方向偏转,则表示变压器接电池正极的端头和接万用表正极的端头为同名端(1、3);如果万用表的指针反方向偏转,则表示变压器接电池正极的端头和接万用表负极的端头为同名端(1、4)。注意断开开关 S 时,结论正好相反。

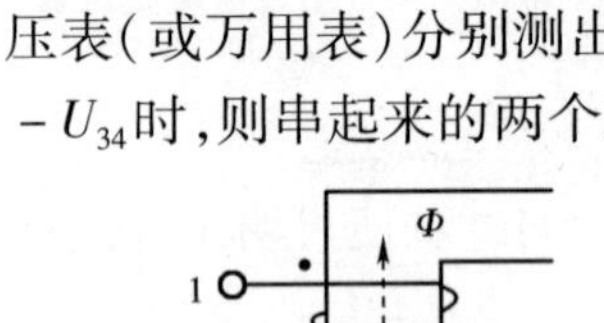

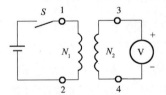

图 8-32　直流法测变压器绕组极性

采用这种方法,应将高压绕组接电池,以减少电能的消耗,而将低压绕组接万用表,减少对万用表的冲击。测试时,变压器绕组不要长期接通直流电源,由开关 S 瞬间通、断。

§8.1-9 异步电动机

电动机是一种将电能转换为机械能的动力设备。异步电动机结构简单、坚固耐用、维护方便、体积小、易起动、成本低。异步电动机在工农业生产中有着广泛应用,常见的有三相异步电动机和单相异步电动机。

一、三相笼型异步电动机

1 构造

异步电动机主要由定子和转子两个基本部分组成,此外还有端盖、风叶、通风孔和接线盒等零部件,如图 8-33 所示。

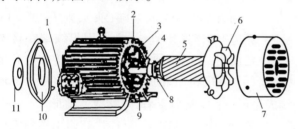

图 8-33 三相笼型异步电动机的构造
1-接线盒;2-定子铁芯;3-定子绕组;4-转轴;5-转子;6-风扇;7-罩壳;8-轴承;9-机座;10-端盖;11-轴承盖

定子:定子是电动机静止部分,它由铁芯、定子绕组和机座三部分组成。定子铁芯由厚度为 $0.35\sim0.5$ mm 的硅钢片叠压而成,以减小损耗。硅钢片内圆周的边缘冲有槽孔,用来嵌放定子绕组。中、小型电动机的定子绕组大多采用漆包线绕制,按一定规则连接,有六个出线头,即 U_1、V_1、W_1 和 U_2、V_2、W_2,并将其接至机座接线盒中。定子绕组可接成星形或三角形。

转子:转子是电动机的转动部分,它由转轴、转子铁芯、转子绕组和风叶组成。转子绕组是由嵌放在转子铁芯槽内的铜条组成,铜条两端与铜环焊接起来(也可以用铸铝将铝条、铜环铸在一起),形成一个闭合回路。中小型笼型电动机的转子,大部分是在转子槽中用铝和转子铁芯浇铸成一体的笼型转子。

2 工作原理

三相异步电动机的定子绕组接成星形(或者三角形),形成三相对称星形负载(或者三角形负载)。将他们的首端 U_1、V_1、W_1 接到三相对称电源上,三个绕组中就有三相对称电流流过,三相定子对称电流在定子空间中产生一个随时间变化的圆形旋转磁场。这个圆形旋转磁场很重要,它不停地切割转子,将转子磁化,使转子跟随它一起作旋转运动。转子的转速要小于旋转磁场的转速,这样才能有切割磁力线的相对运动,所以,这类电动机叫"异步"电动机,区别于"同步"电动机。

3　铭牌数据

(1)型号:为了适应不同用途和不同工作环境的需要,电动机制成不同的系列,每种系列用各种型号表示。例如 Y132M-4 表示:

"Y"为三相异步电动机;"YR"为绕线式异步电动机;"YB"为防爆型异步电动机;"YQ"为高起动转距异步电动机。

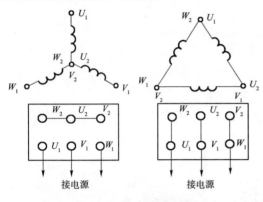

图8-34　三相异步电动机定子绕组两种接法

"132"为机座中心高(mm);"M"为机座长度代号;"4"为磁极数(四极电动机)。

(2)接法:这是指定子三相绕组的接法。一般鼠笼式电动机的接线盒中有六根引出线,标有 U_1、V_1、W_1、U_2、V_2、W_2。其中:U_1、U_2 是第一相绕组的两端;V_1、V_2 是第二相绕组的两端;W_1、W_2 是第三相绕组的两端。如果 U_1、V_1、W_1 分别为三相绕组的始端(头),则 U_2、V_2、W_2 是相应的末端(尾)。这六个引出线端在接电源之前,相互间必须正确连接。连接方法有星形(Y)连接和三角形(△)连接两种(见图8-34)。

通常三相异步电动机自3kW以下者,连接成星形;自4kW以上者,连接成三角形。

(3)额定功率 P_N:是指电动机在制造厂所规定的额定情况下运行时,其输出端的机械功率,单位一般为千瓦(kW)。

对三相异步电动机,其额定功率:

$$P_N = \sqrt{3}U_N I_N \eta_N \cos\varphi_N$$

式中:η_N——额定情况下的效率;

$\cos\varphi_N$——额定情况下的功率因数。

(4)额定电压 U_N:是指电动机额定运行时,外加于定子绕组上的线电压,单位为伏(V)。

一般规定电动机的工作电压不应高于或低于额定值的5%。当工作电压高于额定值时,磁通将增大,将使励磁电流大大增加,电流大于额定电流,使绕组发热。同时,由于磁通的增大,铁损耗(与磁通平方成正比)也增大,使定子铁芯过热;当工作电压低于额定值时,引起输出转矩减小,转速下降,电流增加,也使绕组过热,这对电动机的运行也是不利的。

(5)额定电流 I_N:是指电动机在额定电压和额定输出功率时,定子绕组的线电流,单位为安(A)。

当电动机空载时,转子转速接近于旋转磁场的同步转速,两者之间相对转速很小,所以转子电流近似为零,这时定子电流几乎全为建立旋转磁场的励磁电流。当输出功率增大时,转子电流和定子电流都随之相应增大。

(6)额定频率 f_N:我国电力网的频率为50Hz,因此除外销产品外,国内用的异步电动机的额定频率为50Hz。

(7) 额定转速 n_N：是指电动机在额定电压、额定频率下，输出端有额定功率输出时，转子的转速，单位为转/分(r/min)。由于生产机械对转速的要求不同，需要生产不同磁极数的异步电动机，因此有不同的转速等级。最常用的是四个极的异步电动机(n_0 = 1500r/min)。

(8) 额定效率 η_N：是指电动机在额定情况下运行时的效率，是额定输出功率与额定输入功率的比值。即：

$$\eta_N = \frac{P_2}{P_1} \times 100\%$$

异步电动机的额定效率 η_N 约为 75% ~ 92%。

(9) 额定功率因数 $\cos\varphi_N$：因为电动机是电感性负载，定子相电流比相电压滞后一个角度，$\cos\varphi_N$ 就是异步电动机的功率因数。

三相异步电动机的功率因数较低，在额定负载时约为 0.7 ~ 0.9 之间，而在轻载和空载时更低，空载时只有 0.2 ~ 0.3。因此，必须正确选择电动机的容量，防止"大马拉小车"，并力求缩短空载的时间。

(10) 绝缘等级：它是按电动机绕组所用的绝缘材料在使用时容许的极限温度来分级的。所谓极限温度，是指电动机绝缘结构中最热点的最高容许温度。绝缘等级一般分为：A(105℃)、E(120℃)、B(130℃)、F(155℃)、H(180℃)。

(11) 工作方式：反映异步电动机的运行情况，可分为三种基本方式，即连续运行、短时运行和断续运行。

二 单相异步电动机

1 构造

用单相交流电源供电的异步电动机叫做单相异步电动机，它由机壳、定子、转子和其他附件组成。电动机有两个定子绕组，即工作绕组（主绕组）和启动绕组（副绕组），两个绕组在空间上相差 90°；转子为笼型，与三相笼型异步电动机的结构相似。其结构示意图，如图 8-35 所示。

单相异步电动机功率比较小，一般不到 1000W。由于只需要单相正弦交流电源供电，因此在日常生活中应用广泛。电风扇、洗衣机、家用冰箱、手枪式电站和一些医疗器械中都用单相异步电动机作动力机械。

2 原理

三相异步电动机接通三相电源后，内部产生一个圆形旋转磁场，转子随即跟随其旋转。单相异步电动机，接通的是单相交流电源，内部产生的是一个交变的脉动磁场。交变的脉动磁场可以认为是由两个大小相等、转速相同但转向相反的旋转磁场所合成的磁场。当转子静止时，两个旋转磁场作用在转子上所产生的合力矩为零，转子静止不动，所以单相异步电动机不能自行启动。

要使单相异步电动机转动的关键是产生一个启动转矩，各种不同类型的单相异步电动机产生启动转矩的方法也不同。如图 8-35 所示，在工作绕组和启动绕组之间接入启动电容,称为电容启动式异步电动机。

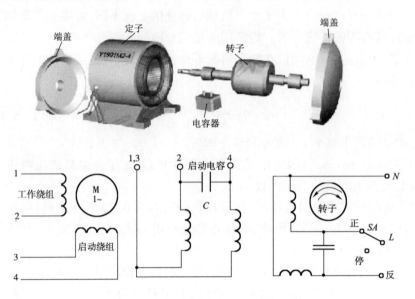

图 8-35 单相异步电动机结构示意图

3 铭牌

单相异步电动机的铭牌包括:电动机名称、型号、标准编号、制造厂名、出厂编号、额定电压、额定功率、额定电流、额定转速、绕组接法、绝缘等级等。

§8.1-10 三相异步电动机首尾端判别

一 三相异步电动机绕组星形接法和三角形接法

三相电动机的三相定子绕组每相绕组都有两个引出线头。一头叫做首端,另一头叫末端。通常规定:

第一相绕组首端用 $U_1(A)$ 表示,末端用 $U_2(X)$ 表示。

第二相绕组首端用 $V_1(B)$ 表示,末端用 $V_2(Y)$ 表示。

第三相绕组首端用 $W_1(C)$ 表示,末端用 $W_2(Y)$ 来表示。

这六个引出线头引入接线盒的接线柱上,接线柱相应地标出标记,见图 8-36 所示。

三相定子绕组的六根端头可将三相定子绕组接成星形或三角形,星形接法是将三相绕组的末端并联起来,即将 U_2、V_2、W_2 三个接线柱用铜片连接在一起,而将

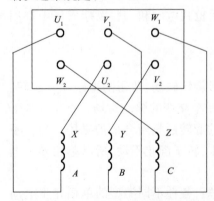

图 8-36 电动机内部线圈接线图

三相绕组首端分别接入三相交流电源,即将 U_1、V_1、W_1 分别接入 A、B、C 相电源,如图8-37所示。

而三角形接法则是将第一相绕组的首端 U_1 与第三相绕组的末端 W_2 相连接,再接入一相电源;第二相绕组的首端 V_1 与第一相绕组的末端 U_2 相连接,再接入第二相电源;第三相绕组的首端 W_1 与第二相绕组的末端 V_2 相连接,再接入第三相电源。如图8-38所示。

如果接线盒中发生接线错误,或者绕组首末端弄错,轻则电动机不能正常起动,长时间通电造成启动电流过大,电动机发热严重,影响寿命;重则烧毁电动机绕组,或造成电源短路。

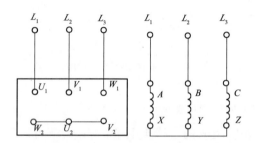

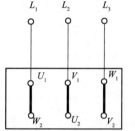
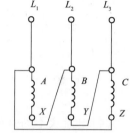

图 8-37　三相异步电动机星形接法　　　　图 8-38　三相异步电动机三角形接法

二 三相异步电动机定子绕组首尾端判别

当电动机接线盒损坏,定子绕组的6个出线头分不清时,不可盲目接线,以免引起电动机通电后,三相绕组的三相电流不平衡,而造成电动机定子绕组过热转速降低,甚至不转而烧毁定子绕组。因此只有分清绕组6个出线头的头尾后才可接线。

三相绕组头尾判别方法有多种,这里主要介绍零序法和直流法、交流法。

1 零序法(剩磁法)

(1) 用万用表欧姆挡或直流电桥分别找出三相定子绕组的各相的两个出线头。

(2) 给各相绕组假设编号:U_1、U_2、V_1、V_2、W_1、W_2。

(3) 按图8-39接线,用力转动电动机的转子,观察电流表头的指针是否摆动,如果指针不动或者摆动极小,则证明假设编号是正确的,扭接在一起的三个端子为首(或尾)端。若表头指针摆动幅度较大,说明其中有一相绕组假设的头尾端不对,应逐相对调重测直至电流表头指针几乎不动为止。

2 直流法

(1) 用万用表欧姆挡或直流电桥分别找出三相定子绕组的各相的两个出线头。

(2) 分清三相绕组的各相两个出线头后,进行假设编号,分别为 U_1、U_2、V_1、V_2、W_1、W_2。按图8-40接线。

(3) 注意电流表(毫安表)指针摆动的方向。合上开关 K 瞬时,若表头指针摆向大于零的一边(向右正偏)时,则接蓄电池正极的线头(U_2)与电流表的负极(或者万用表的黑表笔)

所接的线头(W_2)为首(尾)端。如果指针反偏(指针向小于零这边摆动),则蓄电池正极与电流表正极所接的线头为同名端。

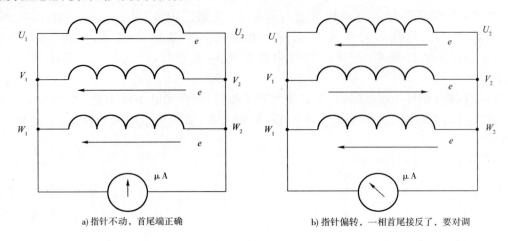

a) 指针不动,首尾端正确　　　　　　b) 指针偏转,一相首尾接反了,要对调

图 8-39　剩磁法判别三相异步电动机首尾端

(4)电流表不动,再将蓄电池接在余下的另一相绕组的两个线头上进行测试,就可以正确地判别出各相绕组的头尾端。

3 交流法

交流法即用 36V 交流电源和灯泡判别首尾端。

判别时的接线方式如图 8-41 所示,判别步骤如下:

(1)用摇表或万用表的电阻挡,分别找出三相绕组的各相两个线头。

(2)先任意给三相绕组的线头分别编号为 U_1 和 U_2、V_1 和 V_2、W_1 和 W_2。并把 V_1、U_2 连接起来,构成两相绕组串联。

(3)在 U_1、V_2 线头上接一只灯泡。

(4)在 W_1、W_2 两个线头上接通 36V 交流电源,如果灯泡发亮,说明线头 U_1、U_2 和 V_1、V_2 的编号正确。如果灯泡不亮,则把 U_1、U_2 或 V_1、V_2 中任意两个线头的编号对调一下即可。

(5)再按上述方法对 W_1、W_2 两线头进行判别。

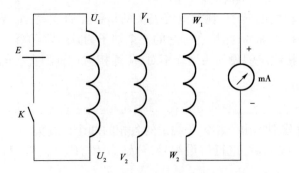 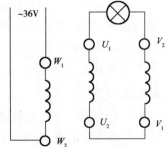

图 8-40　干电池法判别三相异步电动机首尾端　　图 8-41　交流法判别三相异步电动机首尾端

8.2 变压器绕组极性判别习题

一 填空题

1. 通电直导线的磁场方向可以用_____定则来判定。
2. 磁感应强度是用来表征_____的物理量。
3. 表示垂直通过某一截面的磁感线总数的物理量是_____。
4. 如果流过导线或者线圈的电流发生变化,电流所产生的_____也会发生变化,于是导线或者线圈由于交链的磁通变化而产生_____。
5. 当两个线圈流入电流所产生的磁通方向相同时,两个线圈的电流流入端称为_____。
6. 在日光灯电路中,点亮灯管时,镇流器起的作用是_____,灯管点亮后,镇流器起的作用是_____。
7. 一个线圈流过电流而产生的磁通穿过另一个线圈的现象,称为_____。
8. 如图 8-42 所示的三个线圈,线圈 1 和线圈 2 的同名端是_____;线圈 2 和线圈 3 的同名端是_____。
9. 工程上用磁导率 μ 来表示各种不同材料_____能力,真空的磁导率为常数,其他物质的磁导率与真空磁导率之比称为_____。
10. 磁路欧姆定律的数学表达式为_____,其中磁动势为_____,磁阻为_____,磁阻直接与介质的磁导率 μ 有关。

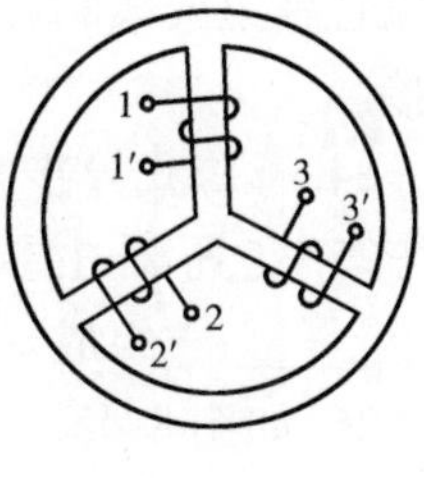

图 8-42

11. 当穿过线圈的磁通增加时,感应电流产生的磁通方向与原磁通方向_____,线圈中因磁通变化产生的感应电动势的大小与线圈_____和_____成正比。
12. 铁芯损耗包括_____、_____两部分损耗,二者合称_____损耗。
13. 根据磁滞回线的形状,常把铁磁材料分成:_____、_____、_____三类。
14. 铁磁材料的磁化特性为_____、_____和_____。
15. 一般采用_____方法和_____方法来测试变压器绕组的同名端。
16. 变压器是按照_____原理工作的。变压器的基本组成部分是_____

和_____。

17. 我们把变压比 $K>1$ 的变压器称为_____变压器,$K<1$ 的变压器称为_____变压器。

18. 变压器的主要作用是_____、_____和_____。

19. 有一台单相变压器,变压比 $K=45.455$,副边电压 $U_2=220V$,负载电阻 $R_L=1\Omega$,则副边电流为_____A;如果忽略变压器内部的阻抗压降及损耗,则原边电压为_____V,原边电流为_____A。

20. 变压器的高压绕组匝数较_____,通过的电流较_____,所用的导线截面较_____。而低压绕组则正好相反。

21. 一台单相变压器的容量为 $S_N=2000VA$,原边额定电压为 220V,副边额定电压为 110V,则原边与副边的额定电流分别为 $I_{1N}=$_____,$I_{2N}=$_____。

22. 图 8-43 为变压器电路,$U_1=220V$,$I_2=10A$,$R=10\Omega$,则 $U_2=$_____V,$I_1=$_____A。

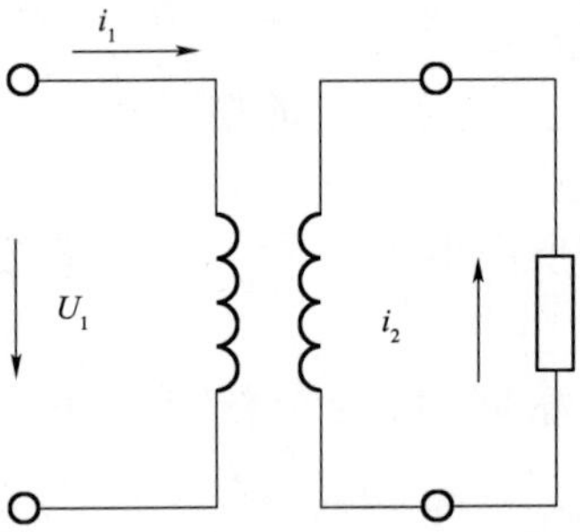

图 8-43

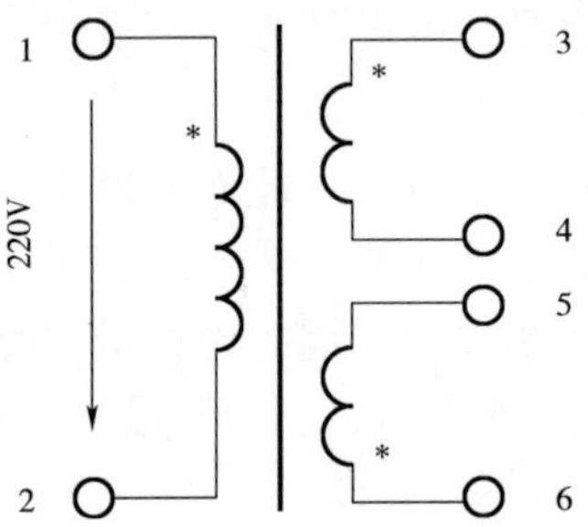

图 8-44

23. 如图 8-44 副边两个绕组的额定电流均为 1A,当副边所接负载的额定电流为 2A 时,可以将副边两线圈并联供电。在图示同名端情况下,应将_____相连接,_____相连接。

24. 感应式异步电动机和变压器都是利用_____原理制造的。

25. 变压器主要由_____和_____组成;异步电动机主要由_____和_____组成。

26. 如图 8-45,一台单相变压器,副边有两个绕组,额定电压分别为 36V、12V。为了得到 24V 的输出电压,应将_____端和_____端相连。

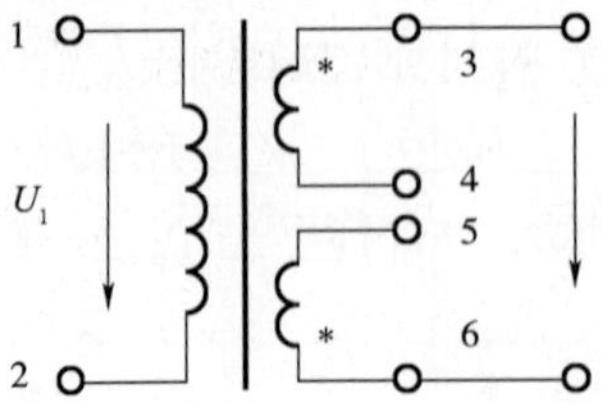

图 8-45

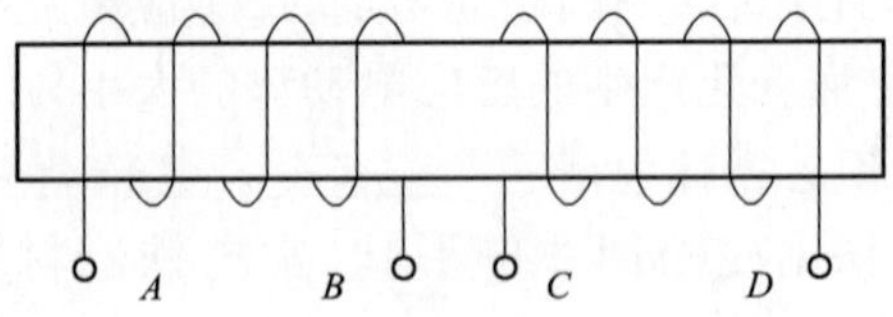

图 8-46

27. 如图 8-46 所示为两个互感线圈,绕组同一个磁棒上,两线圈的同名端是_____。

28. 一般而言,铁芯线圈的电感量比空心线圈的电感量_____得多。

29. 变压器和电动机铁芯由硅钢片叠成,是为了减少_____损耗。

30. 如果在 1s 内,通过一匝线圈的磁通变化为 1Wb,则单匝回路中的感应电动势为_____V,线圈共 20 匝,1s 内磁通链变化是_____Wb,线圈的感应电动势为_____V。

二 选择题

1. 铁磁性物质的相对磁导率 μ_r ( )。
   A. 稍大于 1   B. 稍小于 1   C. 远大于 1   D. 远小于 1

2. 铁磁材料能够被磁化的根本原因是( )。
   A. 有外磁场作用   B. 有良好的导磁性能
   C. 反复交变磁化   D. 其内部有磁畴

3. 电磁感应定律通式 $e = -N\dfrac{d\Phi}{dt}$ 中,负号表示( )。
   A. e 总是阻碍 Φ 的变化
   B. 任何瞬间 e 与 i 的方向总是相同
   C. 感应电流产生的磁通总是与原磁通的方向相反
   D. 任何瞬间 e 与 i 的方向总是相反

4. 电感量一定的线圈,产生的自感电动势大,说明通过该线圈的电流的( )。
   A. 数值大   B. 变化量大   C. 时间长   D. 变化率大

5. 变压器的主要作用是( )。
   A. 变换电压   B. 变换频率   C. 变换功率   D. 变换能量

6. 对理想变压器来说,N_1、N_2 为线圈匝数,下列关系中( )是正确的。
   A. $I_1/I_2 = N_1/N_2$ B. $U_1/U_2 = N_2/N_1$ C. $U_1/U_2 = N_1/N_2$ D. 前三者均是

7. 变压器原、副绕组能量的传递主要是依靠( )。
   A. 变化的漏磁通   B. 变化的主磁通   C. 交变电动势   D. 铁芯

8. 一台额定电压为 220/110V 的单相变压器,原绕组接上 220V 的直流电源,则( )。
   A. 原边电压为 440V   B. 原边电压为 220V
   C. 副边电压为 110V   D. 变压器将烧坏

9. 如图 8-47 所示,用直流通断法判别单相变压器同名端,当开关 S 断开时,检流计指针反向偏转,则同名端钮为( )。注:电流从检流计正极流入时,检流计正偏。
   A. a、d 端   B. a、c 端   C. a、b 端   D. c、d 端

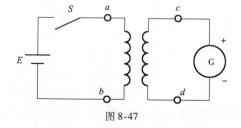

图 8-47

三、计算题

1. 某一匀强磁场,已知穿过磁极极面的磁通 $\Phi = 3.84 \times 10^{-5}$ Wb,磁极的长与宽为 4cm 和 8cm,求磁极间磁感应强度 B。

2. 在 0.4T 的匀强磁场中,长度为 25cm 的导线以 6m/s 的速度作切割磁感线运动,运动方向与磁感线成 30°,并与导线本身垂直,求导线中感应电动势的大小。

3. 一台单相变压器,额定容量 $S_N = 250$kVA,额定电压 $U_{N_1}/U_{N_2} = 10$kV/0.4kV,试求一、二侧额定电流 I_{N_1}、I_{N_2}。

4. 如图 8-48,铁芯线圈 $N_2 = 2N_3$,在 A 线圈上加交流电压。已知当 $U_{12} = 20$V 时,$U_{34} = 10$V。若 4、5 端连接,则 U_{36} 输出电压为多少?若 4、6 端连接,则 U_{35} 输出电压为多少?

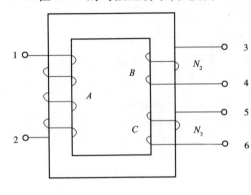

图 8-48

四、简答题

1. 在图 8-49 中,当电流通过导线时,导线下面的磁针 N 极转向读者,试判断导线 AB 中电流的方向。

2. 试确定图 8-50 中电源的正极和负极。

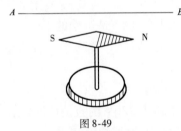

图 8-49   图 8-50

3. 已知两个具有互感的线圈如图 8-51 所示。
(1) 标出它们的同名端;
(2) 试判断开关闭合(或断开)时毫伏表的偏转方向。

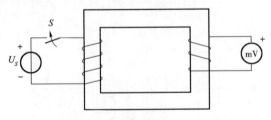

图 8-51

4. 简述三相异步电动机首尾端判别的常用方法。

8.3 变压器绕组极性判别同步训练

变压器绕组极性判别项目引导文	班　级	
	姓　名	

一、项目描述

实训室有自制的一批 50VA 的电源变压器,有两个 6V 输出端子,现在需要使用 12V 电压,可以把这两个 6V 的输出串联成为 12V 输出。为了防止连接错误,首先得判断出不同线圈的同极性端子(同名端)。

要求以"变压器绕组极性判别"为中心设计一个学习情境,完成以下几项学习任务:
(1) 分别设计直流法、交流法判别变压器绕组极性的方案;
(2) 对变压器进行外观和绝缘检查;
(3) 对变压器不同绕组进行同极性端子(同名端)的判别;
(4) 将测试后的变压器二次侧绕组顺串(异名端相连),串联运行供电。

二、项目资讯

1. 请简单说明变压器是根据什么原理制成的?

2. 变压器有什么主要功能?

3. 何为变压器的一次、二次绕组?变压器的一次绕组就一定是高压绕组,二次绕组就一定是低压绕组吗?

4. 请网上查阅资料,了解兆欧表的用途及使用方法,并说明 500V(1000V)兆欧表的使用注意事项。

5. 为什么要对变压器绕组进行绝缘检测?如何检测(网上搜集资料)?

6. 解释变压器绕组同名端的含义。

7. 详细说明判断变压器绕组同名端的方法（直流法和交流法）。

三、项目计划

1. 计划变压器绕组直流电阻的测量方法（所需工具、测量方法与步骤、数据记录表格）。

2. 计划变压器绕组同名端的判别方法（所需工具、判别方法与步骤、同名端标记方法）。

3. 计划变压器绕组绝缘电阻的测试方法（所需工具、检测方法与步骤、数据记录表格）。

4. 分别画出"直流法"、"交流法"判别变压器绕组极性的电气原理图。

5. 画出电源变压器多绕组输出串联供电的接线图。

6. 选择确定好本项目所需要的工具、设备、器材，列出所需要的工具、设备、器材清单（型号、规格）。

7. 制作任务实施情况检查单，包括小组各成员的任务分工、任务完成、任务检查情况的记录，以及任务执行过程中出现的问题及应急情况的处理（备注栏）等。

四、项目决策

1. 分小组讨论变压器绕组极性判别的方案。
2. 老师指导确定变压器绕组极性判别的最终方案。
3. 每组选派一位成员阐述本小组变压器绕组极性判别的最终方案。

五、项目实施

1. 变压器绕组直流电阻测量方法与数据记录。

2. 变压器绝缘电阻测试方法与数据记录。

3. 变压器绕组同名端判别方法与绕组极性标记方法、结论。

4. 变压器二次输出多绕组串联带负载的实验电路及运行情况记录。

5. 你认为此次实训过程是否成功？在技能训练方面还需注意哪些问题？

6. 填写任务执行情况检查单。

六、项目检查

1. 学生填写检查单。
2. 教师填写评价表。
3. 学生提交实训心得。

七、项目评价

1. 小组讨论,自我评述本项目完成情况及发生的问题,小组共同给出提升方案和有效建议。
2. 小组准备汇报材料,每组选派一人进行汇报。
3. 老师对本项目完成情况进行评价。

学生自我总结：

指导老师评语：

项目完成人签字：   日期： 年 月 日

指导老师签字：   日期： 年 月 日

8.4 变压器绕组极性判别检查单

变压器绕组极性判别项目检查单	班级		姓名		总分		日期	
检查内容	标准分值		自我评分 A(20%)		小组评分 B(30%)		教师评分 C(50%)	
资讯、计划：								
基础知识预习、完成情况	10							
资料收集、准备情况	10							
决策：								
是否制订实施方案	5							
是否画原理图	5							
是否画安装图	5							
实施：								
操作步骤是否正确	20							
是否安全文明生产	5							
是否独立完成	5							
是否在规定的时间内完成	5							
检查：								
检查小组项目完成情况	5							
检查个人项目完成情况	5							
检查仪器设备的保养使用情况	5							
检查该项目的PPT(汇报)完成情况	5							
评估								
请描述本项目的优点：	5							
有待改进之处及改进方法：	5							
总分(A20% + B30% + C50%)	100							

8.5 变压器绕组极性判别评价表

学习领域:电气安装的规划与实施					
班级		学习情境8:变压器绕组极性判别			
姓名		学习团队名称:			
组长签字			自我评分	小组评分	教师评分
评价内容		评分标准			
目标认知程度	工作目标明确,工作计划具体结合实际,具有可操作性	10			
情感态度	工作态度端正,注意力集中,能使用网络资源进行相关资料收集	10			
团队协作	积极与他人合作,共同完成工作任务	10			
专业能力要求	专业基础知识掌握程度	10			
	专业基础知识应用程度	10			
	识图绘图能力	10			
	实验、实训设备使用能力	10			
	动手操作能力	10			
	实验、实训数据分析能力	10			
	实验、实训创新能力	10			
总分					
本人在小组中的排名(填写名次)					
备注:					

学习单元 9

三相交流电路测量

知识技能

通过本单元的学习,使学生能够在以下方面得到巩固与提高:

1. 了解三相电源的产生及对称三相电源的特点;
2. 掌握三相负载星形和三角形两种连接方式;
3. 掌握对称三相交流电路的分析计算;
4. 正确连接星形负载的三相对称和不对称电路,并进行电压、电流的测量;
5. 正确连接三角形负载的三相对称电路,并进行电压、电流的测量;
6. 正确测量三相交流电路的功率。

情感、态度、价值观

通过本单元的学习,使学生了解三相电网中照明与动力用电的常识,激发学生了解三相电源、三相负载的兴趣,培养"安全用电"的科学态度,提高电气从业人员严谨细致的职业素养,形成正确的电气仪表测量操作规范。

情境描述

日常生活和生产中的用电,基本上是由三相交流电源供给的,三相变压器和三相电动机等负载需要三相电源。我们所熟悉的220V单相交流电,其实也是三相交流发电机发出来的三相交流电中的一相。电工实验室自制了一批灯箱,分别由9个灯泡组成三相负载,可以连接成星形或三角形两种形式,接上三相电源,构成三相交流电路,进行相关的三相电压、电流、功率测量。

以"三相交流电路测量"为中心建立一个学习情境,将三相电源的特点、三相负载的连接方式、三相对称电路的分析计算等知识点与三相交流电路的连接、三相交流电路的电气测量、故障排除等基本技能结合起来。

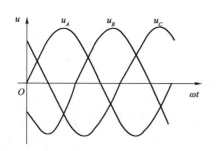 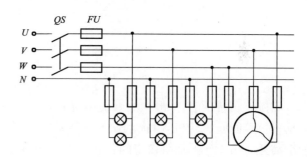

9.1 三相交流电路测量学习资料

§9.1-1 三相交流电源

电力系统中,广泛应用三相交流电路,工农业生产中的三相变压器、三相电动机都需要三相交流电源。

一 三相交流电动势的产生

三相交流电动势由三相交流发电动机产生。三相交流发电机原理示意图,如图9-1a)

所示,它的主要组成部分是定子和转子。转子是转动的磁极,定子是在铁芯槽上嵌放了三相结构完全相同的线圈 U_1U_2、V_1V_2、W_1W_2(通称三相绕组),这三相绕组排列在圆周上彼此相差 120°电角度,分别称为 U 相、V 相和 W 相。U_1、V_1、W_1 三端称为首端,U_2、V_2、W_2 则称为末端,如图 9-1b)所示,各相绕组的电动势参考方向规定由线圈的末端指向首端。工厂企业配电站或厂房内的三相电源线(用裸铜排时)一般用黄、绿、红分别代表 U、V、W 三相。

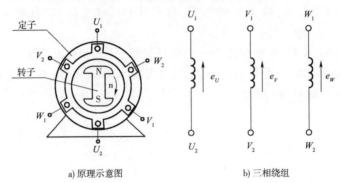

a) 原理示意图　　　　　　b) 三相绕组

图 9-1　三相交流发电动机结构

磁极放在转子上,一般均由直流电通过励磁绕组产生一个很强的恒定磁场。当转子由原动机(汽轮机、水轮机等)拖动做匀速转动时,三相定子绕组切割转子磁场而感应出三相交流电动势。由于三相绕组在空间各相差 120°电角度,因此三相绕组中感应出的三个交流电动势在时间上也相差三分之一周期(也就是 120°角)。这三个电动势的三角函数表达式为:

$$\begin{cases} e_u = E_m\sin\omega t \\ e_v = E_m\sin(\omega t - \dfrac{2\pi}{3}) \\ e_w = E_m\sin(\omega t + \dfrac{2\pi}{3}) \end{cases} \quad (9\text{-}1)$$

其波形图如图 9-2 所示;相量图如图 9-3 所示。

从图 9-2 中可以看出,三相交流电动势在任一瞬间其三个电动势的代数和为零。我们用式(9-1)通过三角函数计算也可以证明出这一结论。即

$$e_U + e_V + e_W = 0 \quad (9\text{-}2)$$

对图 9-3a)采用平行四边形法则进行相量加法,如图 9-3b)所示,也可得:

$$\dot{E}_U + \dot{E}_V + \dot{E}_W = 0 \quad (9\text{-}3)$$

三相电动势随时间按正弦规律变化,它们到达最大值(或零值)的先后顺序,叫做相序。

从图 9-2 可以看出,U 相超前 V、W 相达到最大值,V 相超前 W 相达到最大值,这种 U—V—W—U 的顺序叫做正序。若相序为 U—W—V—U 叫做负序,交换三相中的任意两相就可以改变相序。通常无特殊说明,三相电源为正序。

在电工技术和电力工程中,把这种有效值相等、频率相同、相位彼此相差 120°的三相电动势叫

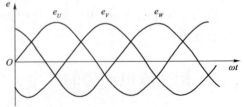

图 9-2　三相对称电动势波形图

做对称三相电动势;供给三相对称电动势的电源就叫做三相对称电源。

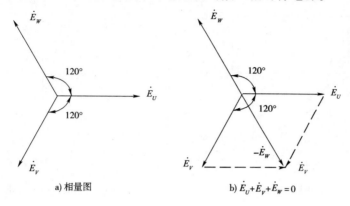

图 9-3 三相对称电动势相量图

二 三相四线制电源

三相电源本来具有 U_1、V_1、W_1、U_2、V_2、W_2 六个接头,但是在低压供电系统中常采用三相四线制供电,把三相绕组的末端 U_2、V_2、W_2 连接成一个公共端点,叫做中性点(零点),用字母"N"表示,如图 9-4 所示。从中性点引出的导线叫做中线(零线),用黑色或白色表示。中线一般是接地的,又叫地线。从线圈的首端 U_1、V_1、W_1 引出的三根导线叫做相线(俗称火线),分别用黄、绿、红三种颜色表示。这种供电系统叫做三相四线制,用符合"Y_0"表示。

三相四线制供电系统可输送两种电压,即相电压与线电压。各相线与中线之间的电压叫做相电压,分别用 U_U、U_V、U_W 表示其有效值。三个相电压相互对称,大小相等,相位互差 120°。

相线与相线之间的电压叫做线电压,用 U_{UV}、U_{VW}、U_{WU} 表示其有效值。

线电压与相电压的相量关系为:

$$\begin{cases} \dot{U}_{UV} = \dot{U}_U - \dot{U}_V \\ \dot{U}_{VW} = \dot{U}_V - \dot{U}_W \\ \dot{U}_{WU} = \dot{U}_W - \dot{U}_U \end{cases} \tag{9-4}$$

作出 $\dot{U}_U$、$\dot{U}_V$、$\dot{U}_W$ 的相量图,如图 9-5 所示。然后利用平行四边形法则,计算式(9-4),可以得出线电压与相电压有效值之间的关系:

$$\begin{cases} U_{UV} = \sqrt{3}\,U_U \\ U_{VW} = \sqrt{3}\,U_V \\ U_{WU} = \sqrt{3}\,U_W \end{cases}$$

一般线电压用 U_L 表示,相电压用 U_P 表示,线电压与线电压数量关系可以写成:

$$U_L = \sqrt{3}\,U_P \tag{9-5}$$

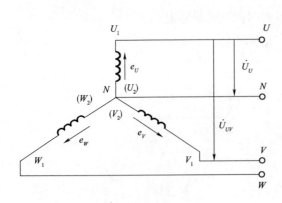

图 9-4 三相四线制电源　　　　　图 9-5 三相 Y_0 接电源电压相量图

从图 9-5 还可以看出，线电压 $\dot{U}_{UV}$、$\dot{U}_{VW}$、$\dot{U}_{WU}$ 分别超前相应的相电压 $\dot{U}_U$、$\dot{U}_V$、$\dot{U}_W$ 30°，三个线电压相位彼此相差 120°，线电压之间也是对称的。

通过以上分析可知：

(1) 对称三相电动势有效值相等，频率相同，各相之间的相位差为 120°；

(2) 三相四线制相电压和线电压都是对称的；

(3) 线电压是相电压的 $\sqrt{3}$ 倍，线电压的相位超前相电压 30°。

图 9-6 是三相四线制低压配电线路，接到动力开关上的是三根相线，线电压 380V，接到照明开关上的是相线和零线，相电压 220V。

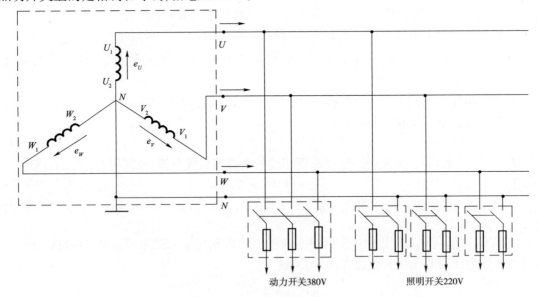

图 9-6 三相四线制低压配电系统

§9.1-2　三相负载的接法

三相交流电路中的三相负载，可分为对称三相负载和不对称三相负载。各相负载的大小和性质完全相同的叫做对称三相负载,如三相电动机、三相变压器、三相加热炉等。各相负载不同的就叫做不对称三相负载,如照明电路中的负载。

一 三相负载的星形(Y)连接

1 连接方式

三相负载星形连接就是将每相负载末端 U_2、V_2、W_2 连成一点 N(中性点 N),首端 U_1、V_1、W_1 分别接到三相交流电源的三根相线上。这种连接的方法叫做三相负载有中线的星形接法,用 Y_0 表示。图 9-7 所示为三相负载的星形接法。

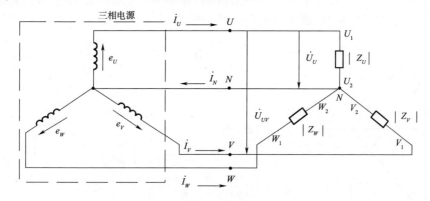

图9-7 三相负载星形接法的电路

负载作星形连接并具有中性线时,每相负载两端的电压叫做负载的相电压,用 U_{YP} 表示,线路的阻抗被忽略时,负载的相电压等于电源相电压($U_{YP} = U_P$)。负载的线电压等于电源的线电压,负载的线电压与相电压的关系为:

$$U_L = \sqrt{3} U_{YP} \tag{9-6}$$

2 电路计算

在三相交流电路中,负载作星形连接,流过每一相负载的电流叫做相电流,分别用 I_u、I_v、I_w 表示,一般用 I_{YP} 来表示。流过每根相线的电流叫做线电流,分别用 I_U、I_V、I_W 表示,一般用 I_{YL} 来表示。

当负载作星形连接并具有中性线时,三相交流电路的每一相,就是一单相交流电路,各相电压与电流间数量及相位关系可应用单相交流电路的分析计算方法。

在对称三相电源下,流过对称三相负载的各相电流也是对称的,即:

$$I_{YP} = I_u = I_v = I_w = \frac{U_{YP}}{Z_P} \tag{9-7}$$

式中:I_{YP}、I_u、I_v、I_w ——每相电流,单位 A;
$\qquad U_{YP}$ ——每相电压,单位 V;
$\qquad Z_P$ ——每相阻抗,单位 Ω。

各相电流之间的相位差仍为 120°。因此,计算对称三相负载电路只需计算其中一相,其他两相只是相位互差 120°。

由基尔霍夫第一定律可知,图9-7中,流过中性线电流为:
$$i_N = i_u + i_v + i_w \tag{9-8}$$
式(9-8)对应相量关系式为:
$$\dot{I}_N = \dot{I}_U + \dot{I}_V + \dot{I}_W \tag{9-9}$$
对式(9-9)用相量图求和,如图9-8所示,有:
$$\dot{I}_N = \dot{I}_U + \dot{I}_V + \dot{I}_W = 0$$
即
$$i_N = i_u + i_v + i_w = 0$$

对称三相负载作星形连接时的中性线电流为零。在这种情况下,去掉中线也不影响三相交流电路正常工作,为此常常采用三相三线制,如图9-9所示。常用的三相电动机和三相变压器都属于三相对称负载,都可以采用三相三线制。

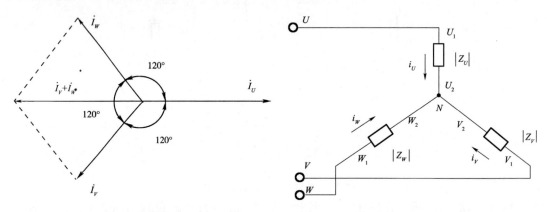

图9-8 三相对称星形连接负载电流相量图　　图9-9 三相三线制负载

在三相负载的星形连接中,无论有无中线,由于每相的负载都串在相线上,相线和负载流过同一电流,所以各相电流等于线电流,即:

用相量表示为:$\begin{cases} \dot{I}_U = \dot{I}_u \\ \dot{I}_V = \dot{I}_v \\ \dot{I}_W = \dot{I}_w \end{cases}$;用有效值表示为:$I_L = I_P$。

【例9.1】 星形连接的对称三相负载,每相的电阻 $R = 24\Omega$,感抗 $X_L = 32\Omega$,接到线电压 $U_L = 380\text{V}$ 的三相电源上,求每相负载的电压 U_P,相电流 I_P 及线电流 I_L。

解:对称三相负载作星形连接时,每相负载的电压就是电源的相电压,即:
$$U_P = \frac{U_L}{\sqrt{3}} = \frac{380}{\sqrt{3}} = 220\text{V}$$

每相负载的阻抗为:
$$|z| = \sqrt{R^2 + X_L^2} = \sqrt{24^2 + 32^2} = 40\Omega$$

每相电流为:
$$I_P = \frac{U_P}{|z|} = \frac{220}{40} = 5.5\text{A}$$

负载作星形连接时的线电流等于相电流,即:
$$I_L = I_P = 5.5\text{A}$$

3 不对称负载星形连接时中线的作用

三相负载在很多情况下是不对称的,最常见的照明电路就是不对称带中线的星形连接负载。下面通过具体例子分析三相四线制中线的重要性。

在图9-10a)所示电路中,三个灯泡功率不同,接入三相四线制电源中。由于中线作用,虽然灯泡功率各不相同,但保证每个灯泡的额定电压为电源相电压220V,这样灯泡就能正常发光。同时由于每个灯泡两端的电压相同、功率不同,每个灯泡流过的电流便不同,三相电流不对称,导致中线上有电流流过。这说明,中线是不可缺少的,它一方面保证用电器在额定电压下工作;另一方面作为不对称电流流通的路径和相线一起构成回路。

在图9-10b)中,中线已经去掉(断了),而W相的灯泡开关未合上,这样U相和V相灯泡串联在U与V相之间,线电压380V。由于100W灯泡电阻比40W灯泡小,所以100W灯泡的电压反而比40W灯泡电压低,导致40W灯泡比100W要亮很多,很可能烧毁。

可见,对于不对称星形负载的三相交流电路,必须采用带中线的三相四线制供电。若无中线,可能使某一相电压过低,该相用电设备不能正常工作;某一相电压过高,烧毁该相用电设备。因此,三相四线制规定,中线上不允许安装熔断器和开关,而且中性线本身强度要好,接头处应连接牢固。通常还要求将中线接地,使它与大地电位相同,以保障安全。

另外,接在三相四线制电网上的单相负载,在设计安装供电线路时也尽量做到把各单相负载均匀地分配给三相电源,避免流过中性线的电流太大。

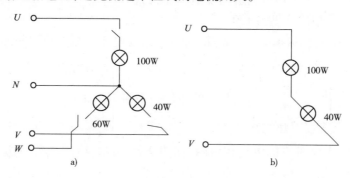

图9-10 星形连接不对称负载

二 三相负载的三角形(△)接法

1 连接方式

将三相负载分别接在三相电源的每两根相线之间的接法,称为三相负载的三角形连接,用符号"△"表示,如图9-11所示。

从图9-11可以看出,三角形连接中的各相负载全部接在了两根相线之间,因此电源的线电压等于负载两端的电压,即负载的相电压,有:

$$U_{\Delta P} = U_L \tag{9-10}$$

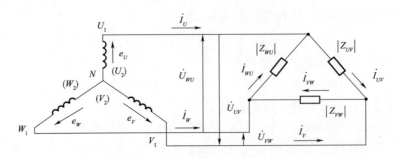

图9-11 三相负载的三角形连接

由于三相电源是对称的,无论负载是否对称,负载的相电压都是对称的。

2 电路计算

对于负载作三角形连接的三相交流电路中的每一相负载来说,都是单相交流电路。各相电流和电压之间的数量关系与相应的相位关系与单相交流电路相同。

在对称三相电源的作用下,流过对称负载的各相电流也是对称的。应用单相交流电路的计算关系,可知各相电流有效值为:

$$I_{UV} = I_{VW} = I_{WU} = \frac{U_L}{Z_{UV}} \tag{9-11}$$

式中:I_{UV}、I_{VW}、I_{WU}——每相负载的电流有效值,单位 A;

U_L——每相负载两端的电压,即线电压,单位 V;

Z_{UV}——每相负载阻抗大小,单位 Ω。

各相电流之间的相位差仍为 120°。

在图 9-11 中,根据基尔霍夫第一定律,可以求出线电流与相电流之间的关系为:

$$\begin{cases} i_U = i_{UV} - i_{WU} \\ i_V = i_{VW} - i_{UV} \\ i_W = i_{WU} - i_{VW} \end{cases}, 对应的相量关系为 \begin{cases} \dot{I}_U = \dot{I}_{UV} - \dot{I}_{WU} \\ \dot{I}_V = \dot{I}_{VW} - \dot{I}_{UV} \\ \dot{I}_W = \dot{I}_{WU} - \dot{I}_{VW} \end{cases} \tag{9-12}$$

根据式(9-12)作出对应的电流相量图,如图 9-12 所示,应用平行四边形法则求出线电流为:

$I_U = 2I_{UV}\cos 30° = \sqrt{3}I_{UV}$,同理可得 $I_V = \sqrt{3}I_{VW}$,$I_W = \sqrt{3}I_{WU}$。

同时,线电流在相位上滞后对应的相电流 30°。

由此可见,当对称负载作三角形连接时,线电流大小为相电流的 $\sqrt{3}$ 倍,一般写成:

$$I_{\Delta L} = \sqrt{3}I_{\Delta P} \tag{9-13}$$

【例 9.2】 有三个 100Ω 的电阻,将它们连接成星形或三角形,分别接到线电压为 380V 的对称三相电源上。试求:线电压、相电压、线电流、相电

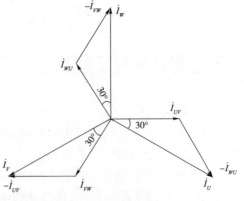

图9-12 对称三相负载三角形连接的电流相量图

流各为多少?

解:(1)负载连接为星形时,负载的线电压是相电压的 $\sqrt{3}$ 倍,即:

$$U_L = 380\text{V}, U_P = \frac{380}{\sqrt{3}} = 220\text{V}$$

负载的线电流等于相电流:

$$I_{YL} = I_{YP} = \frac{U_P}{R} = \frac{220}{100} = 2.2\text{A}$$

(2)负载作三角形连接时,负载的相电压等于线电压,即:

$$U_L = U_P = 380\text{V}$$

负载的线电流是相电流的 $\sqrt{3}$ 倍,即:

$$I_P = \frac{U_P}{R} = \frac{380}{100} = 3.8\text{A}, I_L = \sqrt{3}I_P = \sqrt{3} \times 3.8 = 6.58\text{A}$$

通过例9.2的分析可知,在同一个对称三相电源的作用下,对称负载作三角形连接时的线电流是负载作星形连接时的线电流的3倍。

§9.1-3 三相交流电路的功率

在三相交流电路中,不论负载采取星形连接还是三角形连接,负载消耗的总功率等于各相负载消耗的功率之和:

$$P = P_U + P_V + P_W \tag{9-14}$$

每一相负载的功率,可以应用单相正弦交流电路中学过的方法计算。如果知道各相电压、相电流及功率因数 $\cos\varphi$ 的值,则负载消耗的总功率为:

$$P = U_U I_U \cos\varphi_U + U_V I_V \cos\varphi_V + U_W I_W \cos\varphi_W$$

在对称三相交流电路中,如果三相负载是对称的,则电流也是对称的,即:

$$P = 3U_P I_P \cos\varphi \tag{9-15}$$

式中: U_P、I_P ——负载的相电压、相电流;

$\cos\varphi$ ——每相负载的功率因数;

P ——三相负载总的有功功率。

在实际工作中,测量线电压、线电流比较方便,三相交流电路的总功率常用线电压和线电流来表示。

对称负载作星形连接时,线电压是相电压的 $\sqrt{3}$ 倍,线电流等于相电流,即:

$$U_L = \sqrt{3}U_P, I_L = I_P$$

对称负载作三角形连接时,线电压等于相电压,线电流是相电流的 $\sqrt{3}$ 倍,即:

$$U_L = U_P, I_L = \sqrt{3}I_P$$

因此,对称负载不论是作星形连接还是作三角形连接,其总有功功率均为:

$$P = \sqrt{3}U_L I_L \cos\varphi \tag{9-16}$$

注意:式(9-16)中 φ 仍然指的是相电压与相电流之间的相位差。

同单相交流电路一样,三相负载中既有耗能元件,又有储能元件。因此,三相交流电路中,除有功功率外,还有无功功率和视在功率。应用前面的推导方法,可得对称三相负载的无功功率为:

$$Q = \sqrt{3}U_L I_L \sin\varphi \tag{9-17}$$

视在功率为:

$$S = \sqrt{3}U_L I_L = \sqrt{P^2 + Q^2} \tag{9-18}$$

【例 9.3】 有一个对称负载,每相的电阻 $R = 8\Omega$,感抗 $X_L = 6\Omega$,分别接成星形、三角形,接到线电压为 380V 的对称电源上,试求:

(1) 负载作星形连接时的有功、无功、视在功率;
(2) 负载作三角形连接时的有功、无功、视在功率。

解: (1) 负载星形连接,每相电流 I_P 为:

$$I_P = \frac{U_P}{|z|} = \frac{220}{\sqrt{R^2 + X_L^2}} = \frac{220}{\sqrt{8^2 + 6^2}} = 22\text{A}, 线电流 I_L = I_P = 22\text{A}$$

有功功率为电阻消耗的功率:

$$P_Y = 3I_P^2 R = 3 \times 22^2 \times 8 \approx 11.6\text{kW}$$

无功功率为电感与电源交换能量的速率:

$$Q_Y = 3I_P^2 X_L = 3 \times 22^2 \times 6 \approx 8.7\text{kvar}$$

视在功率,即三相电源的容量:

$$S_Y = \sqrt{3}U_L I_L = \sqrt{3} \times 380 \times 22 \approx 14.48\text{kVA}$$

(2) 负载作三角形时,每相电流 I_P 为:

$$I_P = \frac{U_P}{|z|} = \frac{380}{\sqrt{R^2 + X_L^2}} = \frac{380}{\sqrt{8^2 + 6^2}} = 38\text{A}, 线电流 I_L = \sqrt{3}I_P = \sqrt{3} \times 38 = 66\text{A}$$

有功、无功、视在功率分别为:

$$P_\Delta = 3I_P^2 R = 3 \times 38^2 \times 8 \approx 34.7\text{kW}; Q_\Delta = 3I_P^2 X_L = 3 \times 38^2 \times 6 \approx 26\text{kvar};$$

$$S_\Delta = \sqrt{3}U_L I_L = \sqrt{3} \times 380 \times 66 \approx 43.44\text{kVA}$$

通过例 9.3 说明,在同一三相电源下,同一对称负载作三角形连接时的线电流和总功率是星形负载的 3 倍。在实际中,比如电动机负载,要根据其额定电压是 220V(Y 接)还是 380V(△接)选择正确的连接方式。同时,大功率电动机一般接成三角形(△),这是因为△接法的负载比 Y 接法的负载功率大了 3 倍。

§9.1-4 交流调压器

一、单相调压器

实验室内工频正弦电源的电压通常有 380V 和 220V 两种。在需要有效值可以调节的工频正弦电压时,要用到单相调压器。

单相调压器实际上是一种自耦变压器。它的外形和原理,分别如图9-13a)和 b)所示。图9-13c)是使用单相调压器的交流电路图。使用时,由调压器的 U_1、U_2 端输入有效值为220V 的工频正弦电压,而输出电压则从 u_1、u_2 引出。顺时针转动手轮慢慢增加输出电压,直至所需电压值。逆时针转动手轮至底位(转不动了)即为零位。

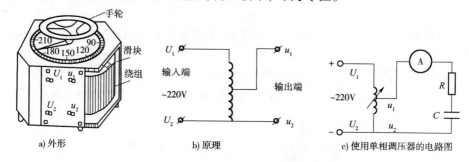

图9-13 单相调压器的外形、原理及电路图

使用单相调压器时,必须注意以下几点:

(1)市电电源必须接至调压器的输入端 U_1、U_2,并且与输入端标明的电压值相符;输出端 u_1、u_2 接负载。不能将输入、输出端接反。

(2)为了安全,电源的地线(中性线)应接至输入与输出的公共端。

(3)工作电流不得超过额定值。

(4)使用调压器时,输出电压应从零逐渐增加,调至所需值。使用完毕,应该将调压器调到零位。

(5)调压器输出电压的大小,应由实验室较准确的电压表进行测量。手轮刻度盘上的指示值只能作为参考。

二 三相调压器

实验室内三相交流电的电压通常有380V 和220V 两种。在需要电压可以调节的三相交流电时,要用到三相调压器。

三相调压器是由三台单相调压器接成星形而组成的。它的外形及其原理图,如图9-14所示。图中 A、B、C、O 为输入端(初级),a、b、c 为输出端(次级)。每相调压器的滑块固定在同一根转轴上,当旋转手轮改变滑块的位置时,能同时调节三相输出电压,并保证输出电压的对称性。操作方法和单相调压器相同。

使用三相调压器时,必须注意以下几点:

(1)三相调压器的输入输出端钮较多,接线前应一一核对清楚。接线时一定要接牢靠,防止接线头脱落导致电源两相碰在一起引起电源短路。

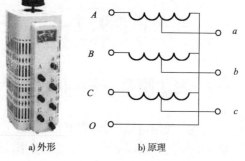

图9-14 三相调压器

(2)注意三相调压器的正确接线,三相电源必须接至调压器的输入端 A、B、C、O(见图 9-14),不能接错。

(3)为了安全,调压器的中性点(图 9-14 中为 O 点)必须与电源的中性线相连接。

(4)工作电流不得超过额定值。

(5)使用调压器时,输出电压应从零逐渐增加,调至所需值。使用完毕,应该将调压器调到零位。

(6)调压器输出电压的大小,应由实验室较准确的电压表进行测量。手轮刻度盘上的指示值只能作为参考。

使用三相调压器的测量线路对应的实物接线图和电路原理图,如图 9-15 所示。b)图中的 Tr 表示三相调压器,QS_1、QS_2 三相刀开关,FU 熔断器(保险),L_1、L_2、L_3 三相电源。

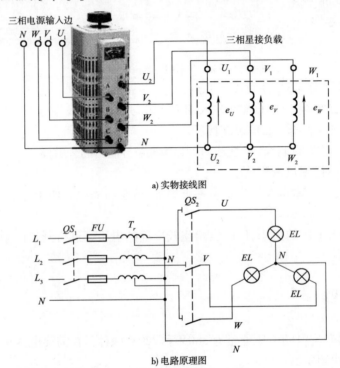

图 9-15 使用三相调压器的测量线路对应的实物接线图和电路原理图

§9.1-5 三相有功功率测量

一、一表法测量三相四线制功率

三相四线制电路中,对于对称负载,由于各相负载消耗的功率相等,只用一只单相功率表测量任一相功率乘以 3 即为三相总功率,这种方法称为一表法。如果负载不对称,可用三只单相功率表同时测量各相功率后相加得三相总功率,这种方法称为三表法(或者用一只功率表测量三次,每次对其中一相进行测量,三次测量结果相加)。其测量原理,见图 9-16 所示。

在图9-16电路中,很明显,功率表电压线圈测量的是相电压,电流线圈虽然测量的电流是线电流,但是在星形接法的负载中,相电流等于线电流,所以对应测量的功率即为每相功率。

一表法虽然只需一块功率表,但是只能使用在测量相电压和相电流比较方便的场合。

在三相对称负载的情况下,总功率:

$$P = 3P_U$$

当三相负载不对称时,需要测量三次,总功率为三相功率之和:

$$P = P_U + P_V + P_W$$

二 两表法测量三相三线制功率

三相三线制(即无中性线)电路常用两只单相功率表来测量三相功率,称为两功率表法(简称两表法),两功率表读数的代数和就是三相交流电路总功率。两功率表法测量三相功率的电路,如图9-17所示。三相负载连接方式一般为△接(或者对称Y接,没有中性线)。

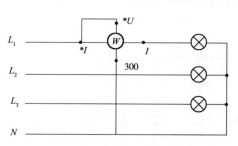

图9-16　一表法测三相四线制电路功率　　图9-17　两表法测三相三线制电路功率

在图9-17所示电路中,虽然需要两块功率表,但是不管负载对称与否,只需测量一次即可。功率表W_1测量的是U相的线电流,U、V两相之间的线电压;功率表W_2测量的是W相的线电流,W、V相之间的线电压。由此可见,两表法只需在线路上测量相应的线电流和线电压即可,适用于无法测量相电流或者相电压的三相三线制场合。

三相负载的有功功率为:

$$P = P_1 + P_2$$

*§9.1-6　三相电度表的安装

单相电度表是用来测量单相交流电路的有功电能,在三相交流电路中则需要使用三相电度表来测量三相交流电路中的有功电能。三相电度表分为三相三线制和三相四线制两种。常用规格的有3A、5A、10A、25A、50A、75A和100A等多种,其安装接线方法又分为直接式和间接式两种。三相电度表的结构与单相电度表的结构基本相同。

一 直接式安装接线

1 三相三线制电表直接安装

三相三线制电度表(两元件电度表)接线原理,如图9-18所示。

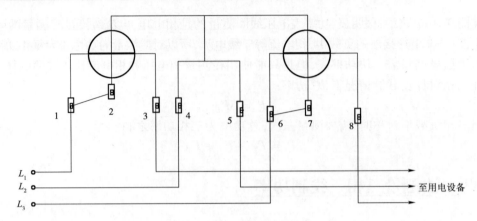

图 9-18 三相三线制电表直接安装

2 三相四线制电表直接安装

三相四线制电度表(三元件电度表)接线原理,如图 9-19 所示。

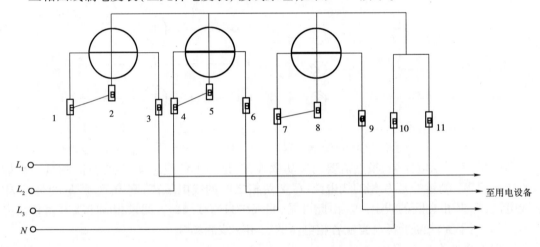

图 9-19 三相四线制电表直接安装

二 间接式安装接线

当线路中最大工作电流超过电度表的额定电流时,必须加装电流互感器进行间接式安装,否则将会烧损电度表。

1 电流互感器

电流互感器是一种特殊的变压器,常用的电流互感器是将大电流转换为一定比例的小电流(一般为 5A)以供测量和继电保护之用。

电流互感器的一次绕组串接在主电路中,二次侧绕组接在测量或控制电路中。一次侧绕组的匝数很少(一匝或几匝),二次侧绕组的匝数较多,因此,电流互感器相当于一只升压变压器。在使用时,其二次侧的绕组不允许开路,否则将引起高压,对人身及设备带来危险。同时,二次侧绕组还必须工作接地。

电流互感器二次侧标有"K_1"或"+"的接线端,应与电度表电流线圈的进线端连接。标有"K_2"或"-"的接线端,应与电度表电流线圈的出线端连接,不可接反。每个节点必须连接得牢固可靠。

② 三相三线制电表带电流互感器安装

三相三线制带电流互感器的接线原理,如图9-20所示。

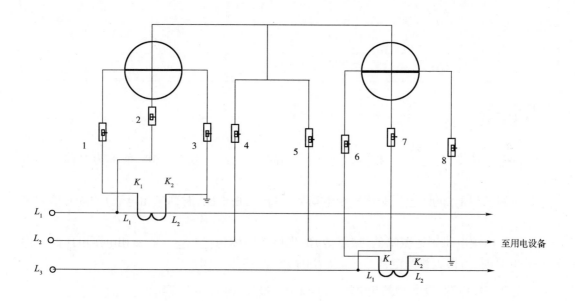

图9-20　三相三线制电表带电流互感器安装

③ 三相四线制电表带电流互感器安装

三相四线制带互感器的接线原理,如图9-21所示。

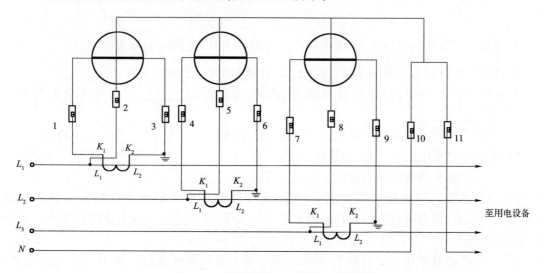

图9-21　三相四线制电表带电流互感器安装

9.2 三相交流电路测量习题

一、填空题

1. 三个电动势的_____相等,_____相同,_____互差120°,就称为对称三相电动势。

2. 对称三相正弦量(包括对称三相电动势、对称三相电压、对称三相电流)的瞬时值之和等于_____。

3. 三相电源电压到达振幅值(或零值)的先后次序称为_____。三相电源电压的相序为 U-V-W-U 时,习惯上称为电源_____相序。

4. 对称三相电源,设 V 相的相电压 $\dot{U}_V = 220\angle 90°\text{V}$,则 U 相电压 $\dot{U}_U = $ _____,W 相电压 $\dot{U}_W = $ _____。

5. 三相交流电路中的三相负载,可分为_____三相负载和_____三相负载。如果三相负载的每相负载的复阻抗都相同,则称为_____负载。

6. 在三相交流电路中,流过端线的电流称为_____,流过每相负载的电流称为_____。

7. 对称三相负载为星形连接,线电压 $\dot{U}_{UV}$ 与相电压 $\dot{U}_U$ 之间的关系表达式为_____。

8. 对称三相负载为三角形连接,线电流 $\dot{I}_U$ 与相电流 $\dot{I}_{UV}$ 之间的关系表达式为_____。

9. 三相交流电路中,每相负载两端的电压称为负载的_____,每相负载的电流称为_____。

10. 三相交流电路中若电源对称,负载也对称,则称为_____电路。

11. 在三相交流电路中,负载的连接方法有_____和_____两种。三相发电动机多为_____连接,三相变压器可接成_____或_____形。

12. 三角形连接的对称三相交流电路中,负载线电压有效值和相电压有效值的关系是_____,线电流有效值和相电流有效值的关系是_____,线电流的相位滞后相电流_____度。

13. 三相电动机接在三相电源中,若其额定电压等于电源的线电压,应作_____连接;若其额定电压等于电源线电压的 $1/\sqrt{3}$,应作_____连接。

14. 同一个对称三相负载接在同一电网中,作三角形连接时线电流是星形连接时线电流的_____倍。

二 选择题

1. 一台三相电动机,每组绕组的额定电压为220V,对称三相电源的线电压 $U_l = 380V$,则三相绕组应采用(　　)。

　　A. 星形连接,不接中性线

　　B. 星形连接,接中性线

　　C. A、B 均可

　　D. 三角形连接

2. 一台三相电动机绕组星形连接,接到 $U_l = 380V$ 的三相电源上,测得线电流 $I_l = 10A$,则电动机每组绕组的阻抗为(　　)Ω。

　　A. 38

　　B. 22

　　C. 66

　　D. 11

3. 三相电源线电压为380V,对称负载为星形连接,未接中性线。如果某相突然断掉,其余两相负载的电压均为(　　)V。

　　A. 380

　　B. 220

　　C. 190

　　D. 无法确定

4. 下列陈述(　　)是正确的。

　　A. 发电动机绕组作星形连接时的线电压等于作三角形连接时的线电压的 $1/\sqrt{3}$

　　B. 对称三相交流电路负载作星形连接时,中性线里的电流为零

　　C. 负载作三角形连接可以有中性线

　　D. 凡负载作三角形连接时,其线电流都等于相电流的 $\sqrt{3}$ 倍

5. 对称三相负载三角形连接,电源线电压 $\dot{U}_{UV} = 220\angle 0°$,如不考虑输电线上的阻抗,则负载相电压 $\dot{U}_{UV} = (　　)$ V。

　　A. $220\angle -120°$

　　B. $220\angle 0°$

　　C. $220\angle 120°$

　　D. $220\angle 150°$

6. 对称三相交流电路负载三角形连接,电源线电压为380V,负载复阻抗为 $Z = (8 - j6)$ Ω,则线电流为(　　)A。

　　A. 38A

B. 22A

C. 0 A

D. 65.82A

7. 对称三相交流电路中,负载星形连接,U 相线电流 $I_U = 38.1\angle -66.9°$A,则 V 相线电流 $I_V = ($) A。

A. $22\angle -36.9°$

B. $38.1\angle -186.9°$

C. $38.1\angle 53.1°$

D. $22\angle 83.1°$

8. 对称三相负载连接成星形,由对称三相交流电源供电,如图9-22所示。若 V 相在 P 点断开,则电流表和电压表的示数变化分别为( )。

A. 电流表示数变小,电压表示数不变

B. 电流表示数不变,电压表示数变大

C. 电流表、电压表示数都变小

D. 电流表、电压表示数都不变

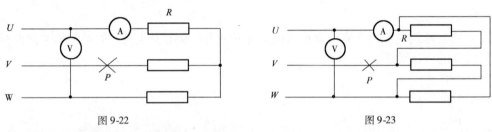

图 9-22　　　　　　　　　图 9-23

9. 对称三相负载连接成三角形,由对称三相电源供电,如图9-23所示。若 V 相 P 点处断开,则电流表和电压表的示数变化分别为( )。

A. 电流表示数变小,电压表示数不变

B. 电流表示数变小,电压表示数为零

C. 电流表示数变大,电压表示数为零

D. 电流表示数变大,电压表示数不变

三 计算题

1. 三相异步电动机绕组连接成星形,在线电压380V 的对称电源下额定工作。电动机每相电阻为6Ω,感抗为8Ω。试求:

(1)三相异步电动机各相绕组的相电流及各线的线电流。

(2)电动机额定工作时的平均功率、电感的无功功率、电源的容量。

2. 一个三相电炉,连接成三角形,每相电阻为22Ω,接到线电压为380V 的电源上,求相电压、相电流、线电流和三相有功功率。

3. 一台三相异步电动机,额定功率为7.5kW、线电压380V、功率因数为0.866,满载运行时,测得线电流为14.9A,试求这台三相异步电动机的效率。

4. 有一三相三线制供电线路,线电压为380V,接入星形接线的三相电阻负载,每相电阻值皆为1000Ω。试计算：

(1) 正常情况下,负载的相电压、线电压、相电流、线电流各为多少?

(2) 如A相断线,B、C两相的相电压有何变化?

(3) 如A相对中性点短路,B、C两相的电压有何变化?

四 简答题

1. 什么是三相电源的相序? 怎么样改变三相电源的相序?

2. 图9-24 a)、b)中的三相电源各采用的是什么连接方式? 它们有什么区别?

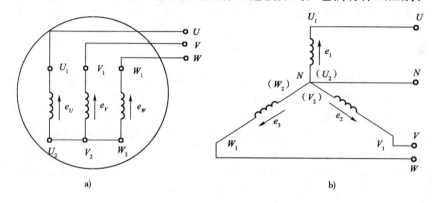

图 9-24

3. 图9-25中,灯泡的额定电压为220V,图a)中的三相负载作星形连接时,三相调压器次级输出的线电压应该为多少? 图b)中的三相负载作三角形连接时,三相调压器次级输出的线电压为多少?

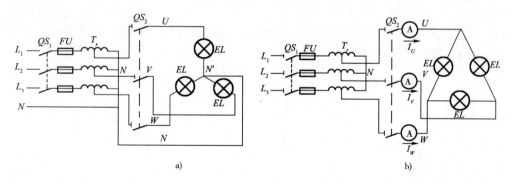

图 9-25

4. 在三相负载的三角形连接电路中,如果有一只白炽灯发生短路(电路无短路保护),将会产生什么后果?

5. 测量三相功率时,一表法和两表法分别适用于什么场合? 试画出相应的测量原理图并作简单说明。

9.3 三相交流电路测量同步训练

三相交流电路测量项目引导文	班　级	
	姓　名	

一、项目描述

电工实验室自制了一批灯箱，分别由9个灯泡组成三相负载，可以连接成星形或三角形两种形式，接上三相电源，组接三相交流电路，进行相关的三相电压、电流、功率测量。

要求以"三相交流电路测量"为中心设计一个学习情境，完成以下几项学习任务：

(1) 将灯箱负载接成星形连接，分别测量对称与不对称、有中性线与无中性线情况下的线电压、线电流、相电压、相电流、中性线电流、中性线电压；

(2) 将灯箱负载接成三角形连接，分别测量对称与不对称情况下的线电压、线电流、相电压、相电流；

(3) 分别使用一表法和两表法对三相交流电路进行功率测量；

(4) 分析测量数据。

二、项目资讯

1. 什么叫三相电源？对称三相电源的特征是什么？

2. 下图中三相电源的输电方式是什么？可以给负载提供几种电压？分别供电给哪类负载？请说出 U_{UV}、U_{WN}、U_{VW}、U_{UN} 分别属于哪种电压？

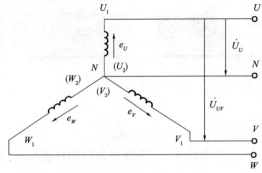

3. 对称三相交流电路与不对称三相交流电路的区别是什么?

4. 在三相交流电路中如何设置短路保护?

5. 为什么中性线上不能安装开关、熔断器,并且中性线本身强度要好,接头处应连接牢固?

6. 下两图均为三相调压器、三个灯座和三个拉线开关,若每相负载为一盏灯,请用连线标出三相负载分别为星形连接(有中性线)、三角形连接时,拉线开关、灯座与三相调压器的正确接线(设灯座和拉线开关的左侧为进线,右侧为出线)。

(1) 三相负载为星形连接(有中性线)

(2) 三相负载为三角形连接

三、项目计划

1. 观察实验室的灯箱负载(每相有三个灯泡、每个灯泡由拉线开关单独控制),画出由9个灯泡组成的三相灯箱负载的安装布置图。

2. 设计灯箱负载(9个灯泡组成)接成星形连接(有中性线、无中性线),线电压、线电流、相电压、相电流、中性线电流、中性线电压的测量实验电路与数据记录表格。

(1)星形连接,有中性线时的测量电路。

(2)星形连接,有中性线时的数据测量记录表格(负载对称与不对称时的线电压、相电压;线电流、相电流;中性线电压、中性线电流)。

(3)星形连接,无中性线时的测量电路。

(4)星形连接,无中性线时的数据测量记录表格(负载对称与不对称时的线电压、相电压;线电流、相电流;电源中性点与负载中性点之间的电压)。

3. 设计灯箱负载(9个灯泡组成)接成三角形连接(对称与不对称),线电压、线电流、相电压、相电流的测量实验电路与数据记录表格。

(1)三角形连接时的测量电路。

(2)三角形连接时的数据测量记录表格(负载对称与不对称时的线电压、相电压;线电流、相电流)。

4. 设计灯箱负载(9个灯泡组成)接成星形连接带中性线时(负载对称),一表法测量功率的实验电路与数据记录表格。

(1)对称负载带有中性线,一表法测量功率实验电路。

(2)对称负载带有中性线,一表法测量功率数据记录表格(每相功率、总功率)。

5.设计灯箱负载(9个灯泡组成)接成三角形连接(负载对称),两表法测量功率的实验电路与数据记录表格。

(1)对称负载三角形连接,两表法测量功率实验电路。

(2)对称负载三角形连接,两表法测量功率数据记录表格(两表功率、总功率)。

6.选择确定好本项目所需要的工具、设备、器材,列出所需要的工具、设备、器材清单(型号、规格)。

7.制作任务实施情况检查单,包括小组各成员的任务分工、任务完成、任务检查情况的记录,以及任务执行过程中出现的问题及应急情况的处理(备注栏)。

四、项目决策
1.分小组讨论三相交流电路测量方案。 2.老师指导确定三相交流电路测量最终方案。 3.每组选派一位成员阐述本小组三相交流电路测量最终方案。
五、项目实施
1.用试电笔区分三相电源的零线和三根火线。 2.灯箱负载(9个灯泡)星形连接,有中性线时的数据测量记录情况(负载对称与不对称时的线电压、相电压;线电流、相电流;中性线电压、中性线电流)。   3.灯箱负载(9个灯泡)星形连接,无中性线时的数据测量记录情况(负载对称与不对称时的线电压、相电压;线电流、相电流;电源中性点与负载中性点之间的电压)。

4.灯箱负载(9个灯泡)三角形连接时的数据测量记录情况(负载对称与不对称时的线电压、相电压;线电流、相电流)。

5.灯箱负载(9个灯泡组成)接成星形连接带中性线时(负载对称),一表法测量功率的数据记录情况。

6.灯箱负载(9个灯泡组成)接成三角形连接(负载对称),两表法测量功率的数据记录情况。

7.记录本次项目实施过程中的质量完成情况。

8.填写任务执行情况检查单。

六、项目检查
1.学生填写检查单。 2.教师填写评价表。 3.学生提交实训心得。
七、项目评价
1.小组讨论,自我评述本项目完成情况及发生的问题,小组共同给出提升方案和有效建议。 2.小组准备汇报材料,每组选派一人进行汇报。 3.老师对本项目完成情况进行评价。
学生自我总结:
指导老师评语:
项目完成人签字:　　　　　　　　　　　　　　日期:　　年　　月　　日
指导老师签字:　　　　　　　　　　　　　　　日期:　　年　　月　　日

9.4 三相交流电路测量检查单

三相交流电路测量项目检查单		班级	姓名	总分	日期
检 查 内 容	标准分值	自我评分 A(20%)	小组评分 B(30%)	教师评分 C(50%)	
资讯、计划:					
基础知识预习、完成情况	10				
资料收集、准备情况	10				
决策:					
是否制订实施方案	5				
是否画原理图	5				
是否画安装图	5				
实施:					
操作步骤是否正确	20				
是否安全文明生产	5				
是否独立完成	5				
是否在规定的时间内完成	5				
检查:					
检查小组项目完成情况	5				
检查个人项目完成情况	5				
检查仪器设备的保养使用情况	5				
检查该项目的PPT(汇报)完成情况	5				
评估:					
请描述本项目的优点:	5				
有待改进之处及改进方法:	5				
总分(A20% + B30% + C50%)	100				

9.5 三相交流电路测量评价表

学习领域:电气安装的规划与实施						
班级			学习情境9:三相交流电路测量			
姓名			学习团队名称:			
组长签字			自我评分	小组评分		教师评分
	评价内容	评分标准				
目标认知程度	工作目标明确,工作计划具体结合实际,具有可操作性	10				
情感态度	工作态度端正,注意力集中,能使用网络资源进行相关资料收集	10				
团队协作	积极与他人合作,共同完成工作任务	10				
专业能力要求	专业基础知识掌握程度	10				
	专业基础知识应用程度	10				
	识图绘图能力	10				
	实验、实训设备使用能力	10				
	动手操作能力	10				
	实验、实训数据分析能力	10				
	实验、实训创新能力	10				
总分						
本人在小组中的排名(填写名次)						
备注:						

学习单元 10

单管收音机组装

 知识技能

通过本单元的学习,使学生能够在以下方面得到巩固与提高:
1. 掌握基本的电子元件焊接工艺;
2. 掌握电感、电容、二极管、三极管等器件性能与测试方法;
3. 掌握单管收音机的组装与调试方法;
4. 掌握谐振电路的分析、计算方法。

 情感、态度、价值观

通过本单元的学习,使学生对电子线路有初步的了解,进一步激发学生的求知欲,培养学生在电子小制作方面的兴趣,拓展学生的学习视野,加强学生在强电与弱电方面的感性认识。

电气安装的规划与实施

情境描述

收音机是把从天线接收到的高频信号经检波（解调）还原成音频信号,送到耳机或喇叭变成音波。空中有很多不同频率的无线电波,为了设法选择所需要的节目,在接收天线后,有一个选择性电路,它的作用是把所需的信号（电台）挑选出来,并把不要的信号"滤掉",以免产生干扰,这就是我们收听广播时,所使用的"选台"按钮。这种所谓的选择性电路,就是谐振电路。根据提供的单管收音机材料明细表,购买相关的元器件和工具,在电工电子实验室组装一个单管收音机电路。

以"单管收音机组装"为中心建立一个学习情境,将 LC 电磁振荡原理、LC 谐振电路特点、二极管单相导电性、三极管信号放大等知识点与电子元器件识别、焊接、单管收音机组装等基本技能结合起来。

 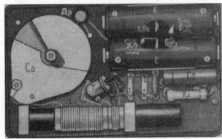

10.1 单管收音机组装学习资料

§ 10.1-1 LC 振荡电路

一 振荡电路

在如图 10-1 所示电路中,先将开关 S 置于"b"的位置,电源给电容器充电,直到电容器两端的电压等于电源电压为止。这时电容器极板上带有电荷 Q,两极板间建立起电场,储存

256

有电场能 $W_C = \frac{1}{2}CU_C^2$。然后,将开关 S 置于 "a" 的位置,使电容器通过线圈放电。在电容器和电感线圈之间,将发生电场能与磁场能的相互转换。同时可以观察到检流计 G 的指针左右摆动,说明电路中电流的大小和方向都在变化。如果电路中电阻很小,电流的这种变化将持续很长时间。

像这种大小和方向都作周期性变化的电流叫做振荡电流,能够产生振荡电流的电路叫做振荡电路。振荡电路的种类很多,图 10-1 所示的由电容器 C 和电感线圈 L 所组成的振荡电路,是一种最简单的振荡电路,叫做 LC 振荡电路。

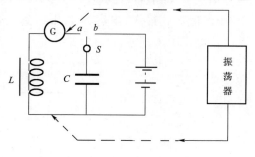

图 10-1　LC 振荡电路实验

二　自由振荡的物理过程

LC 振荡电路中的振荡电流是如何产生的?接下来,我们来分析这个问题。

1 电源给电容 C 充电

电源给电容 C 充电。在图 10-1 中,开关置于 "b" 的位置,直流电源给电容器充电,电容器最高电压可以充到电源电压值,极性为上 "+"、下 "−"。这时候电容器储满电荷,电荷量为 Q_m,如图 10-2 所示。其储存的电场能 $W_C = \frac{1}{2}CU_C^2$ 达到最大值。

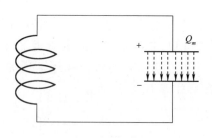

图 10-2　电容器充电

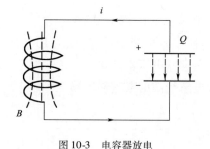

图 10-3　电容器放电

2 电容 C 给电感线圈放电

电容 C 给电感线圈放电,如图 10-3 所示,电场能转化为磁场能。电容器 C 带电量逐渐减少、电场能(电压)逐渐减小(降低),电路中的电流、磁场能则逐渐增大。为什么这些物理量的变化都是 "逐渐" 的呢?这是由于电容器 C 的放电作用(两极板上正、负电荷的吸引作用)和电感线圈 L 中电流变化时产生的自感电动势的 "阻碍" 作用所致(流过电感线圈的电流不能突然变化)。当 C 放电完毕,如图 10-4 所示,电场能为零,$Q_C = 0$,$U_C = 0$;磁场能 $W_L = \frac{1}{2}LI_L^2$ 达到最大(与之对应的振荡电流也达到最大)。

3 电容器反向充电过程

电容器反向充电过程,如图 10-5 所示,磁场能转化为电场能的过程。C 放电完毕时,由

于电感线圈 L 的自感作用(电感阻碍流过它自身电流的变化),电路中移动的电荷不能立即停止运动,仍保持原方向流动,经 C 反向充电。反向充电电流 i 逐渐减小,线圈储存的磁场能逐渐减少,而电容器的电场能逐渐增加,电容器两端的电压逐渐增大。直到磁场能减为零,电场能达到最大,电容器电压达到最高,此时电容器的电压极性已经变为下"+"、上"-",如图 10-6 所示。

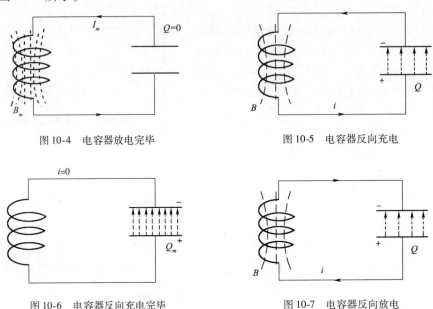

图 10-4　电容器放电完毕　　　　　图 10-5　电容器反向充电

图 10-6　电容器反向充电完毕　　　　图 10-7　电容器反向放电

4　电容器反向放电过程

电容器 C 反向放电过程,如图 10-7 所示。同理可知,电容器储存的电场能逐渐减少,直到为零;电容器电压逐渐降低,直至为零。同时,电感线圈储存的磁场能逐渐增加,直至最大;流过电感线圈的电流逐渐增大,直到最大值(I_m),如图 10-8 所示。

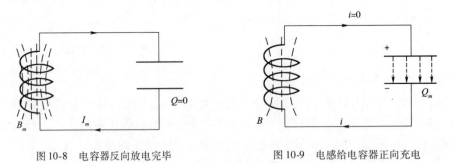

图 10-8　电容器反向放电完毕　　　　图 10-9　电感给电容器正向充电

5　电感线圈给电容器正向充电

电感线圈给电容器正向充电,如图 10-9 所示。同理可知,电感线圈储存的磁场能逐渐减少,直到为零;流过电感线圈的电流逐渐变小,直至为零。同时,电容器储存的电场能逐渐增加,直至最大;电容器两端的电压逐渐增大,直到最大值(U_m)。此时电容器的电压极性已经再次变为上"+"、下"-"。

周而复始,如此下去,回路中就产生了振荡电流。

像上述情况,电路中的电场能和磁场能(与之对应的电荷 Q 和电流 i)做周期性交替变化的现象叫做电磁振荡现象。不难看出,电场能与电容器上的电荷有关;磁场能与流过电感线圈的电流有关。

在理想的 LC 振荡电路中,在任何时刻,电场能和磁场能的总和不变。若没有能量损耗,则振荡电流的振幅(I_m)将不变,如图 10-10 所示,叫做无阻尼振荡(或等幅振荡)。

但是,任何振荡电路中,总存在能量损耗,使振荡电流 i 的振幅逐渐减小,如图 10-11 所示,这叫做阻尼振荡(或叫减幅振荡)。

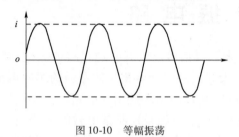

图 10-10　等幅振荡

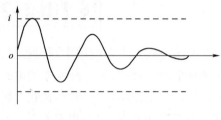

图 10-11　阻尼振荡

三 振荡频率和临界电阻

1 振荡频率

理论和实践可以证明,LC 振荡电路中振荡电流和电压的角频率为:

$$\omega = \frac{1}{\sqrt{LC}} \tag{10-1}$$

振荡频率为:

$$f_0 = \frac{1}{2\pi\sqrt{LC}} \tag{10-2}$$

f_0 由电路参数 L 和 C 决定,也叫固有频率。

2 临界电阻

如果电路中没有能量损耗,电场能量最大值与磁场能量最大值相等,即:

$$W_C = W_L$$

即:

$$\frac{1}{2}CU^2 = \frac{1}{2}LI^2$$

$$I = \frac{U}{\sqrt{\frac{L}{C}}}$$

令

$$\rho = \sqrt{\frac{L}{C}}$$

式中,ρ 叫振荡电路的特性阻抗,它的单位是欧姆。如果 ρ 越大,则 I 越小,振荡电流的振幅越小;反之,ρ 越小,则 I 越大,振荡电流的振幅就越大。

实际振荡电路中都有电阻,电阻越大,能量损耗越快。

有理论证明,当 $R < 2\rho$ 时,磁场能不会一次耗尽,可以把一部分磁场能转化为电场能,使电容器充电,从而使电路振荡。因此,我们把 2ρ 叫做临界电阻,即:

$$R_0 = 2\sqrt{\frac{L}{C}} \tag{10-3}$$

由于振荡电路中不可避免地有能量损耗,如果要维持等幅振荡,就要周期性地把电源的能量补充到振荡电路中去,以此补偿振荡电路中等效电阻所消耗的能量。

§ 10.1-2　谐振电路

在无线电技术中常应用串联谐振的选频特性来选择信号。收音机通过接收天线,接收到各种频率的电磁波,每一种频率的电磁波都要在天线回路中产生相应的微弱的感应电流。为了达到选择信号的目的,通常在收音机里采用如图10-12a)所示的谐振电路。把调谐回路中的电容 C 调节到某一值,电路就具有一个固有的频率 f_0。如果这时某电台的电磁波的频率正好等于调谐电路的固有频率,就能收听该电台的广播节目,其他频率的信号被抑制掉,这样就实现了选择电台的目的。

在具有电感和电容组件的电路中,电路两端的电压与其中的电流一般是不同相的,如果我们调节电路的参数或电源的频率而使它们同相,这时电路中就发生谐振现象。上述案例即为谐振的应用。研究谐振的目的就是要认识这种客观现象,并在生产上充分利用谐振的特征,同时又要预防它所产生的危害。

一　串联谐振

1　谐振条件

对于如图10-13所示的 RLC 串联电路,其总阻抗为:

$$Z = R + j\omega L - j\frac{1}{\omega C} = R + j(X_L - X_C) = R + jX = |Z|\angle\varphi$$

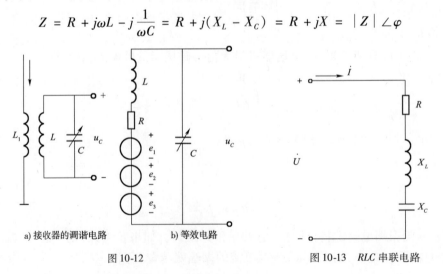

a) 接收器的调谐电路　　b) 等效电路

图 10-12　　　　　　　　图 10-13　RLC 串联电路

其中，
$$|Z| = \sqrt{R^2 + \left(\omega L - \frac{1}{\omega C}\right)^2}$$

电抗：
$$X = X_L - X_C = \omega L - \frac{1}{\omega C}$$

假设组件参数 L 及 C 不变，则电抗 X 将随频率变化。当 $X_L > X_C$ 时，电路呈感性，电压超前电流；当 $X_L < X_C$ 时，电路呈容性，电压滞后电流；当 ω 为某一值，恰好使感抗 X_L 和容抗 X_C 相等时，则 $X=0$，此时电路中的电流和电压同相位，电路的阻抗最小，且等于电阻($Z=R$)。电路的这种状态称为谐振。由于是在 RLC 串联电路中发生的谐振，故又称为串联谐振。

从上面的分析可以看出，对于 RLC 串联电路，谐振时应满足以下条件，即
$$X = \omega L - \frac{1}{\omega C} = 0 \text{ 或 } \omega L = \frac{1}{\omega C}$$

式中，ω 为谐振角频率，用 ω_0 表示，则
$$\omega_0 = \frac{1}{\sqrt{LC}} \tag{10-4}$$

电路发生谐振的频率称为谐振频率，即
$$f_0 = \frac{1}{2\pi\sqrt{LC}} \tag{10-5}$$

在 RLC 串联电路中，当电路中的参数 L、C 一定时，谐振频率也就确定了。当电源频率等于谐振频率时，电路就发生谐振。反之，当外加电压的频率固定时，也可以通过改变电路参数(L 或 C)使电路达到谐振。

❷ 谐振电路分析

当电路发生谐振时，$X=0$，因此 $|Z|=R$，即此时电路的阻抗最小，因而在电源电压不变的情况下，电路中的电流将在谐振时达到最大，其数值为：
$$I = I_0 = \frac{U}{R} \tag{10-6}$$

式中，I_0 为谐振电流。

由于电源电压与电路中电流同相，因此电路对电源呈现电阻性，电源供给电路的能量全被电阻所消耗，电源与电路之间不发生能量的互换。能量的互换只发生在电感线圈与电容器之间。

发生谐振时，电路中的感抗和容抗相等，而电抗为零。故电感和电容两端电压有效值必然相等，即 $U_L = U_C$，而 $\dot{U}_L$ 与 $\dot{U}_C$ 在相位上相反，互相抵消，对整个电路不起作用，因此电源电压 $\dot{U} = \dot{U}_R$，如图 10-14 相量图所示。

因为
$$U_L = X_L I = X_L \frac{U}{R} \tag{10-7}$$
$$U_C = X_C I = X_C \frac{U}{R} \tag{10-8}$$

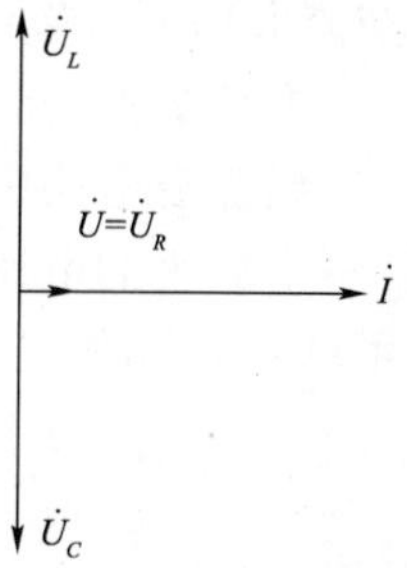

当 $X_L = X_C > R$ 时，U_L 和 U_C 都高于电源电压 U。如果电压过

图 10-14 RLC 串联谐振相量图

高时,可能会击穿线圈和电容器的绝缘,因此,在电力工程中一般应避免发生串联谐振。但在电子技术工程领域则常利用串联谐振以获得较高电压,电容或电感组件上的电压常高于电源电压几十倍或几百倍。

因为串联谐振时 U_L 和 U_C 可能超过电源电压许多倍,所以串联谐振也称电压谐振。

U_L 或 U_C 与电源电压 U 的比值,通常用 Q 来表示

$$Q = \frac{U_L}{U} = \frac{U_C}{U} = \frac{X_L}{R} = \frac{X_C}{R} \tag{10-9}$$

Q 称为电路的品质因数。它表示在谐振时电容或电感组件上的电压是电源电压的 Q 倍。例如,$Q = 120$,$U = 10\text{V}$,那么在谐振时电容或电感上的电压就高达 1200V。

在 RLC 串联电路中,阻抗随频率的变化而改变,由于 $I = \frac{U}{Z}$,在外加电压 U 不变的情况下,I 也将随频率变化,这一曲线称为电流谐振曲线,如图 10-15 所示。从图中看出,f 越接近 f_0,电流越大,信号越易通过;f 越偏离 f_0,电流越小,信号越不易通过。谐振电路具有这种选择接近于谐振频率附近的电流通过的性能称为电路的"选择性"。选择性与电路的品质因数 Q 有关,品质因数越大,电流谐振曲线越尖锐,选择性越好。

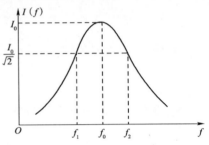

图 10-15 电流谐振曲线

【例 10.1】 收音机的输入回路如图 10-12 所示,可用 RLC 串联电路为其模型,其电感为 0.233mH,可调电容的变化范围为 42.5~360pF。试求该电路谐振频率的范围。

解: $C = 42.5\text{pF}$ 时的谐振频率为

$$f_{01} = \frac{1}{2\pi\sqrt{LC}} = \frac{1}{2\pi\sqrt{0.233 \times 10^{-3} \times 42.5 \times 10^{-12}}} \text{Hz}$$

$$= 1600\text{kHz}$$

$C = 360\text{pF}$ 时的谐振频率为

$$f_{02} = \frac{1}{2\pi\sqrt{LC}} = \frac{1}{2\pi\sqrt{0.233 \times 10^{-3} \times 360 \times 10^{-12}}} \text{Hz}$$

$$= 550\text{kHz}$$

所以此电路的调谐频率为 550~1600kHz。

【例 10.2】 在电阻、电感、电容串联谐振电路中,$L = 0.05\text{mH}$,$C = 200\text{pF}$,品质因数 $Q = 100$,交流电压的有效值 $U = 1\text{mV}$。试求:

(1) 电路的谐振频率 f_0。
(2) 谐振时电路中的电流 I。
(3) 电容上的电压 U_C。

解: (1) 电路的谐振频率

$$f_0 = \frac{1}{2\pi\sqrt{LC}} = \frac{1}{2 \times 3.14 \times \sqrt{5 \times 10^{-5} \times 2 \times 10^{-10}}} \text{Hz} = 1.59\text{MHz}$$

(2) 由于品质因数 $Q = \frac{X_L}{R} = \frac{\omega_0 L}{R} = \frac{1}{R}\sqrt{\frac{L}{C}}$

故
$$R = \frac{1}{Q}\sqrt{\frac{L}{C}} = \frac{1}{100}\sqrt{\frac{5 \times 10^{-5}}{2 \times 10^{-10}}}\Omega = 5\Omega$$

谐振时,电流为:
$$I_0 = \frac{U}{R} = \frac{1 \times 10^{-3}}{5}\text{A} = 0.2\text{mA}$$

(3) 电容两端的电压是电源电压的 Q 倍,即
$$U_C = QU = 100 \times 10^{-3}\text{V} = 0.1\text{V}$$

【**例 10.3**】 在图 10-16 所示电路中,线圈的电感为 0.2mH,要想使频率 820kHz 的信号获得最佳效果,电容器的电容 C 应调节到多少?

解:要使 f = 820kHz 信号获得最佳效果,必须使电路的固有频率为 820kHz,即电路谐振频率为:
$$f_0 = \frac{1}{2\pi\sqrt{LC}}$$

电容器的电容应为:
$$C = \frac{1}{4\pi^2 f^2 L} \approx 2000\text{pF}$$

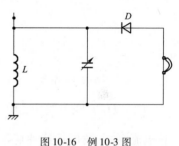

图 10-16 例 10-3 图

二 并联谐振

1 R、L、C 并联谐振电路

(1) 谐振条件

在电子技术中为提高谐振电路的选择性,常常需要提高 Q 值。但是当信号源内阻很大时,采用串联谐振会使 Q 值大为降低,使谐振电路的选择性显著变差。这种情况下,常采用并联谐振电路。

下面讨论 RLC 并联谐振电路。

RLC 并联电路如图 10-17a) 所示,在外加电压 $\dot{U}$ 的作用下,各支路电流为 $\dot{I}_R$、$\dot{I}_L$ 和 $\dot{I}_C$,电路的总电流相量为:

$$\dot{I} = \dot{I}_R + \dot{I}_L + \dot{I}_C = \frac{\dot{U}}{R} + \frac{\dot{U}}{j\omega L} + j\omega C \dot{U} = \dot{U}\left[\frac{1}{R} + j\left(\omega C - \frac{1}{\omega L}\right)\right] \qquad (10\text{-}10)$$

要使电路发生谐振,电流 $\dot{I}$ 应与电压 $\dot{U}$ 同相位,即上式虚部为零,因此应满足下列条件:
$$\omega L - \frac{1}{\omega C} = 0$$

即
$$\omega_0 = \frac{1}{\sqrt{LC}} \qquad (10\text{-}11)$$

谐振频率为:
$$f_0 = \frac{1}{2\pi\sqrt{LC}} \qquad (10\text{-}12)$$

可见 RLC 并联谐振和串联谐振回路的谐振条件及谐振频率相同。

图 10-17b)为 RLC 并联谐振电路的相量图。

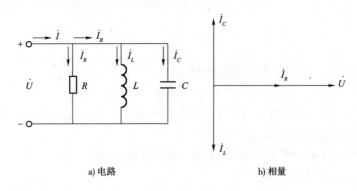

a) 电路　　　　　　　　　　b) 相量

图 10-17　RLC 并联谐振电路

（2）谐振电路特点

在 RLC 并联电路中，当 $X_L = X_C$，即 $\omega L = \dfrac{1}{\omega C}$ 时，从电源流出的电流最小，电路的总电压与总电流同相，我们把这种现象称为并联谐振。谐振时，电路中电流与电压同相，电路呈现阻性，谐振电流：

$$I_0 = \dfrac{U}{R} \tag{10-13}$$

并联谐振电路也引入品质因数 Q，且与串联回路的 Q 值一样

$$Q = \dfrac{\omega_0 L}{R} = \dfrac{1}{R}\sqrt{\dfrac{L}{C}} \tag{10-14}$$

RLC 并联谐振电路的特点有些与串联谐振电路相似，有些与串联谐振电路相反。下面通过对比，简单介绍并联谐振电路的特点。

①并联谐振电路的总阻抗最大。这与串联谐振电路相反。

$$|Z| = \dfrac{L}{RC} = Q^2 R \tag{10-15}$$

②并联谐振电路的总电流最小。这与串联谐振电路相反。

$$I_0 = \dfrac{U}{R} \tag{10-16}$$

③谐振时，回路阻抗为纯电阻，回路端电压与总电流同相。这与串联谐振电路相同。

2 R、L 与 C 并联谐振电路

（1）谐振条件

在实际工程电路中，最常见的、用途极广泛的谐振电路是由电感线圈和电容器并联组成，如图 10-18 所示。电容器损耗很小，可以忽略不计，可看成一个纯电容。线圈的电阻是不可忽略的，可看成是一个纯电感和电阻串联而成。

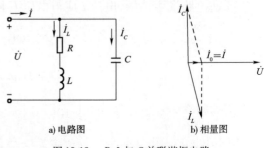

a) 电路图　　　　b) 相量图

图 10-18　R、L 与 C 并联谐振电路

电感线圈与电容并联谐振电路的谐振频率为：

$$f_0 = \frac{1}{2\pi\sqrt{LC}}\sqrt{1-\frac{CR^2}{L}} \tag{10-17}$$

式中：R——线圈的电阻，单位欧姆（Ω）。

在一般情况下，线圈的电阻比较小，$\sqrt{\frac{L}{C}} \gg R$，即 $Q \gg 1$，则 $\frac{CR}{L} \approx 0$，所以振荡频率近似为：

$$f_0 = \frac{1}{2\pi\sqrt{LC}} \tag{10-18}$$

这个公式与串联谐振频率公式相同。在实际电路中，如果电阻的损耗较小，应用此公式计算出的结果，误差是很小的。

（2）谐振电路特点

电感线圈与电容器并联的电路，谐振时具有的特点与 RLC 并联谐振电路相同。

① 电路呈纯电阻特性，总阻抗最大，当 $\sqrt{\frac{L}{C}} \gg R$ 时：

$$|Z| = \frac{L}{CR} \tag{10-19}$$

② 品质因数定义为：

$$Q = \frac{1}{R}\sqrt{\frac{L}{C}} \tag{10-20}$$

③ 总电流与电压同相，数量关系为：

$$U = I_0|Z| \tag{10-21}$$

④ 支路电流为总电流的 Q 倍，即

$$I_L = I_C = QI \tag{10-22}$$

因此，并联谐振又叫做电流谐振。

【例10.4】 在图10-19所示线圈与电容器并联谐振电路，已知线圈的电阻 $R = 10\Omega$，电感 $L = 0.127\text{mH}$，电容 $C = 200\text{pF}$。求电路的谐振频率 f_0 和谐振阻抗 Z_0。

解：谐振回路的品质因数为：

$$Q = \frac{1}{R}\sqrt{\frac{L}{C}} = \frac{1}{10}\sqrt{\frac{0.127\times10^{-3}}{200\times10^{-12}}} \approx 80$$

因为回路的品质因数 $Q \gg 1$，所以谐振频率为：

$$f_0 \approx \frac{1}{2\pi\sqrt{LC}} = \frac{1}{2\pi\sqrt{0.127\times10^{-3}\times200\times10^{-12}}} \text{Hz}$$
$$= 10^6 \text{Hz}$$

电路的谐振阻抗为：

$$Z_0 = \frac{L}{CR} = Q^2R = 80^2\times10\Omega = 64\times10^3\Omega$$

【例10.5】 收音机的中频放大耦合电路是一个电感

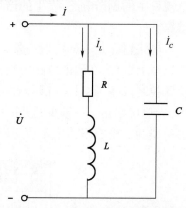

图10-19 线圈与电容并联谐振电路

线圈与电容器并联谐振回路,其谐振频率为465kHz,电容 $C=200\text{pF}$,回路的品质因数 $Q=100$。求线圈的电感 L 和电阻 R。

解:因为 $Q \gg 1$,所以电路的谐振频率为:

$$f_0 \approx \frac{1}{2\pi\sqrt{LC}}$$

因此,回路谐振时的电感和电阻分别为:

$$L = \frac{1}{(2\pi f_0)^2 C} = \frac{1}{(2\pi \times 465 \times 10^3)^2 \times 200 \times 10^{-12}}\text{H} = 0.578 \times 10^{-3}\text{H}$$

$$R = \frac{1}{Q}\sqrt{\frac{L}{C}} = \frac{1}{100}\sqrt{\frac{0.578 \times 10^{-3}}{200 \times 10^{-12}}}\Omega \approx 17\Omega$$

三 电路谐振现象的应用

电路谐振现象应用很广,电工技术中,一般将电路谐振分为以下两种:

1 按线路不同而分类

根据线路不同分为两种:

(1)串联谐振:在交流电路中,当电感负载与电容负载串联时发生的电路谐振,谐振时电流增大,在电力系统中要防止发生串联谐振。

(2)并联谐振:在交流电路中,当电感负载与电容负载并联时发生的电路谐振,谐振时电压增大,在电力系统中的节电技术,应用的就是并联谐振。

2 按电路谐振时的情况不同而分类

根据电路谐振时的情况不同,也可分两种:

(1)广义的电路谐振:在含有电感和电容的电路中,只要电流或电压比原来没有电容器时增大,都可称为电路谐振。在电力系统中,电网中安装电力电容器,补偿无功功率就是广义的电路谐振,补偿的无功功率就是谐振能量。广义的电路谐振,也可称为部分谐振。

(2)狭义的电路谐振:在高频电路中,当感抗等于容抗时发生的电路谐振。在收音机和电视机中的调谐电路,发生的谐振就称为狭义的电路谐振。狭义的电路谐振也可称为完全谐振。

电路谐振是一种物理现象,电路谐振时负载中的电流或电压,大于输入的总电流或电压几倍至上百倍,在调谐电路中利用此现象进行信号选择。收音机、电视机,电话和手机等自动化控制设备,如果没有调谐电路选择信号的能力,就没有今天的先进技术。在电力系统中,无功功率是不可缺少的,除一少部分由发电动机或调相机供给外,大部分是由电力电容器补偿的。电容器输出无功功率,从广义上讲,也是利用了电路谐振现象。

§10.1-3 晶体三极管

半导体三极管也称双极型晶体管,晶体三极管,简称三极管,具有电流放大作用,是电子电路的核心组件。三极管是在一块半导体基片上制作两个相距很近的 PN 结,两个 PN 结把整块半导体分成三部分,中间部分是基区,两侧部分是发射区和集电区,排列方式有 PNP 和 NPN 两种;发射区和基区之间的 PN 结叫发射结,集电区和基区之间的 PN 结叫集电结。从三个区引出相应的电极,分别为基极 b、发射极 e、集电极 c。

一 三极管结构及符号

三极管结构及符号,如图 10-20 所示。

二 三极管的分类

(1)按材质分:硅管、锗管。
(2)按结构分:NPN、PNP。
(3)按功能分:开关管、功率管、达林顿管、光敏管等。
(4)按功率分:小功率管、中功率管、大功率管。
(5)按工作频率分:低频管、高频管、超频管。
(6)按封装方式分:金属封装、塑料封装。

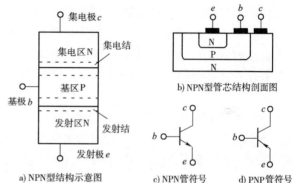

图 10-20 三极管的结构与符号

三 三极管的主要参数

(1)特征频率 f_T:当 $f=f_T$ 时,三极管完全失去电流放大功能。如果工作频率大于 f_T,电路将不正常工作。
(2)工作电压/电流:用这个参数可以指定该管的电压电流使用范围。
(3) h_{FE} :电流放大倍数。
(4) V_{CEO} :集电极、发射极反向击穿电压,表示临界饱和时的饱和电压。
(5) P_{CM} :最大允许耗散功率。

四 三极管类型及管脚判别

1 判断基极和三极管的类型

测试三极管要使用万用表的欧姆挡,并选择 $R \times 100$ 或 $R \times 1k$ 挡位。对于指针式万用表,要注意其红表笔所连接的是表内电池的负极,黑表笔连接着表内电池的正极。先假设三极管的某极为"基极",将万用表黑表笔接在假设基极上,再将红表笔依次接到其余两个电极上,若两次测得的电阻都大(约几 k 到几十 k),或者都小(几百至几 k),对换表笔重复上述测量,若测得两个阻值相反(都很小或都很大),则可确定假设的基极是正确的,否则另假设一极为"基极",重复上述测试,以确定基极。

当基极确定后,将黑表笔接基极,红表笔接其他两极若测得电阻值都很小,则该三极管为 NPN,反之为 PNP。

❷ 判断集电极 c 和发射极 e

(1) 对于 NPN 型三极管,用万用表的黑、红表笔颠倒测量两极间的正、反向电阻 R_{ce} 和 R_{ec},虽然两次测量中万用表指针偏转角度都很小,但仔细观察,总会有一次偏转角度稍大,此时电流的流向一定是:黑表笔→c 极→b 极→e 极→红表笔,电流流向正好与三极管符号中的箭头方向一致,所以此时黑表笔所接的一定是集电极 c,红表笔所接的一定是发射极 e。

(2) 对于 PNP 型的三极管,道理也类似于 NPN 型,其电流流向一定是:黑表笔→e 极→b 极→c 极→红表笔,其电流流向也与三极管符号中的箭头方向一致,所以此时黑表笔所接的一定是发射极 e,红表笔所接的一定是集电极 c。

若在上述步骤(1)、(2)两次测量过程中指针偏转均太小,难以区分时,可以采用以下方法:

(1) 对于 NPN 管,把黑表笔接至假设的集电极 c,红表笔接到假设的发射极 e,并用手捏住 b 和 c 极,读出表头所示 c、e 之间的电阻值(看指针偏转幅度),然后将红、黑表笔反接重测。若第一次电阻比第二次小(第一次指针偏转比第二次大),说明原假设成立,黑表笔所接为集电极。

(2) 对于 PNP 管,把红表笔接至假设的集电极 c,黑表笔接到假设的发射极 e,并用手捏住 b 和 c 极,读出表头所示 e、c 之间的电阻值(看指针偏转幅度),然后将红、黑表笔反接重测。若第一次电阻比第二次小(第一次指针偏转比第二次大),说明原假设成立,红表笔所接为集电极。

五 三极管的电流放大作用

晶体三极管具有电流放大作用,能把微弱信号放大成幅值较大的电信号。其实质是三极管能以基极电流微小的变化量来控制集电极电流较大的变化量,这是三极管最基本的和最重要的特性。我们将 $\dfrac{\Delta I_c}{\Delta I_b}$ 的比值称为晶体三极管的电流放大倍数,用符号"β"表示。

即

$$\beta = \frac{\Delta I_c}{\Delta I_b} \tag{10-23}$$

电流放大倍数对于某一只三极管来说是一个定值,但随着三极管工作时基极电流的变化也会有一定的改变。

当加在三极管发射结的电压大于 PN 结的导通电压,并处于某一恰当的值时,三极管的发射结正向偏置,集电结反向偏置,这时基极电流对集电极电流起着控制作用,使三极管具有电流放大作用,其电流放大倍数 $\beta = \dfrac{\Delta I_c}{\Delta I_b}$,这时三极管处于放大状态。

根据三极管工作时各个电极的电位高低,就能判别三极管的工作状态,因此,电子维修人员在维修过程中,经常要拿多用电表测量三极管各脚的电压,从而判别三极管的工作情况和工作状态。

六 三极管基本放大电路

在电子电路中,放大的对象是变化量,常用的测试信号是正弦波。放大电路放大的本质是在输入信号的作用下,通过有源组件(BJT 或 FET)对直流电源的能量进行控制和转换,使负载从电源中获得输出信号的能量,比信号源向放大电路提供的能量大得多。因此,电子电路放大的基本特征是功率放大,表现为输出电压大于输入电压,输出电流大于输入电流,或者二者兼而有之。在放大电路中必须存在能够控制能量的组件,即有源组件,如 BJT 和 FET 等。放大的前提是不失真,只有在不失真的情况下放大才有意义。

图 10-21 为三极管共射极基本放大电路。

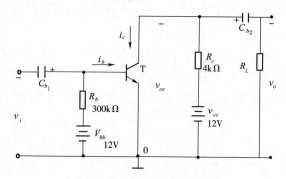

图 10-21 三极管共射级基本放大电路

V_{bb}-基极电源;R_b-基极电阻;V_{cc}-集电极电源;R_c-集电极电阻;R_L-负载电阻;v_i-输入信号源;v_o-输出信号;C_{b_1}、C_{b_2}-耦合电解电容;T-NPN 型晶体三极管;i_b-基极动态电流;i_c-集电极动态电流

在图 10-21 中,电路参数的设置应该满足以下几点:

（1）V_{bb}、V_{cc} 为直流电源,为电路提供能源。

（2）电源的极性和大小应保证三极管（BJT）基极与发射极之间处于正向偏置;而集电极与基极之间处于反向偏置,从而使 BJT 工作在放大区。

（3）电阻取值与电源配合,使放大管有合适的静态点。

（4）输入信号必须能够作用于放大管的输入回路。

（5）当负载接入时,必须保证放大管输出回路的动态电流能够作用于负载,从而使负载获得比输入信号大得多的信号电流或信号电压。

§ 10.1-4 电子元件焊接工艺

一 电烙铁

电烙铁分为外热式和内热式两种,外热式的一般功率都较大。内热式的电烙铁体积较小,而且价格便宜。一般电子制作都用 20~30W 的内热式电烙铁。当然有一把 50W 的外热式电烙铁能够有备无患。内热式的电烙铁发热效率较高,而且更换烙铁头也较方便。电烙铁是用来焊锡的,为方便使用,通常做成"焊锡丝",焊锡丝内一般都含有助焊的松香。焊锡丝使用约60%的锡和40%的铅合成,熔点较低。

① 烙铁头的搪锡

搪锡即在烙铁头的使用部位上一层薄锡,使其便于焊接。搪锡的对象通常是表面被氧化或无锡的烙铁头。

搪锡的操作要领:先将烙铁头焊面和焊口磨平,随即插上电源,将烙铁头置松香上,待松香熔化后离开松香,上薄薄一层锡;也可在操作板上抹一抹,帮助涂匀,若上锡过多可对准操作板,抖动手腕定点甩下多余的锡。

② 电烙铁使用注意事项

使用前,要首先检查导线破损绝缘情况,再用万用表测量有无短路和断路现象。若绝缘良好,无短路、断路或漏电现象,方可使用。

在使用电烙铁时,要注意安全。拔、插电源插头要及时,动作要规范,严禁手提导线。放置电烙铁时要随时注意不能触碰人体、桌面或其他物品,以免烫伤、损坏或造成其他更严重的损失。在使用电烙铁时,还要注意爱护电烙铁。操作时要轻拿轻放,放置前蘸松香保护,忌高温空烧。

二 电子元件焊接工艺要求

(1) 选用合适的焊锡,应选用焊接电子组件用的低熔点焊锡丝。

(2) 助焊剂,用25%的松香溶解在75%的酒精(重量比)中作为助焊剂。

(3) 电烙铁使用前要上锡,具体方法是:将电烙铁烧热,待刚刚能熔化焊锡时,涂上助焊剂,再用焊锡均匀地涂在烙铁头上,使烙铁头均匀地沾上一层锡。

(4) 焊接方法,把焊盘和组件的引脚用细砂纸打磨干净,涂上助焊剂。用烙铁头沾取适量焊锡,接触焊点,待焊点上的焊锡全部熔化并浸没组件引线头后,电烙铁头沿着元器件的引脚轻轻往上一提,离开焊点。

(5) 焊接时间不宜过长,否则容易烫坏组件,必要时可用镊子夹住管脚帮助散热。

(6) 焊点应呈正弦波峰形状,表面应光亮圆滑,无锡刺,锡量适中。

(7) 焊接完成后,要用酒精把线路板上残余的助焊剂清洗干净,以防碳化后的助焊剂影响电路正常工作。

(8) 集成电路应最后焊接,电烙铁要可靠接地,或断电后利用余热焊接。或者使用集成电路专用插座,焊好插座后再把集成电路插上去。

(9) 电烙铁应放在烙铁架上。

三 收音机组装电路焊接要点

对于收音机组装电路,焊接的质量如何,直接影响到收音机的质量。若有假焊,接触不

良,则成为干扰源,检修中难以发现。为了保证焊接质量,必须遵循以下几点:

(1)金属表面必须清洁干净。

(2)当将焊锡加到已预热的导线和线路板表面时,加到该焊接点的热量必须足够熔化焊锡。

(3)烙铁头不能过热,选25W左右的电烙铁为宜。

(4)焊接某点时,时间勿要过长,否则将损坏铜箔;时间也不能过短,造成虚焊。操作速度要适当。一般一两秒内要焊好一个焊点,若没完成,宁愿等一会儿再焊一次。焊接时电烙铁不能移动,应该先选好接触焊点的位置,再用烙铁头的搪锡面去接触焊点。

(5)确保连接的永久性,不能使用酸性的焊药和焊膏,应用松香或松脂焊剂。

(6)焊接前,电烙铁的头部必须先上锡,新的或是用旧的铜制烙铁头必须用小刀、金刚砂布、钢丝刷或细纱纸刮削或打磨干净,凹陷的理当锉平;对于镀金的烙铁头,应该用湿的海绵试擦,含铁的烙铁头则可用钢丝刷清洁,不可锉平或打磨。

(7)如果烙铁头温度太高,上锡也是困难的。不仅烙铁头需要上锡,而且大部分组件引脚也要清洁后上锡(天线线圈等有漆的线头需去漆后再上锡)。如若铜箔进脚孔处因处理不佳难以沾锡,可以用松香和酒精的混合液注滴上,如有必要对其孔周围也可先上点薄锡。

§10.1-5 收音机组装工序

一 组件的去污、上锡与整形

安装之前,先对组件的引脚进行去污、上锡与整形,可以提高焊接速度与安装速度,提高装配质量。

(1)组件引脚的去污:用细砂纸擦掉组件引脚端的氧化膜,便于上锡。

(2)引脚的上锡:在去污后的引脚端上锡比较方便,上锡后的组件很容易焊接到印刷电路板上(集成电路芯片不需要上锡)。

(3)组件引脚的整形:组件引脚的整形与组件安装的形式有关。组件安装的形式有两种:一种是立式;另一种是卧式。电容、中周等多用立式安装,电阻等多用卧式安装。

二 短接线与连接线的处理

有的印刷电路板需要另外安装短接线,使电路接通。短接线可用其他组件的多余引脚(就地取材)。短接线应该最先焊接。一般的收音机都需要使用连接线,实现印刷电路板与电源、印刷电路板与喇叭等的连接。对于连接线的长短,要适中。长了,连接线不够用;短了,不便于测试与维修。连接线一般为比较细的塑包多股线,焊接时间不可太长,防止烫坏塑料外表、造成短路隐患。

三 组装步骤

收音机组装的步骤,如下所述:

(1) 首先焊接短接线。
(2) 其次按原理图和印刷电路板对照,全部插入所有组件(可在插入前整形)。
(3) 然后检查,检查无误,即可焊接(注意把组件紧贴印刷电路板,使其牢固)。

焊接时,必须讲究如下焊接工艺:

电烙铁:选用20W内热式,新烙铁头要经过"吃锡"处理,否则极易"烧死",导致不沾锡、难使用。

焊锡:选用光亮、易熔的焊锡或者焊锡丝。

助焊剂:起去污作用,有助于传热与焊接,使焊点牢靠。常用中性助焊剂松香或者松香酒精溶液(一般焊锡丝内含有中性助焊剂)。

焊接:焊接是一个物理过程,是焊锡在高温下渗透到被焊接物体的表面,冷却后即使被焊接物体连成一体的过程。因此焊接有三个条件:温度、时间与环境。温度不够,则焊锡得不到足够的动能,难以渗透到被焊接物体的表面,容易形成虚焊;时间不够,则温度上不去,时间长了,则容易烫坏被焊接物体;环境对焊接有直接的影响,点和面的焊接所需要的时间大不一样。总的来说,当你感觉到焊锡要像水一样沿被焊接物体的表面渗开时,电烙铁应当离开,并吹气促冷,这样就能够焊接出明亮、光滑、可靠的焊点(前述准备工作完毕,方可进行焊接)。焊接时,烙铁头应该与组件脚、印刷电路板二者保持很好的接触。焊接过程(焊点可靠凝固前)中,切忌晃动被焊接物体。焊接时要谨防虚焊与搭焊(相邻焊点被多余焊锡短接),搭焊产生后,可用电烙铁再加热,等焊锡熔化后,用常温下的镊子,从相邻焊点中间划过去,同时移开电烙铁即可(如果多余焊锡太多,可先用电烙铁吸收走一部分)。焊接时使用镊子比较安全。使用电烙铁要谨防烫伤皮肤、谨防烫坏衣物。焊接完毕,应该将组件的多余引脚剪去。

四 调试

焊接工作全部完成后,应该仔细检查有无虚焊与搭焊,检查无误,方可通电调试。准备通电调试之前,必须用万用表mA挡串接在电位器开关的两端(注意极性),检查整机电流。整机电流<10mA为正常,否则有问题;超过100mA,肯定有搭焊等严重短接存在。如果整机电流正常,即可打开电位器开关,通电调试。

五 故障检查

故障检查的方法很多。有电流测量法、电压测量法、电阻测量法、干扰法等等,可以根据实际情况灵活应用。

电流测量法可以检查整机电流是否正常、是否有短路,一般在整机调试前使用。

电压测量法可以检查集成电路各引脚的电压,是否与参考值接近,是否有问题。在整机电流检查中发现有问题或者接收有问题时使用电压测量法。

电阻测量法可以检查电路的短路与开路、可以检查各种组件的好坏。电阻测量法应该在断开电源的情况下进行,一般在整机安装前或者在整机电流检查中发现有问题时使用。

§10.1-6　单管收音机工作原理

在图 10-22 所示电路中,其结构(见图 10-23)分为以下几部分:
(1) 接收
用来接收电磁波的导体叫接收天线(图 10-23 的 1)。
(2) 调谐
由可变电容器 C_1 和线圈 L_1、L_2 组成(图10-23 的 2)。调节 C_1 电容的大小,可以改变其频率,使其产生谐振,达到选台的目的。
(3) 检波
D 为晶体二极管 C_2 为 $0.01\mu F$ 的电容器(图 10-23 中的 3)。利用晶体二极管的单向导电性来进行检波。高频调幅振荡电流通过检波后,成为随音频单向脉动电流,其中残余的高频成分从电容器 C_2 入地,音频成分进入耳机而发声。这个调谐、检波电路,实质上就是一部晶体二极管收音机。

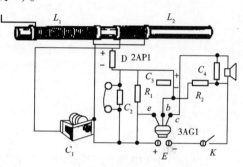

图 10-22　单管收音机线路图
C_1-270pF;C_2-10uF;C_3-0.01uF;C_4-0.01uF;R_1-10K;
R_2-1.5~10K;E-1.5v

(4) 放大
利用晶体三极管把微弱的音频信号进行放大(图 10-23 中的 4)。检波后的音频信号通过 C_3 加到基极与发射极之间,经三极管进行放大。放大后的音频电流输入喇叭,使喇叭的膜片振动,发出较响的声音,这样就成了晶体管单管收音机了。

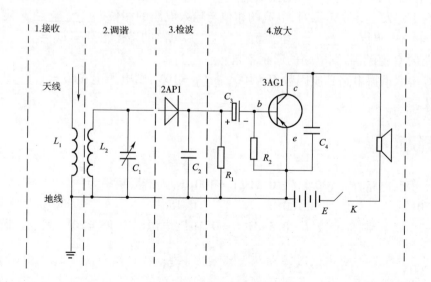

图 10-23　单管收音机电路图

10.2 单管收音机组装习题

一、填空题

1. RLC 串联电路的谐振频率 f_0 仅由电路参数_____和_____决定，与电阻 R 的大小_____，它反映电路本身的_____，f_0 叫做电路的_____。

2. 串联谐振时，电阻上的电压等于_____，电感和电容上的电压等于_____。因此，串联谐振又叫_____。

3. 为了提高谐振回路的品质因数，如果信号源内阻较小，可以采用_____谐振电路。如果信号源内阻很大，采用串联谐振电路会使_____，常采用_____谐振电路。

4. 并联谐振常用作收音机和电视机的_____电路，当外加信号的频率等于线圈与电容并联电路的频率时，电路的阻抗_____，它与信号源的内阻分压可以获得_____。

5. RLC 电路发生串联谐振时，电流的相位与输入电压的相位_____，在一定的输入电压作用下，电路中阻抗_____，电流值_____，电路的谐振角频率 ω_0 = _____。

6. RLC 电路发生并联谐振时，电流的相位与输入电压的相位_____，在一定的输入电压作用下，电路中阻抗_____，电流值_____，电路的谐振角频率 ω_0 = _____。

7. 电路的 Q 值越高，则电路的通频带越_____。

8. RLC 串联谐振电路品质因数 $Q=100$，若 $U_R=10V$，则电源电压 U = _____V，电容两端电压 U_C = _____。

二、选择题

1. RLC 串联电路，$R=100\Omega$，$L=0.1H$，$C=100\mu F$，则谐振频率为(　　)。
   A. 50Hz　　　　　　B. 100Hz　　　　　　C. 150Hz　　　　　　D. 200Hz

2. RLC 串联电路，$R=5\Omega$，$L=0.5mH$，$C=0.2\mu F$，电源电压 $VS=20V$，则电路谐振时电容电压为(　　)。
   A. 200V　　　　　　B. 20V　　　　　　　C. 15V　　　　　　　D. 12V

3. RLC 串联电路，$R=5\Omega$，$L=0.5mH$，$C=0.2\mu F$，电源电压 $VS=20V$，则电路谐振时电感电压为(　　)。

A. 200V B. 20V C. 10V D. 5V

4. RLC 串联电路，$R=5\Omega$，$L=0.5\text{mH}$，$C=0.2\mu\text{F}$，电源电压 $V_S=20\text{V}$，计算品质因数 Q 为（ ）。

  A. 100 B. 50 C. 10 D. 5

5. RLC 串联电路于 200V 交流电源，$R=2\Omega$，$L=0.1\text{H}$，$C=10\mu\text{F}$，请计算谐振时感抗为（ ）。

  A. 1Ω B. 10Ω C. 100Ω D. 20Ω

6. RLC 串联电路的谐振频率 f_0 及谐振时的功率因数分别为（ ）。

  A. $f_0=\dfrac{1}{2\pi\sqrt{RC}}$，$\cos\varphi=0$

  B. $f_0=\dfrac{1}{2\pi\sqrt{RC}}$，$\cos\varphi=1$

  C. $f_0=\dfrac{1}{2\pi\sqrt{RL}}$，$\cos\varphi=0$

  D. $f_0=\dfrac{1}{2\pi\sqrt{LC}}$，$\cos\varphi=1$

7. RLC 并联电路，$R=150\text{k}\Omega$，频率为 800kHz 时，$X_C=X_L=1500\Omega$，则品质因数 Q 为（ ）。

  A. 0.01 B. 0.1 C. 1 D. 100

8. 下列（ ）不是 RLC 串联谐振时所具有的特性。

  A. 电路阻抗 $Z=R$ B. 电路阻抗最大
  C. 功率因数 $\cos\varphi=1$ D. $X_C=X_L$

9. 如图 10-24 所示，容抗 X_C 为（ ）时电源电流 I_S 为最小。

  A. 3Ω B. 4Ω C. 5Ω D. 6Ω

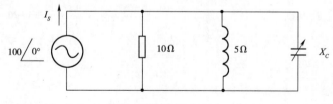

图 10-24

10. 如图 10-24 所示，电源电流 I_S 最小值为（ ）。

  A. 33.3A B. 25A C. 10A D. 16.67A

11. 谐振频率为 1000Hz 的 RLC 串联电路，若是 $X_C=4X_L$，此时频率为（ ）。

  A. 60Hz B. 100Hz C. 250Hz D. 500Hz

12. 在含有 LC 的电路中，当电源的频率和电路的参数符合一定的条件时，电路总电压与总电流的相位相同，整个电路呈（ ）性，此现象称为（ ）。

  A. 电感性，谐振 B. 电容性，谐振 C. 电阻性，谐振

13. RLC 串联电路，发生谐振时，其电路的功率因数为（ ）。

A. 0.5　　　　B. 0.6　　　　C. 0.707　　　　D. 0.8　　　　E. 1

14. RLC 串联发生谐振时,此时电路阻抗为(　　)。
　　A. 最大　　　　B. 最小　　　　C. 零　　　　D. 不一定

15. RLC 串联发生谐振时,此时电路电流为(　　)。
　　A. 最大　　　　B. 最小　　　　C. 零　　　　D. 不一定

16. RLC 并联发生谐振时,此时电路阻抗为(　　)。
　　A. 最大　　　　B. 最小　　　　C. 零　　　　D. 不一定

17. RLC 并联发生谐振时,此时电路电流为(　　)。
　　A. 最大　　　　B. 最小　　　　C. 零　　　　D. 不一定

三、计算题

1. 如图 10-25 所示 RLC 交流电路,若是电路发生谐振时,电感抗为 10Ω,试求:
(1)电路总阻抗;(2)电路电流 I;(3)电阻电压 U_R;(4)电感电压 U_L;(5)电容电压 U_C;(6)品质因数 Q。

2. 如图 10-26 所示电路,有一个 RLC 交流并联电路,在某个频率时发现电阻 $R=10\text{k}\Omega$,电感抗为 200Ω,电容抗为 200Ω,试求:
(1)电路总电流 I;(2)品质因数 Q;(3)电容电流 I_C;(4)电感电流 I_L。

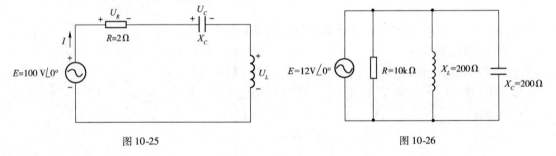

图 10-25　　　　　　　　　　　　图 10-26

四、问答题

1. 二极管具有什么特性?怎样用万用表判别二极管的两个管脚极性?
2. 三极管有哪三个管脚?怎样用万用表区分三极管的类型和三个管脚?
3. 怎样识别电解电容的正、负管脚?它在电路中能不能将极性接反?
4. 电容器主要的额定参数是什么?怎样选择电容器的额定工作电压?
5. 在电子元件装配时,应选用什么样的电烙铁?选用的原则是什么?使用中应注意哪些问题?
6. 试简述组装单管收音机电路时的焊接要点及操作步骤。
7. 试简述收音机电路的"选频"原理。
8. 试简述单管收音机的基本工作原理。

10.3 单管收音机组装同步训练

单管收音机组装项目引导文	班　级	
	姓　名	

一、项目描述

根据提供的单管收音机材料明细表,购买相关的元器件和工具,在电工电子实训室组装一个单管收音机电路。

要求以"单管收音机组装"为中心设计一个学习情境,完成以下几项学习任务:

(1)画出单管收音机组装电路原理图和安装图;
(2)组装之前对元器件进行检查与测试;
(3)在规定的时间内焊接好电路板;
(4)调试收音机接收电路。

二、项目资讯

1. 怎样判别二极管管脚极性?下图二极管的哪个管脚为阳极?

2. 晶体三极管分为哪两种类型?请在下图中用文字标注三极管的类型和三个管脚。

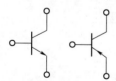

3. 请以 NPN 为例,写出用万用表判别其管脚的步骤。

4. 三极管具有什么用途？试以一个NPN管共射极放大电路为例，说明其放大原理。

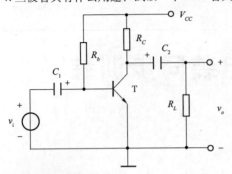

5. 怎样用万用表判别一个10μF电解电容的正、负管脚？请在下图的管脚上标明"＋、－"极性。

6. 怎样正确识读色环电阻的阻值？请写出下面两电阻的阻值。

7. 铁氧体磁棒天线在收音机电路中起什么作用？它和可变电容器组成了一个什么电路（如下图所示）？为什么调节电容器就可以收听到不同的节目频道？如果收音机接收到 $f_1 = 550\text{kHz}$ 至 $f_2 = 1650\text{kHz}$ 范围内的所有电台的播音，则可变电容器与 f_1 对应的电容 C_1 和与 f_2 对应的电容 C_2 之比为_____？

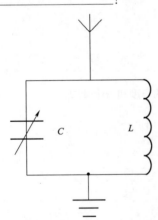

8. 使用电烙铁进行电子元件焊接时，应该注意哪些方面？什么是"搭焊"、"虚焊"？

三、项目计划

1. 请画出此次收音机组装电路原理图。

2. 画出此次收音机组装电路元件布置图,包括底板的尺寸、元件的安装位置、打孔的位置等。下图为某收音机组装电路元件布置参考图例。

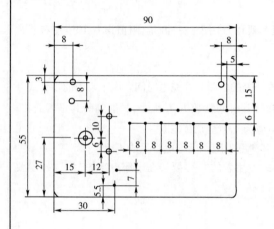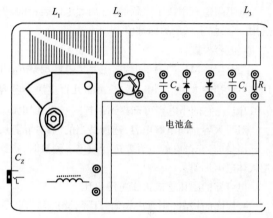

收音机组装元件布置图(请参考上图):

3. 选择确定好本项目所需要的工具、设备、器材,列出所需要的工具、设备、器材清单(型号、规格)。

4. 制作任务实施情况检查单,包括小组各成员的任务分工、任务完成、任务检查情况的记录,以及任务执行过程中出现的问题及应急情况的处理(备注栏)。

四、项目决策

1. 分小组讨论单管收音机组装方案。
2. 老师指导确定单管收音机组装的最终方案。
3. 每组选派一位成员阐述本小组单管收音机组装的最终方案。

五、项目实施

(一) 组装前的准备

1. 二极管、三极管的检查：正确测试其功能和判别管脚。

2. 电阻检查

电阻阻值有用数字表示的，有用颜色码表示的，但都要用万用表一一测量，阻值误差10%左右照常选用，不必强求原来的标称值。

3. 电容检查

用万用表"Ω"挡测量电容，主要从表针观察 R_Ω（该挡表的电阻）、C 充电时间。由于常用的指针式万用表"Ω"挡最大为"×10kΩ"，故测量几百皮法小电容时，其时间常数 $R_\Omega C$ 太小，只能判断其是否断路。$0.022\mu F$ 左右的小电容可观察到指针的变化，漏电电阻应为几十至几百兆欧。

对于大容量的电解电容，选择适当的"Ω"挡测量，其泄漏电阻一般与电容量成正比。

测量前，充过电的电容要进行放电。测量时，指针式万用表"−"要接在电解电容的"+"极，不要把人体电阻加进去。

电容器的耐压值应大于电源电压。

4. 线圈的检测（用万用表的"Ω"测量）

喇叭音圈直流电阻略小于音频阻抗，用表一搭一放听其"咯哒"声音判断其优劣。

(二) 焊接过程

为了保证焊接质量，必须遵循以下几点：

(1) 金属表面必须清洁干净。

(2) 当将焊锡加热到已预热的导线和线路板表面时，加到该焊接点的热量必须足够熔化焊锡。

(3) 烙铁头不能过热，选25W左右的电烙铁为宜。

(4) 焊接某点时，时间勿要过长，否则将损坏铜箔；时间也不能过短，造成虚焊。操作速度要适当，焊接要牢固。

(5) 为确保连接的永久性，不能使用酸性的焊药和焊膏，应用松香或松脂焊剂。

(6) 焊接前，电烙铁的头部必须先上锡，新的或是用旧的铜制烙铁头必须用小刀、金刚砂布、钢丝刷或细纱纸刮削或打磨干净，凹陷的理当锉平；对于镀金的烙铁头，应该用湿的海绵试擦，含铁的烙铁头则可用钢丝刷清洁，不可锉平或打磨。

(7) 如果烙铁头温度太高，上锡也是困难的。不仅烙铁头需要上锡，而且大部分组件引脚也要清洁后上锡（天线线圈等有漆的线头需去漆后再上锡）。如若铜箔进脚孔处因处理不佳难以"吃锡"，可以用松香和酒精的混合液注滴上，如有必要对其孔周围也可先上点薄锡。

(三) 调试过程

1. 调试前的检查

(1) 检查三极管及其管脚是否装错；二极管的极性是否正确；是否有漏装的组件。

(2) 天线线圈初、次级接入电路位置是否正确。

(3) 电路中电解电容正负极性是否有误。

(4)各焊点是否焊牢;正面组件是否相互碰触;有没有虚焊、搭焊现象。

2. 静态电流 I_C 测试

首先测量电源电流,检查、排除可能出现的严重短路故障,再进行静态工作点的测量。一方面检验数值是否与你设计的相符,另一方面检查电路板是否存在人为的问题。若一切正常,静态工作点测量数据应与所设计的基本相符。

(四)试听收音机效果

1. 试听响度:调准电台,试听喇叭声响,看功率输出是否够大。

2. 试听失真度:声音应柔和动听,音量小时或大时的发音都很圆润。失真度大的收音机听上去有闷、嘶哑、不自然感觉。

3. 试听选择性:调准一个电台,然后微微偏调频率±10% kHz 左右,若声音减少许多表明合乎要求。

(五)你认为此次实训过程是否成功?在技能训练方面还需注意哪些问题?

(六)填写任务执行情况检查单。

六、项目检查
1. 学生填写检查单。 2. 教师填写评价表。 3. 学生提交实训心得。
七、项目评价
1. 小组讨论,自我评述本项目完成情况及发生的问题,小组共同给出提升方案和有效建议。 2. 小组准备汇报材料,每组选派一人进行汇报。 3. 老师对本项目完成情况进行评价。
学生自我总结:
指导老师评语:
项目完成人签字:　　　　　　　　　　日期:　年　月　日 指导老师签字:　　　　　　　　　　日期:　年　月　日

10.4 单管收音机组装检查单

单管收音机组装项目检查单	班级	姓名	总分	日期
检查内容	标准分值	自我评分 A(20%)	小组评分 B(30%)	教师评分 C(50%)
资讯、计划：				
基础知识预习、完成情况	10			
资料收集、准备情况	10			
决策：				
是否制订实施方案	5			
是否画原理图	5			
是否画安装图	5			
实施：				
操作步骤是否正确	20			
是否安全文明生产	5			
是否独立完成	5			
是否在规定的时间内完成	5			
检查：				
检查小组项目完成情况	5			
检查个人项目完成情况	5			
检查仪器设备的保养使用情况	5			
检查该项目的PPT(汇报)完成情况	5			
评估：				
请描述本项目的优点：	5			
有待改进之处及改进方法：	5			
总分(A20% + B30% + C50%)	100			

10.5 单管收音机组装评价表

学习领域:电气安装的规划与实施					
班级			学习情境10:单管收音机组装		
姓名			学习团队名称:		
组长签字			自我评分	小组评分	教师评分
评价内容		评分标准			
目标认知程度	工作目标明确,工作计划具体结合实际,具有可操作性	10			
情感态度	工作态度端正,注意力集中,能使用网络资源进行相关资料收集	10			
团队协作	积极与他人合作,共同完成工作任务	10			
专业能力要求	专业基础知识掌握程度	10			
	专业基础知识应用程度	10			
	识图绘图能力	10			
	实验、实训设备使用能力	10			
	动手操作能力	10			
	实验、实训数据分析能力	10			
	实验、实训创新能力	10			
总分					
本人在小组中的排名(填写名次)					
备注:					

参 考 文 献

［1］刘志平. 电工技术基础［M］. 北京：高等教育出版社，1994.
［2］杨利军. 电工基础［M］. 北京：高等教育出版社，2004.